高职高专教学改革系列教材

化工识图与 CAD技术

第二版

孙安荣　孙永辉　主编　　翟芳芳　副主编

崔京华　主审

化学工业出版社

·北京·

内 容 简 介

本教材依据高职高专教育的培养目标和特点,融合编者的教学经验和教学改革成果编写而成。教材整体结构采用"任务驱动"模式,以任务为引领学习课程知识,训练识图、绘图技能。

教材内容包括:识图基本知识、AutoCAD绘图、投影作图基础、尺寸标注、机件表达方法、零件图和装配图、化工设备图、化工工艺图,共8个单元和附录。

本教材文字通俗易懂、图例典型、理论联系实际,并配有CAD绘图视频、习题答案、三维模型等二维码辅助教学资源,可作为高等职业技术学院、高等工程专科学校化工类、制药类专业的教材,也可供化工、医药行业员工培训使用和参考。

图书在版编目(CIP)数据

化工识图与 CAD 技术/孙安荣,孙永辉主编;翟芳芳副主编. —2 版. —北京:化学工业出版社,2022.6(2024.9重印)
ISBN 978-7-122-41215-7

Ⅰ.①化… Ⅱ.①孙…②孙…③翟… Ⅲ.①化工设备-识图-高等职业教育-教材②计算机辅助设计-AutoCAD 软件-高等职业教育-教材 Ⅳ.①TQ050.2②TP391.72

中国版本图书馆 CIP 数据核字(2022)第 061157 号

责任编辑:蔡洪伟　　　　　　　　文字编辑:林　丹　陈立璞
责任校对:田睿涵　　　　　　　　装帧设计:关　飞

出版发行:化学工业出版社(北京市东城区青年湖南街13号　邮政编码100011)
印　　装:河北延风印务有限公司
787mm×1092mm　1/16　印张16　插页1　字数410千字　2024年9月北京第2版第3次印刷

购书咨询:010-64518888　　　　　　售后服务:010-64518899
网　　址:http://www.cip.com.cn

凡购买本书,如有缺损质量问题,本社销售中心负责调换。

定　价:45.00元　　　　　　　　　　　　　　　　　　版权所有　违者必究

第二版前言

本书是在《化工识图与CAD技术》第一版（2011年出版）的基础上修订而成的，主要适用于高等职业技术学院、高等工程专科学校制药技术类专业的制图教学，也可供化工、医药行业员工培训使用和参考。

本次修订保持了第一版的基本体系和特色，采用"任务驱动"模式，遵循认知规律和教学规律编排教学内容。全书包括8个教学单元，即识图的基本知识、AutoCAD绘图、投影作图基础、尺寸标注、机件的表达方法、零件图和装配图、化工设备图、化工工艺图。每一个单元中，均有该单元的"学习指导"，并提出了学习该单元的"能力目标"和"知识目标"。在每个教学单元中均设计了若干个学习任务，以"任务书"的形式明确每个学习任务的能力目标、知识要求、能力训练过程，使学生带着任务学习。本书每个任务的"相关知识"根据具体的任务书进行设置，完成了学习任务后，可通过"知识总结"对主要知识点进行概括、归纳，通过"巩固提高"的综合训练使学生进一步提高识图、绘图技能。

本次修订在内容编排上有如下特点：

① 根据《技术制图》《机械制图》及其他相关国家标准和行业标准对书中内容进行了更新与完善。

② 增加了二维码链接，读者用手机扫描二维码，可以查看绘图步骤演示、练习题答案、三维立体模型等，为教师授课、学生学习提供了方便。

③ 将绘图识图知识与计算机绘图方法相融合，侧重对识图能力及计算机绘图技能、徒手绘图技能的要求。在绘图识图知识上降低了投影理论的难度，在绘图方法上删减了尺规作图的内容。

④ 本书内容的编排突出体现了"任务驱动""学生主体"等教学方法，以任务为引领学习课程知识，训练识图、绘图技能，有利于提高学生的学习兴趣，调动学习主动性。

⑤ 本书插图采用计算机绘制，可为使用本教材的老师制作课件、电子挂图等提供素材。

参加本书编写工作的有河北化工医药职业技术学院孙安荣（绪论、第七单元、第八单元、附录）、河北恒昱达电子有限公司孙永辉（第六单元）、河北化工医药职业技术学院翟芳芳（第二单元、第三单元、第四单元、第五单元）、河北化工医药职业技术学院张英（第一单元），由孙安荣统稿。

本书由河北化工医药职业技术学院崔京华主审。

由于编者水平有限，书中难免存在不足之处，欢迎读者批评指正。

编者
2022年6月

目录

绪论 / 1

第一单元　识图基本知识 / 2

第二单元　AutoCAD 绘图 / 11
第一节　AutoCAD 的基本操作 / 12
第二节　绘图辅助工具 / 32
第三节　绘图与修改命令 / 44

第三单元　投影作图基础 / 62
第一节　形体的三视图 / 62
第二节　基本体及表面交线 / 69
第三节　组合体三视图 / 81

第四单元　尺寸标注 / 94
第一节　尺寸标注的基本方法 / 94
第二节　组合体的尺寸标注 / 111

第五单元　机件的表达方法 / 117
第一节　视图 / 117
第二节　剖视图 / 123
第三节　断面图 / 134
第四节　其他表达方法 / 137

第六单元　零件图和装配图 / 141
第一节　零件图 / 142
第二节　标准件与标准结构 / 163
第三节　装配图 / 181

第七单元　化工设备图 / 190

第八单元　化工工艺图 / 202
第一节　化工工艺流程图 / 202
第二节　设备布置图 / 210
第三节　管路布置图 / 214

附录 / 225
一、螺纹 / 225
二、常用标准件 / 226
三、极限与配合 / 234
四、常用材料及热处理 / 238
五、化工设备的常用标准化零部件 / 240
六、化工工艺图的代号和图例 / 249

参考文献 / 250

二维码资源目录

二维码序号	二维码页码	资源标题	资源类型
1	12	2.1 图 2-1 的绘制	视频
2	12	2.2 图 2-2 的绘制	视频
3	13	2.3 图 2-3 的绘制	视频
4	17	2.4 例 2-1-1	视频
5	18	2.5 例 2-1-2	视频
6	18	2.6 例 2-1-3	视频
7	21	2.7 例 2-1-4	视频
8	24	2.8 新建图层	视频
9	32	2.9 绘制五角星	视频
10	33	2.10 图 2-32 的绘制	视频
11	33	2.11 图 2-33 的绘制	视频
12	33	2.12 图 2-34 的绘制	视频
13	33	2.13 图 2-35 的绘制	视频
14	34	2.14 图 2-36 的绘制	视频
15	34	2.15 图 2-37 的绘制	视频
16	37	2.16 例 2-2-1	视频
17	38	2.17 例 2-2-2	视频
18	39	2.18 例 2-2-3	视频
19	40	2.19 例 2-2-4	视频
20	41	2.20 例 2-2-5	视频
21	41	2.21 例 2-2-6	视频
22	42	2.22 例 2-2-7	视频
23	43	2.23 图 2-54 的绘制	视频
24	43	2.24 图 2-55 的绘制	视频
25	43	2.25 图 2-56 的绘制	视频
26	43	2.26 图 2-57 的绘制	视频
27	44	2.27 图 2-58 的绘制	视频
28	44	2.28 图 2-59 的绘制	视频
29	45	2.29 图 2-60 的绘制	视频
30	45	2.30 图 2-61 的绘制	视频
31	45	2.31 图 2-62 的绘制	视频
32	45	2.32 图 2-63 的绘制	视频
33	46	2.33 图 2-64 的绘制	视频
34	46	2.34 图 2-65 的绘制	视频
35	46	2.35 图 2-66 的绘制	视频
36	46	2.36 图 2-67 的绘制	视频
37	46	2.37 图 2-68 的绘制	视频
38	52	2.38 图 2-70 的绘制	视频
39	61	2.39 图 2-75 视频	视频
40	61	2.40 图 2-76 视频	视频

续表

二维码序号	二维码页码	资源标题	资源类型
41	61	2.41 图 2-77 视频	视频
42	63	3.1 图 3-1 视频	视频
43	68	3.2 图 3-9 的绘制	视频
44	68	3.3 图 3-10 三视图	Word 文件
45	69	3.4 图 3-11 三视图	Word 文件
46	70	3.5 图 3-12 的绘制	视频
47	81	3.6 图 3-32 三视图	Word 文件
48	81	3.7 图 3-33 三视图	Word 文件
49	81	3.8 图 3-34 三视图	Word 文件
50	81	3.9 图 3-35 三视图	Word 文件
51	82	3.10 图 3-36(a)三视图	Word 文件
52	82	3.11 图 3-36(b)三视图	Word 文件
53	82	3.12 图 3-36(c)三视图的绘制	视频
54	82	3.13 图 3-36(d)三视图	Word 文件
55	93	3.14 图 3-55 的第三视图	Word 文件
56	95	4.1 图 4-1 的尺寸标注	视频
57	99	4.2 文字样式的创建	视频
58	100	4.3"汉字"文字样式的创建	视频
59	105	4.4"线性尺寸"样式的创建	视频
60	110	4.5 图 4-23 的尺寸标注	视频
61	111	4.6 图 4-24 的尺寸标注	视频
62	111	4.7 图 4-25 的简化标题栏及文字填写	视频
63	112	4.8 标注图 4-26 的定形、定位、总体尺寸	视频
64	116	4.9 图 4-33 的三视图绘制	视频
65	116	4.10 标注组合体尺寸	视频
66	118	5.1 图 5-1 的标注	Word 文件
67	122	5.2 图 5-9 练习答案	Word 文件
68	123	5.3 图 5-10	Word 文件
69	124	5.4 图 5-11	Word 文件
70	125	5.5 图 5-12	Word 文件
71	133	5.6 图 5-28 练习答案	Word 文件
72	133	5.7 图 5-29 练习答案	Word 文件
73	135	5.8 图 5-31	Word 文件
74	137	5.9 图 5-36 练习答案	Word 文件
75	138	5.10 图 5-39	Word 文件
76	140	5.11 图 5-44	Word 文件
77	181	6.1 图 6-50 练习答案	Word 文件
78	188	6.2 巩固练习 1 视频	视频
79	188	6.3 巩固练习 2 答案	Word 文件
80	192	7.1 计量罐	Word 文件
81	201	7.2 换热器	Word 文件

绪 论

一、图样及其在生产中的作用

图样是根据投影原理、标准或有关规定表达工程对象,并有必要的技术说明的图。图样作为表达、构思、分析、交流的一种媒介和工具,被称为"工程语言"。在现代生产活动中,设计者通过图样来表达设计思想;制造者通过图样来了解设计要求,并依据图样加工制造;使用人员通过图样来了解机器的结构和使用性能。因此,每个工程技术人员都必须具有绘制与阅读图样的能力。

二、本课程的性质、任务和基本内容

本课程是研究绘制和阅读图样的基本原理和方法的一门学科,是一门既有理论又有很强实践性的专业基础课。

本课程的学习内容和任务是:

① 学习投影作图的基本原理,培养空间思维、空间想象能力;
② 学习制图的国家标准及有关规定,培养标准化意识和查阅标准、手册的能力;
③ 学习 AutoCAD 绘图的方法和技巧,具备计算机绘图技能;
④ 学习机械图及化工图,具备绘制和阅读化工机械图、化工设备图及化工工艺图的能力。
⑤ 培养认真负责的工作态度和严谨细致的工作作风。

三、本课程的学习方法

本课程实践性较强,必须通过画图、识图训练才能领会掌握其主要内容。根据本教材的结构,学习过程要按照"任务教学法"展开。为顺利完成学习任务,学习者必须在课前熟悉任务内容,预习相关知识或查阅有关资料、文献,做好课前预习准备。教学中要师生互动,充分调动学习者参与教学活动的积极性,围绕学习任务对知识点进行分析、讨论、总结,在完成学习任务的过程中,提高学习者的绘图、识图能力。为此,学习中要注意以下几点。

1. 掌握正确的识图和绘图方法

要注重对基本概念、基本理论和基本方法的理解,理论联系实际,图物对照,多看、多想、多画,要意识到画图是手段,识图是目的。

2. 树立标准化意识

图样是现代生产活动中必不可少的技术资料,国家标准对其格式、画法等都有统一规定。学习中要逐步熟悉国家标准和有关技术标准,树立严格遵守标准的意识。

3. 计算机绘图与手工绘图的关系

随着计算机技术的发展,计算机绘图正在逐步取代手工尺规绘图。但计算机仅仅是现代绘图技术的一个先进绘图工具,并不能完全取代各种场合的手工绘图,特别是生产现场的徒手绘图。因此,学习中要有意识地加强徒手绘图训练,提高徒手绘图技能。

第一单元

识图基本知识

【学习指导】

为了适应现代化生产、管理的需要和便于技术交流，国家标准对制图作出了一系列规定，每个工程技术人员都必须严格遵守。本单元将学习《技术制图》和《机械制图》国家标准的有关规定，练习徒手绘图的方法，为学习本课程的后续内容打下识图与绘图基础。在本单元中，学习者要完成训练任务1：绘制图线、书写字体，达到本单元的基本要求。通过"巩固练习"的训练，将使学习者的知识和能力得以巩固与提高。

【能力目标】

能选用标准的图纸幅面；
能徒手绘制粗实线、细实线、虚线、点画线、波浪线、双折线等；
能按仿宋体的要求书写汉字、数字、字母符号。

【知识目标】

熟悉国家标准对图纸幅面、比例、图线、字体的基本规定；
熟悉徒手作图的方法和技巧。

【任务书1】

任务编号	任务1	任务名称	绘制图线、书写字体	完成形式	学生在教师指导下完成	时间	90分钟
能力目标	\multicolumn{7}{l	}{1. 能选用标准的图纸幅面 2. 能徒手绘制粗实线、细实线、虚线、点画线、波浪线、双折线等 3. 能按国家标准的要求书写汉字、数字、字母符号}
相关知识	\multicolumn{7}{l	}{1. 国家标准关于制图的基本规定 2. 徒手画图方法}
参考资料	\multicolumn{7}{l	}{孙安荣. 化工识图与CAD技术. 北京：化学工业出版社}
\multicolumn{8}{c	}{能力训练过程}
课前准备	\multicolumn{7}{l	}{1. 绘图铅笔(2H、HB、2B)、橡皮等 2. 图线练习用A4绘图纸，字体练习用格纸 3. 预习教材第一单元，熟悉以下内容： (1)国标规定图纸的5种基本幅面是_____、_____、_____、_____、_____，A4幅面大小是_____；}

任务编号	任务1	任务名称	绘制图线、书写字体	完成形式	学生在教师指导下完成	时间	90分钟
课前准备	(2)图框线画____线,图框的格式有____和____两种,留装订边时,装订边在图纸的____侧,装订边为____mm; (3)标题栏画在图纸的____; (4)比例是图样中的____与____相应要素的线性尺寸之比,放大2倍的比例注写为____,缩小5倍的比例注写为____,不论采用何种比例绘图,标注尺寸时,其数值均应按____标注; (5)优先选用的粗实线线宽是____,机械图样中粗、细线的线宽比为____; (6)细点画线用于画_____线,应超出轮廓线____,首末两端是线段而不是点; (7)图样中书写字体时要做到_____,字体高度的公称尺寸系列为_____八种; (8)汉字应写成长仿宋体,其字宽一般为字高的____; (9)字母和数字可写成斜体或直体,斜体字字头向____倾斜,与水平基准线成____							
课堂训练	1. 以提问方式检查课前准备情况 2. 讲解知识点 3. 课堂练习 (1)徒手绘图练习:徒手画直线、画圆 (2)绘制A4图纸的图框、标题栏(图1-1):A4图纸竖放,用细实线绘制图幅大小,用粗实线绘制留装订边的图框,按教材图1-5绘制标题栏 (3)绘制图线(图1-1):在A4绘图纸上徒手绘制图线,线型、线宽应符合国标要求 (4)字体书写(图1-1):在格纸上练习书写汉字、数字、字母,再按字体要求填写标题栏 4. 知识总结							

【相关知识】

一、国家标准关于制图的基本规定

本单元仅介绍国家标准关于图纸幅面、比例、图线、字体等的基本规定。

(一) 图纸幅面及格式(GB/T 14689—2008[①])

1. 图纸幅面

基本幅面有五种,代号为A0、A1、A2、A3、A4,尺寸见表1-1。

表1-1 图纸幅面及图框尺寸 单位:mm

幅面代号	A0	A1	A2	A3	A4
$B \times L$	841×1189	594×841	420×594	297×420	210×297
a	25				
c	10			5	
e	20		10		

必要时,可以使用加长幅面,加长幅面的尺寸可根据其基本幅面的短边成整数倍增加。

2. 图框

图框用粗实线绘制,分为留装订边与不留装订边两种,如图1-2和图1-3所示。图中尺寸a、c、e按表1-1中的规定选用。但同一产品的图样应采用同一种图框格式。

[①] 国家标准简称"国标",用"GB"表示。"GB/T 14689—2008"表示推荐性国家标准,标准批准顺序号为14689,发布年号为2008年。

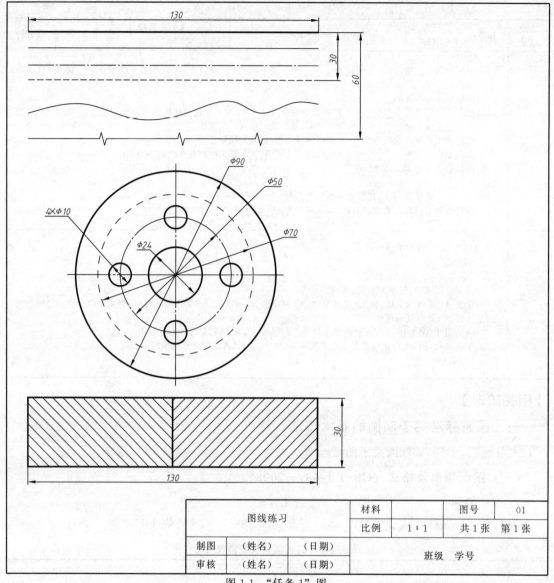

图 1-1 "任务 1"图

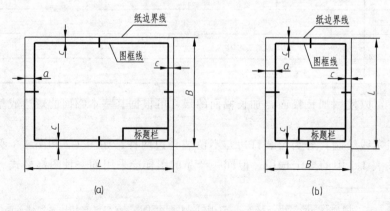

图 1-2 留有装订边的图框格式

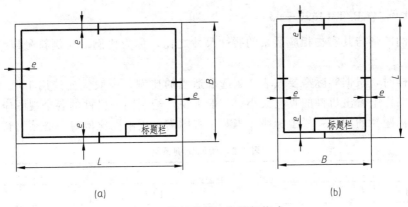

图 1-3 不留装订边的图框格式

为了使图样复制和微缩摄影方便,应在图纸各边长的中点处分别画出对中符号。对中符号是从图纸边界开始画入图框内 5mm 的一段粗实线,如图 1-2 和 1-3 所示。当对中符号处在标题栏范围内的时候,则伸入标题栏内的部分省略不画。

3. 标题栏

每张图纸都必须画出标题栏,标题栏的格式和尺寸应符合 GB/T 10609.1—2008 的规定,如图 1-4 所示。标题栏的位置应位于图纸的右下角,如图 1-2 和 1-3 所示。

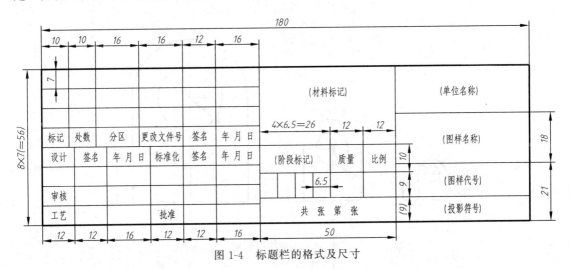

图 1-4 标题栏的格式及尺寸

制图作业用标题栏建议采用简化的格式,如图 1-5 所示。

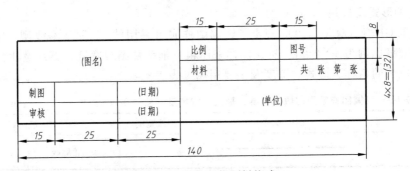

图 1-5 简化的标题栏格式

（二）比例（GB/T 14690—93）

图样中的图形与其实物相应要素的线性尺寸之比，称为比例。比例符号以"："表示，如 1：1、1：2、2：1 等。

绘制图样时，根据实际需要按表 1-2 选取适当的比例。一般优先选用 1：1 的比例，以便能直接从图样上看出机件的真实大小。一般来说，绘制同一机件的各个视图应采用相同的比例，并在标题栏的比例一栏中标明。当某一视图需采用不同比例时，必须另行标注。

表 1-2 绘图比例系列

种类	比例				
原值比例	1：1				
放大比例	2：1	5：1	$1×10^n$：1	$2×10^n$：1	$5×10^n$：1
	(2.5：1)	(4：1)	($2.5×10^n$：1)	($4×10^n$：1)	
缩小比例	1：2	1：5	1：$1×10^n$	1：$2×10^n$	1：$5×10^n$
	(1：1.5)	(1：2.5)	(1：3)	(1：4)	(1：6) (1：$1.5×10^n$)
	(1：$2.5×10^n$)	(1：$3×10^n$)	(1：$4×10^n$)	(1：$6×10^n$)	

注：n 为正整数，优先选用无括号的比例。

不论采用何种比例绘图，标注尺寸时，其数值必须按机件的实际大小标注，如图 1-6 所示。

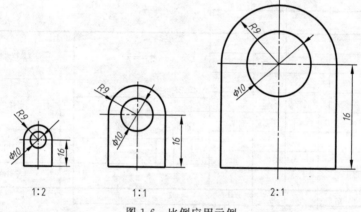

图 1-6 比例应用示例

（三）图线（GB/T 17450—1998，GB/T 4457.4—2002）

1. 图线的形式及应用

国家标准 GB/T 17450—1998 规定了绘制图样时可采用的 15 种基本线型，粗线、中粗线和细线的宽度比例为 4：2：1。机械图样采用粗、细两种图线宽度，其线宽比为 2：1。机械图样常用图线的名称、形式、宽度及主要用途见表 1-3。

表 1-3 机械图样常用图线的名称、形式、宽度及一般应用（GB/T 4457.4—2002）

图线名称	图线形式	图线宽度	一般应用
粗实线	———————	d	可见轮廓线

续表

图线名称	图线形式	图线宽度	一般应用
细实线	———————	$d/2$	尺寸线、尺寸界线、剖面线、指引线、基准线、过渡线等
细虚线	- - - - - - -	$d/2$	不可见轮廓线
细点画线	— · — · — · —	$d/2$	轴线、对称中心线、分度圆等
波浪线	～～～～	$d/2$	断裂处边界线、视图与剖视图的分界线
双折线	─∧─∧─	$d/2$	断裂处边界线、视图与局部剖视的分界线
粗点画线	━ · ━ · ━	d	有特殊要求的线或表面的表示线
细双点画线	— ·· — ·· —	$d/2$	相邻辅助零件的轮廓线、极限位置轮廓线、假想轮廓线等

线宽推荐系列为：2mm、1.4mm、1mm、0.7mm、0.5mm、0.35mm、0.25mm、0.18mm、0.13mm。粗线宽度一般常为 0.5mm 或 0.7mm。如图 1-7 所示为图线应用示例。

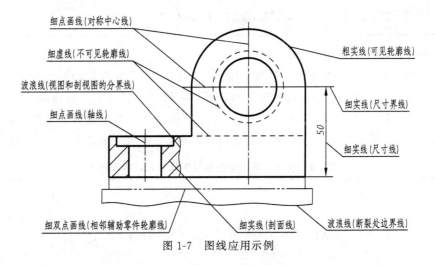

图 1-7 图线应用示例

2. 图线的画法

同一图样中同类图线的宽度应一致，虚线、点画线及双点画线的线段长度和间隔应大致相等。两条平行线之间的距离应不小于粗实线的两倍宽度，其最小间距不小于 0.7mm。

细点画线首末两端是线段而不是短划，且应超出轮廓线 2~5mm；绘制圆的对称中心线时，圆心应为线段的交点，如图 1-8(a)、(b) 所示。当图形较小难以绘制细点画线时，可用细实线代替。

（四）字体

《技术制图-字体》（GB/T 14691—93）对图样中的字体做了规定。书写字体时要做到：字体工整、笔画清楚、间隔均匀、排列整齐。字体高度（用 h 表示）的公称尺寸系列为：

20mm、14mm、10mm、7mm、5mm、3.5mm、2.5mm、1.8mm 八种。字体高度代表字体的号数。图样中的字体可分为汉字、字母和数字。

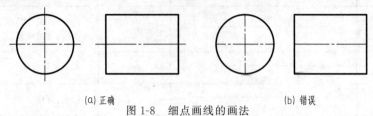

(a) 正确　　图 1-8　细点画线的画法　　(b) 错误

1. 汉字

汉字应写成长仿宋体，并采用国家正式公布的简化字。汉字的高度 h 应不小于 3.5mm，其字宽一般为 $h/\sqrt{2}$。长仿宋体的书写要领为：横平竖直、注意起落、结构匀称、填满方格。汉字的书写示例见表 1-4。

表 1-4　长仿宋体汉字示例

号数	示例
10号	字体端正　笔划清楚　排列整齐　间隔均匀
7号	横平竖直　注意起落　结构匀称　填满字格
5号	制图标准规定汉字应写成长仿宋体采用国家正式公布推行的简化字

2. 字母及数字

字母和数字分为 A 型和 B 型。A 型字体的笔画宽度为字高的 1/14；B 型字体的笔画宽度为字高的 1/10。字母和数字可写成斜体或直体，一般采用斜体字。斜体字字头向右倾斜，与水平基准线成 75°。在同一图样上，只允许选用一种字型。用作指数、分数、极限偏差等的字母及数字，一般采用小一号字体。字母和数字的书写示例见表 1-5。

表 1-5　拉丁字母、阿拉伯数字和罗马数字示例

类别	字型	示例
拉丁字母	大写斜体	*ABCDEFGHIJKLMNOPQRSTUVWXYZ*
	小写斜体	*abcdefghijklmnopqrstuvwxyz*
阿拉伯数字	斜体	*0123456789*
	直体	0123456789
罗马数字	斜体	*Ⅰ Ⅱ Ⅲ Ⅳ Ⅴ Ⅵ Ⅶ Ⅷ Ⅸ Ⅹ*
	直体	Ⅰ Ⅱ Ⅲ Ⅳ Ⅴ Ⅵ Ⅶ Ⅷ Ⅸ Ⅹ

二、徒手绘图

徒手绘图也称画草图，指以目测估计图形与实物的比例，按一定画法要求徒手绘制图

形。在现场测绘、现场参观、讨论设计方案时，通常需要徒手绘图进行记录和交流。

徒手绘图的要求：图线清晰、线型分明；目测尺寸尽量准确，比例匀称；绘图速度要快；字体工整、图面整洁。

画徒手草图一般选用中等硬度的铅笔，铅芯应磨削成圆锥形。

（一）徒手画直线

画直线时，眼睛看着图线的终点，铅笔要握得轻松自然，轻轻移动手腕和手臂，使笔尖向着要画的方向作直线运动，以保证图线画得直。

如图 1-9（a）～（c）所示分别为画水平线、垂直线、斜线时图纸的放置及手臂运笔的姿势。

画 30°、45°、60°等特殊角度线时，可根据两直角的比例关系，在直角边上确定出两点，连接两点，如图 1-10 所示。

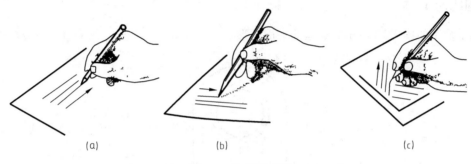

图 1-9　徒手画直线

（二）徒手画圆

画圆时，应先定圆心的位置，再通过圆心画对称中心线，如图 1-11（a）所示，在对称中心线上距圆心等于半径处截取四点，过四点画圆即可。画直径较大的圆时，除对称中心线以外，可再过圆心画两条不同方向的直线，同样截取四点，过八点画圆，如图 1-11（b）所示。

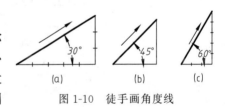

图 1-10　徒手画角度线

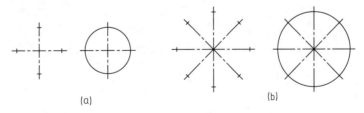

图 1-11　徒手画圆

（三）徒手画正多边形

徒手画正多边形时，先画出中心线，然后过中心线按特定角度画出 n 条射线，在每条射线上按正多边形外接圆半径取点，之后连线即可，如图 1-12（a）所示。也可以画出中心线后，先画外接圆，然后目测等分该圆后连线，如图 1-12（b）所示。

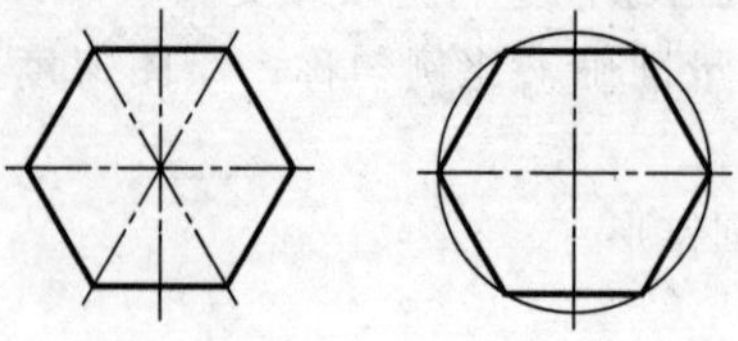

(a)   (b)

图 1-12　徒手画正多边形

【归纳总结】

本单元介绍了国家标准对图纸幅面及格式、比例、图线、字体的规定，学习者要逐步树立标准化意识，用相关的国家标准指导绘图和看图工作。

绘制工程图样的方法包括尺规作图、徒手绘图、计算机绘图，本单元主要练习徒手绘图方法。

尺规作图是用图板、丁字尺、铅笔、三角板、圆规等绘图工具和仪器进行手工绘图的一种绘图方法。随着计算机绘图技术的普及，尺规作图已逐渐被计算机绘图取代，本教材不再介绍尺规作图的内容。

计算机绘图是本教材的主要内容之一，也是学习者要重点掌握的绘图方法，将在后续单元中学习。

【巩固练习】

徒手绘制如图 1-13 所示支承座的平面图形。

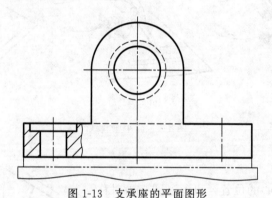

图 1-13　支承座的平面图形

第二单元
AutoCAD绘图

【学习指导】

本单元将学习 AutoCAD 的基本操作、绘图辅助工具、常用绘图及修改命令等，为后续章节用 AutoCAD 绘制工程图奠定基础。

在本单元中，设计了三个学习任务，即：任务 2-1 绘制常用图线、任务 2-2 绘制平面图形Ⅰ、任务 2-3 绘制平面图形Ⅱ。通过完成这三个学习任务，逐步掌握 AutoCAD 绘图的方法和技巧。在此基础上，通过"巩固练习"，进一步提高绘图技能。

【能力目标】

能用选项面板、下拉菜单或键盘输入命令；
能正确输入点的坐标、数值等按尺寸绘制简单平面图形；
能创建绘图所需的各图层，并设置各层的线型、线宽、颜色，将不同的图形对象分层绘制；
能使用显示控制命令缩放、移动屏幕，改变图形对象的视觉效果，以方便绘图；
能使用捕捉、追踪等辅助工具绘图；
能使用绘图及修改命令绘制图形、编辑修改图形；
能正确保存图形文件。

【知识目标】

掌握命令的输入与执行，熟悉命令的终止、放弃、重做；
掌握点的输入，熟悉数值、角度的输入；
熟悉显示控制、文件管理；
掌握新建图层，设置图层线型、线宽、颜色的方法，掌握设置当前层、修改对象图层的方法，熟悉对象特性与图层的关系，熟悉图层的打开（关闭）、冻结（解冻）、锁定（解锁）等操作；
掌握对象捕捉、自动追踪工具，熟悉正交工具，了解栅格捕捉；
掌握常用绘图命令和修改命令。

第一节　AutoCAD 的基本操作

【任务书 2-1】

任务编号	任务 2-1	任务名称	绘制常用图线	完成形式	学生在教师指导下完成	时间	180 分钟
能力目标			1. 能创建绘图所需的各图层,并设置各层的线型、线宽、颜色,将不同的图形对象分层绘制 2. 能用"直线(line)""圆(circle)"命令绘制常用图线,线型、线宽符合制图的基本规定 3. 能利用显示控制命令缩放、移动屏幕,改变图形对象的显示效果,以方便绘图 4. 能正确保存图形文件				
相关知识			1. 国家标准关于制图的基本规定 2. AutoCAD 的基本知识				
参考资料			孙安荣.化工识图与 CAD 技术.北京:化学工业出版社				
能力训练过程							
课前准备			预习本单元第一节,熟悉以下内容: 1. AutoCAD 的用户界面,画直线、画圆的方法; 2. 常用键(左键、右键、中键、回车键、空格键、Esc 键)的用法; 3. AutoCAD 中输入命令、执行命令、终止命令等的操作方法; 4. 点的输入方法; 5. 选择对象的常用方式; 6. 图形的显示控制,改变图形对象的显示效果; 7. 图层的操作; 8. 文件的新建、保存、打开等操作				
课堂训练			1. 提问、检查课前准备情况 2. 讲解知识点 3. 在 AutoCAD 中新建图层,分别用于绘制粗实线、细实线、细点画线、虚线,设置各层的线型、线宽、颜色,设置虚线、细点画线的线型比例 4. 按尺寸绘制图 2-1～图 2-3(不标注尺寸),不同的图线要分层绘制 5. 知识总结				

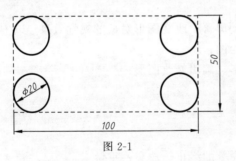

图 2-1

2.1　图 2-1 的绘制

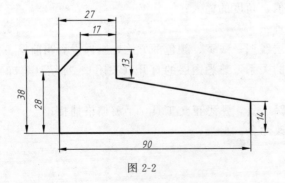

图 2-2

2.2　图 2-2 的绘制

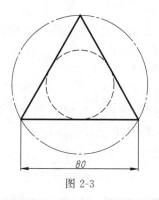

图 2-3

2.3　图 2-3 的绘制

【相关知识】

传统的制图以图板、丁字尺、三角板、圆规、铅笔等作为辅助工具，以手工绘图的方式表达工程对象。随着信息产业的迅速发展，计算机软、硬件迅速更新，以纸、笔、尺等为工具的绘图工作逐步被计算机代替，从而形成了计算机辅助绘图的技术领域。

AutoCAD 是目前用户较多、应用范围很广的计算机辅助绘图软件。自美国 Autodesk 公司于 1982 年推出第一代 AutoCAD 产品，之后经过 20 多次升级，其功能日益增加和日趋完善，广泛应用于建筑、机械、电子、航天、造船、气象、纺织等领域，使工程设计实现了现代化。

一、AutoCAD 的用户界面

在 Windows 环境下，采用以下方法可以启动 AutoCAD。

① 用鼠标左键双击桌面上的快捷方式图标 A。

② 用鼠标右键单击图标 A，在弹出的快捷菜单中选择"打开"。

③ 从"开始"菜单的"程序"中选择"AutoCAD 2021-简体中文（Simplified Chinese）"。

打开 AutoCAD 后，其用户界面如图 2-4 所示。它主要由标题栏、菜单栏、功能区、绘图区、命令行、状态行、坐标系等部分组成。

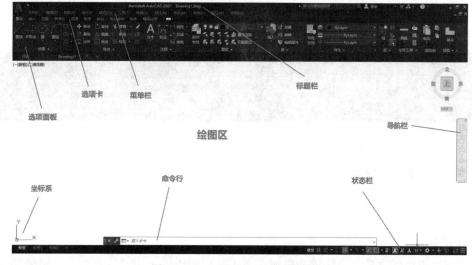

图 2-4　AutoCAD 2021 的用户界面

第二单元　AutoCAD 绘图

1. 标题栏

标题栏位于用户界面的最上方,其左侧显示 AutoCAD 的图标,中间显示 AutoCAD 的版本及文件名等信息(如果是 AutoCAD 默认的图形文件,其文件名为 Drawing1.dwg),右侧显示 AutoCAD 窗口的最小化、还原(最大化)、关闭按钮。

2. 菜单栏

AutoCAD 的菜单栏由"文件""编辑""视图""插入""格式""工具""绘图""标注""修改"等菜单组成,这些菜单包括了 AutoCAD 几乎全部的功能和命令。左键单击某一菜单项,即弹出下拉菜单。如图 2-5 所示为"绘图"下拉菜单。下拉菜单的某一项之后有">",单击该项将弹出下一级子菜单;某一项之后为"…",单击该项会弹出对话框。

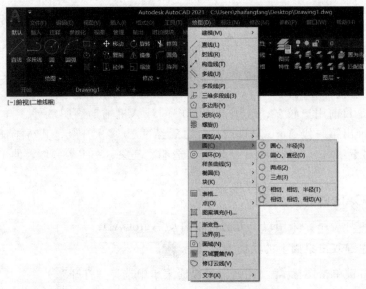

图 2-5 "绘图"下拉菜单

3. 功能区

功能区由多个选项卡组成,每单击一个选项卡,下方就会对应展示出一个选项面板,如"默认"选项卡,下方的选项面板包括"绘图""修改""注释""图层""块""特性""组"等内容,如图 2-6 所示。选项面板包括了创建和修改图形需要的工具。

图 2-6 功能区

4. 绘图区

绘图区是用户进行绘图的区域,类似于手工绘图的图纸,用户所有的工作结果都反映在这个窗口中。绘图区左下方有"模型"和"布局"选项卡，用户可以单击它们在模型空间和布局（图纸）空间之间切换。

5. 命令行

命令行是显示用户输入命令及系统提示信息的地方。默认情况下，AutoCAD 的命令窗口位于绘图区下方，如图 2-7 所示。

图 2-7 命令行

用户可以根据需要改变命令行的大小。把光标放在命令行上方的顶边，光标变成双向箭头，按下左键拖动顶边可调整命令行的尺寸。

6. 状态栏

状态栏提供某些最常用的绘图工具的快速访问，如设置栅格、夹点、捕捉、追踪、线宽、工作空间切换、全屏显示等；也可以通过单击某些工具的下拉箭头，来访问它们的其他设置。默认情况下状态栏不会显示所有的绘图工具，我们可以通过左键单击状态栏最右侧的"自定义"按钮进行选择，如图 2-8 所示。

图 2-8 状态栏里的"自定义"按钮

二、操作入门

1. 画一条直线

左键单击功能区"绘图"面板中的 ![直线] 按钮，命令行出现提示"/▼ LINE 指定第一个点："。移动十字光标，在绘图区单击左键，输入直线的第一点。这时，命令行提示"/▼ LINE 指定下一点或 [放弃（U）]："。在绘图区移动光标，过第一点拖动出一条橡皮筋似的直线，再单击左键，则输入直线的下一点，过第一点和下一点画出一条直线。命令行继续提示"/▼ LINE 指定下一点或 [放弃（U）]："，单击左键输入下一点，又画出一条直线……，直到按回车键结束画直线的命令。

2. 画一个圆

左键单击功能区"绘图"面板中的 ![圆] 按钮，命令行出现提示"⊙▼ CIRCLE 指定圆的圆心或 [三点（3P）/两点（2P）/切点、切点、半径（T）]："。在绘图区单击左键，指定圆心点，命令行又提示"⊙▼ CIRCLE 指定圆的半径或 [直径（D）]："。在绘图区移动光标，拖动出一个圆，单击左键输入一点，则以该点到圆心的距离为半径画出一个圆，结束画圆命令。也可以在键盘上输入半径值，按回车键画出圆。

3. 删除直线或圆

用左键单击修改面板中的 ![橡皮] ，命令行出现提示"✎▼ ERASE 选择对象："。这时，光标在绘图区显示为 □。将光标放在要删除的对象上，对象颜色变浅，光标变为 ✖，单击左键，命令行提示"选择对象：找到 1 个 ✎▼ ERASE 选择对象："，再选择要删除的对象……，按回车键，所选对象被删除。

可见，用 AutoCAD 绘图是人机交互的操作过程。用户输入命令，计算机接收命令后，做出响应，即在命令行出现提示信息；用户再按提示信息继续操作，计算机又有新的响应……。用户要特别注意命令行显示的文字，这些信息记录了 AutoCAD 与用户的交流过程。

用 AutoCAD 绘图时，其常用键按下述规则定义。

左键：用于输入命令、输入点、选择对象。

右键：用于弹出右键快捷菜单或等同于回车键。

中键：是一个滚轮，可以缩放或平移图形。将十字光标放在要缩放的图形对象处，使中键滚轮向前滚动将放大图形，向后滚动将缩小图形。按下中键，屏幕上的光标变成"手"型，按住并拖动鼠标，屏幕上的图形对象将随光标移动。

回车键：在键盘输入命令或命令选项时确认输入；选择对象时确认选择；终止循环执行的命令；重复上一条命令。

空格键：一般等同于回车键。

Esc 键：用于终止当前命令。

三、AutoCAD 的命令

(一) 命令的输入与执行

1. 输入命令

(1) 选项面板输入　把光标移至功能区选项面板某按钮上停留片刻，就会显示出该图标的简要描述，单击左键，即开始执行该命令。如图 2-9 所示，将鼠标移至"绘图"面板上的画圆按钮，就会在下方显示"圆心，半径""用圆心和半径创建圆"。

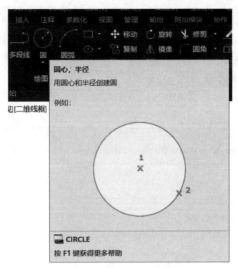

图 2-9　在选项面板上输入画圆命令

（2）键盘输入　从键盘输入命令名或简化命令名，按回车键或空格键即执行该命令。
例如：直线　line 或 l；
　　　圆　　circle 或 c；
　　　……

（3）下拉菜单输入　用鼠标或使用快捷键打开下拉菜单，激活相应的菜单项。

2. 执行命令

输入命令后，用户根据命令行的提示信息输入点、输入数值、选择对象或选择执行命令的选项，然后命令行又会出现新的提示信息，用户再对提示做出响应，直到完成操作。

命令执行时，命令行提示符的含义如下：

"［］"：括号内列出执行该命令的各种选项。

"（）"：从键盘输入括号内的字母，表示选择此命令选项。

"＜＞"：括号中的内容表示系统默认值或默认选项。

例 2-1-1　绘制一条直线（图 2-10），可用以下几种方法输入命令。

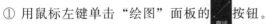

图 2-10　绘制直线

2.4　例 2-1-1

① 用鼠标左键单击"绘图"面板的 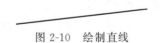 按钮。

② 在命令行提示"键入命令:"时，键入"line"（直线的命令名）或"l"（直线的简化命令名），按回车键或空格键。

③ 用鼠标左键单击菜单栏的"绘图"，弹出绘图下拉菜单；在下拉菜单中用鼠标或箭头键上下移动光标至"直线"处，单击左键或回车，即输入直线命令。

输入直线命令，命令行提示如下：

　　▼LINE 指定第一点：单击左键输入直线的第一点。

✎▼LINE 指定下一点或 [放弃（U）]：单击左键指定下一点（输入 U，按回车键则放弃第一点）。

✎▼LINE 指定下一点或 [放弃（U）]：单击左键指定下一点（输入 U，按回车键则放弃前一点）。

✎▼LINE 指定下一点或 [闭合（C）放弃（U）]：单击左键指定下一点（输入 C，按回车键则与第一点相连，并结束命令）。

……

✎▼LINE 指定下一点或 [闭合（C）放弃（U）]：直接回车，结束命令。

例 2-1-2 绘制一个半径为 15mm 的圆（图 2-11），可以用以下几种方法。

图 2-11 绘制圆

2.5 例 2-1-2

① 用鼠标左键单击"绘图"面板的 按钮。

② 在命令行提示" ▼键入命令："时，键入"circle"（或 c）回车。

用以上两种方法输入命令时，命令行提示" ▼CIRCLE 指定圆的圆心或 [三点（3P）两点（2P）切点、切点、半径（T）]："，这时可以输入圆心点，再按命令行的提示输入半径或直径画圆；也可以输入 3P，回车，用指定圆周上三点的方式画圆；或输入 2P，回车，用指定圆直径的两个端点的方式画圆；或输入 T，回车，画与两个对象（直线、圆、圆弧）相切，且半径已知的圆。

③ 选择菜单"绘图"→"圆"，会弹出画圆的子菜单，如图 2-5 所示。选择子菜单中的某一项后，再按命令行的提示信息操作，直至完成命令。

画圆有 6 种方式，分别为"圆心、半径（R）""圆心、直径（D）""两点（2P）""三点（3P）""相切、相切、半径（T）""相切、相切、相切（A）"。绘图时，要根据作图条件选择命令执行方式，快捷、准确地绘制图形。

例 2-1-3 画与已知直线 L_1、L_2 相切，直径 $\phi 40$mm 的圆，如图 2-12 所示。

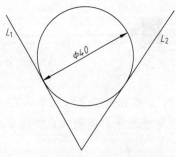

图 2-12 画与 L_1、L_2 相切的圆

2.6 例 2-1-3

输入命令，选择"相切、相切、半径"画圆方式，命令行提示如下：

▼ CIRCLE 指定对象与圆的第一个切点：移动光标到 L_1 上，出现"递延切点"提示，如图 2-13 所示，单击左键。

▼ CIRCLE 指定对象与圆的第二个切点：再移动光标到 L_2 上，出现相切符号及"递延切点"提示时，单击左键。

▼ CIRCLE 指定圆的半径：输入半径值，回车。

（二）命令的终止

AutoCAD 终止一个命令的方式有以下几种：

① 正常完成。

② 按回车键，终止循环执行的命令。

③ 在命令执行中，按 Esc 键。

④ 从菜单或选项面板中调用其他命令，当前正在执行的命令被自动终止。

⑤ 单击右键，从当前命令的快捷菜单中选择"取消"。

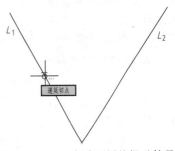

图 2-13 "T"方式画圆的提示符号

（三）命令的放弃与重做

"放弃"前面的操作，可以使用以下几种方法：

① 左键单击用户界面左上角的按钮 ，弹出图 2-14 所示的"自定义快速访问工具栏"，选择"放弃"，执行一次放弃操作。

② 选择菜单"编辑（E）"→" 放弃（U）"，执行一次放弃操作。

③ 在命令行提示" ▼键入命令："时，输入"U"，回车，执行一次放弃操作。

④ 在命令行提示" ▼键入命令："时，输入"UNDO"，回车，再输入要放弃的命令数目，可一次放弃多个命令。

⑤ 使用快捷键 Ctrl+Z。

"重做"即恢复用"放弃"命令撤销的操作，必须在执行"放弃"命令后立即执行，有以下几种方法：

① 左键单击用户界面左上角的按钮 ，弹出"自定义快速访问工具栏"，选择"重做"。

② 选择菜单"编辑（E）"→" 重做（R）"。

③ 在命令行提示" ▼键入命令："时，输入 REDO，回车。

④ 使用快捷键 Ctrl+Y。

四、数据的输入

（一）点的输入

1. 用鼠标输入点

当需要输入一个点时，移动十字光标到所需的位置后，

图 2-14 自定义快速访问工具栏

按下鼠标左键，该点的坐标值即被输入。

2. 用键盘输入点的坐标

AutoCAD绘制二维图形，用键盘输入点的坐标时，可以使用直角坐标或极坐标。

（1）绝对直角坐标　输入格式：X,Y。按顺序输入某点相对于当前坐标原点的X、Y坐标值。

（2）相对直角坐标　输入格式：$@X,Y$。以前一点为相对原点，输入某点相对于前一点沿X轴和Y轴的位移。

（3）绝对极坐标　输入格式：$L<\theta$。L表示极径，即某点与坐标原点连线的长度；θ表示极角，即该连线与X轴正向的夹角，按AutoCAD的初始设置，逆时针夹角为正值，顺时针夹角为负值。

（4）相对极坐标　输入格式：$@L<\theta$。输入某点相对于前一点的极径和极角。

如图2-15所示，"20，10"是绝对直角坐标；"@30，20"是相对直角坐标，表示输入点相对于前一点的X坐标差是30mm，Y坐标差是20mm；"15<30"是绝对极坐标，表示输入点与原点连线的长度是15mm，该连线与X轴正向的逆时针夹角为30°；"@25<45"是相对极坐标，表示输入点与前一点连线的长度是25mm，该连线与X轴正向的逆时针夹角为45°。

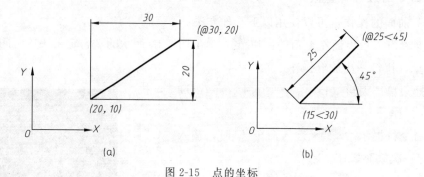

图2-15　点的坐标

3. 用给定距离的方式输入点

当提示输入一个点时，将鼠标移动到欲输入点的方向，直接输入相对前一点的距离，按回车键确认。

（二）数值的输入

① 键盘直接输入。

② 鼠标输入。用鼠标指定某一基点，再指定另一点的位置，系统自动计算基点到指定点的距离，并以此距离作为输入的数值。

（三）角度的输入

角度的单位及精度由"units"命令设置。初始状态下，X轴的正向为0°方向，逆时针方向为正值，顺时针方向为负值。

① 用键盘输入角度值。

② 通过两点输入角度值。角度的大小和输入点的顺序有关，通常第一个点为起点，第二个点为终点，角度值是指从起点到终点的连线与X轴正向的夹角。

例2-1-4　用"直线"命令绘制图2-16所示的等边三角形。

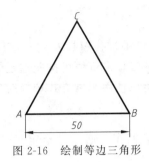

图 2-16　绘制等边三角形　　　　2.7　例 2-1-4

输入直线命令，命令行提示如下：

／▼LINE 指定第　点：在屏幕上单击左键，输入 A 点。

／▼LINE 指定下一点或［放弃（U）］：@50，0（或@50＜0），回车（画出 AB 边）。

／▼LINE 指定下一点或［放弃（U）］：@50＜120（或@50＜－240），回车（画出 BC 边）。

／▼LINE 指定下一点或［闭合（C）放弃（U）］：@50＜240（或@50＜－120，或输入 C），回车（画出 AC 边）。

LINE 指定下一点或［闭合（C）放弃（U）］：回车，完成图形。

五、对象的选择

当用户对图形进行编辑或查询时，系统会提示"选择对象："，此时光标变为一个小方框（称拾取框）。这时用户可以根据需要反复多次地进行选择，构成选择集，直至回车结束选择，转入下一步操作。如果用户不熟悉各种选择方式，可以在提示"选择对象："时输入"？"，然后回车，系统会在命令行显示出 AutoCAD 的各种选择方式，具体如下：

需要点或窗口（W）/上一个（L）/窗交（C）/框（BOX）/全部（ALL）/栏选（F）/圈围（WP）/圈交（CP）/编组（G）/添加（A）/删除（R）/多个（M）/前一个（P）/放弃（U）/自动（AU）/单个（SI）/子对象（SU）/对象（O）

下面介绍常用选择方式。

(一) 直接选择方式

这是默认的选择方式，也是很方便使用的方式。

1. 单个选择

当命令行提示"选择对象："时，将光标放在被选对象上单击左键，该对象会被选中。

2. 左右窗口选择

当命令行提示"选择对象："时，在绘图区的空白处单击左键指定第一点，命令行提示"指定对角点："，向右侧移动光标拖动出一个矩形实线窗口（"第一点"在左，"对角点"在右），单击左键输入窗口的对角点，完全位于矩形窗口内的对象被选中。

3. 右左窗口选择

当命令行提示"选择对象："时，在绘图区的空白处单击左键指定第一点，命令行提示"指定对角点："，向左侧移动光标拖动出一个矩形虚线窗口（"第一点"在右，"对角点"在左），单击左键输入窗口的对角点，只要对象有一部分在窗口内，即被选中。

4. 套索选择

当命令行提示"选择对象："时，在图形窗口中按住鼠标左键并拖出一个不规则的选择框，此时可以按空格键循环浏览套索选项，释放鼠标左键便可按照选定的套索方式选择所需的图形对象。在未执行编辑工具命令之前，也可以使用套索方式选择对象。

（二）"窗口（W）"方式

当命令行提示"选择对象："时，输入 W，回车，通过"指定第一角点""指定对角点："确定一个矩形实线窗口，完全位于窗口内的对象被选中。

与"左右窗口选择"不同的是"第一角点""对角点："之间没有先左后右的要求。

（三）"窗交（C）"方式

当命令行提示"选择对象："时，输入 C，回车，通过"指定第一角点""指定对角点："确定一个矩形虚线窗口，只要对象有一部分在窗口内，即被选中。

与"右左窗口选择"不同的是"第一角点""对角点："之间没有先右后左的要求。

（四）"全部（ALL）"方式

当命令行提示"选择对象："时，输入 ALL，回车，屏幕上的所有对象均被选择。

（五）"删除（R）与添加（A）"方式

当选择对象后，用户发现多选了某些对象，此时输入 R，回车，进入删除方式，可从当前选择集中移出已选对象。

在删除方式下，输入 A，回车，则可以继续向选择集中添加对象。

（六）"放弃（U）"方式

输入 U，回车，取消最后一次选择对象的操作。

六、图形显示控制

显示控制命令可以对当前图形进行缩放、移动等。它只改变图形在屏幕上的视觉效果，不改变图形实际尺寸的大小。

（一）缩放（zoom）

菜单：视图→缩放→

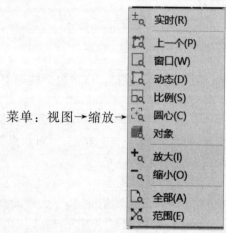

导航栏：如图 2-17 所示。

命令名：zoom 或 z。

其中常用的缩放方式有：

(1) 窗口缩放　　按命令行提示"±▼ZOOM 指定第一个角点："
"±▼ZOOM 指定第一个角点：指定对角点"，把两个角点确定的矩形窗口区域放大，使该区域占满显示屏幕。

(2) 实时缩放　　在屏幕上出现一个类似放大镜的小标记，按住鼠标左键并向上拖动，可放大图形；向下拖动鼠标，则缩小图形。

(3) 范围缩放　　在绘图区尽可能大地显示所有图形对象。

(4) 全部缩放　　把图形界限和所有图形对象显示在绘图区。

(5) 缩放上一个　　恢复上一次显示的图形。

图 2-17　导航栏—缩放

（二）平移（pan）

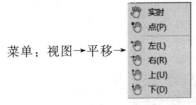

菜单：视图→平移→

导航栏：平移。

命令名：pan 或 p。

用户可以在菜单中选择"实时"或"点（P）"两种平移方式，也可以选择"上（U）""下（D）""左（L）""右（R）"四个方向平移图形。

"实时平移"是常用的平移命令，启用"实时平移"后，光标变成一只小手，按住左键并拖动鼠标，当前窗口中的图形将随光标移动。按下 Esc 键或 Enter 键，退出实时平移。

七、图层、线型、颜色及管理

图层是 AutoCAD 对图形中的对象进行按类分组管理的工具。每一个图层都可以设定不同的颜色、线型、线宽。各层是完全对齐的，即各层有相同的坐标系、图形界限、缩放比例因子等。分层绘制图形时，当图层被赋予某种颜色、线型和线宽后，则在该层绘制出来的图形对象，便具有相同的线型、颜色、线宽。

（一）新建图层

利用"图层特性管理器"对话框创建新图层。

菜单：格式→图层。

选项面板：

命令名：layer 或 la。

选择上述任一方式输入命令，都可弹出"图层特性管理器"对话框，如图 2-18 所示。

新建图形文件时，系统自动生成 0 层。单击鼠标右键可以新建图层，或者左键点击 也可以新建图层。

新建图层的名称默认为"图层 1"，可以根据用户需要修改图层名称。

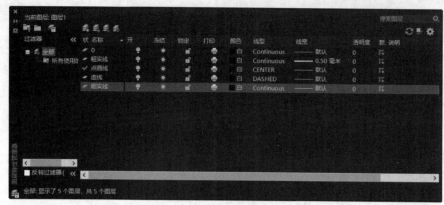

图 2-18 "图层特性管理器"对话框

2.8 新建图层

每一图层都可以设置不同的颜色。左键点击欲改变层的颜色图标,打开图 2-19 所示的"选择颜色"对话框,可从中选取所需的颜色。

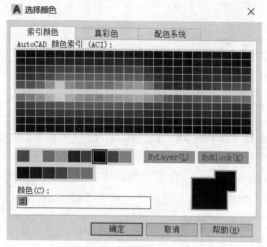

图 2-19 "选择颜色"对话框

设置某一图层的线型时,可在该图层的"线型"处单击左键,打开图 2-20 所示的"选择线型"对话框,为该层选取线型。如果该对话框中没有所需的线型,可单击按钮 加载(L)... ,打开图 2-21 所示的"加载或重载线型"对话框,拖动右侧的滚动条,找到所需的线型,点击"确定",将该线型加载到"选择线型"对话框中。

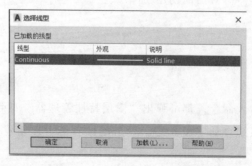

图 2-20 "选择线型"对话框

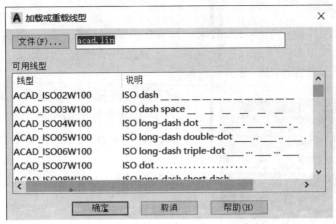

图 2-21 "加载或重载线型"对话框

若要设置某一层的线宽,可在该图层的"线宽"处单击左键,打开图 2-22 所示的"线宽"选择框,拖动右侧的滚动条,选择所需的线宽。

当某一层的线宽为"默认"时,AutoCAD 初始设置的默认值为 0.25mm;若要修改默认值,可选择"格式"→"线宽",打开图 2-23 的"线宽设置"对话框,从中选择新的默认值。若要在屏幕上显示图形对象的线宽,应打开状态栏(图 2-4)的"显示/隐藏线宽"按钮,或在"线宽设置"对话框中打开"显示线宽"项。

图 2-22 "线宽"选择框

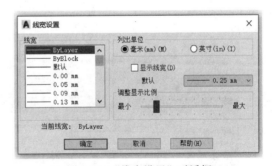
图 2-23 "线宽设置"对话框

点击 或 图标,实现图层"关闭"与"打开"的切换。当图层关闭时,该图层的图形不可见。被关闭图层上的图形不能被打印。

点击 或 图标,实现图层"冻结"与"解冻"的切换。当图层冻结时,该图层的图形不可见。被冻结图层上的图形不能被打印。当前层不能被冻结。

点击 或 图标,实现图层"锁定"与"解锁"的切换。当图层"锁定"时,不影响该层的图形显示,但不能对其进行编辑;仍然可以在该图层上绘图,并且该图层上的图形可以被打印出来。

点击 或 图标,控制该层的图形是否被打印。被关闭或冻结图层上的图形是不能打印出来的。

第二单元 AutoCAD 绘图

（二）设置当前层

当前正在进行操作的图层称为当前层，只能在当前层绘制对象。当前层显示在"图层"面板中。在图层面板中单击"图层"控制栏，可弹出图层列表，如图 2-24 所示；用鼠标左键选择所需的图层，即将该图层设为当前层。

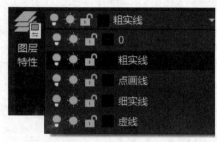

图 2-24 设置当前层

也可在"图层特性管理器"对话框（图 2-18）的图层列表中选择所需的图层，双击后出现 ✓ 标记，对话框上方的"当前图层"即变为所选图层的层名。

（三）设置线型比例

绘制非连续线型（如虚线、点画线）时，线素（非连续线的独立部分，如点、长度不同的画线和间隔）的长度由线型比例控制。设置线型比例时，用以下方法输入命令：

菜单：格式→线型。

命令名：linetype。

弹出"线型管理器"对话框，单击"显示细节"按钮，界面切换至图 2-25 所示的对话框，在"详细信息"设置区修改"全局比例因子"或"当前对象缩放比例"。AutoCAD 初始设置的比例为 1.0000。

"全局比例因子"用于修改所有已绘制的和将要绘制的非连续线型的比例。"当前对象缩放比例"只改变将要绘制的非连续线型的比例。对于将要绘制的非连续线型，两者的乘积为最终比例因子。

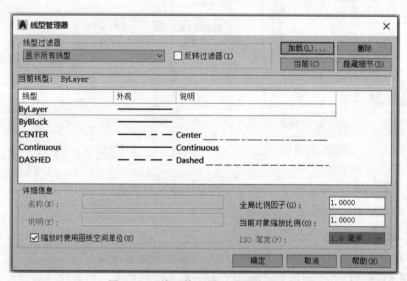

图 2-25 "线型管理器"设置线型比例

（四）修改对象的图层

如果某一对象没有绘制在预先设置的图层上，这时可选中该对象，然后在图 2-24 所示的下拉列表中选择所需的图层，就可以把该对象移到所选的图层上。

（五）对象的颜色、线型、线宽与图层的关系

创建图形对象时，其颜色、线型、线宽由"特性"面板的设置决定，如图 2-26 所示。

只有当"特性"面板的颜色、线型、线宽设置为"ByLayer"时，在当前层创建的对象的颜色、线型、线宽才能与图层的设置相同；修改对象的图层后，对象的特性将与新图层的设置一致。

图 2-26 特性面板

八、AutoCAD 的文件管理

（一）新建图形文件

菜单：文件→新建。

自定义快速访问工具栏：新建。

应用程序菜单：新建→图形，见图 2-27。

命令名：new。

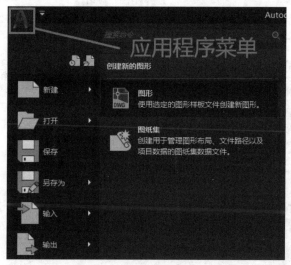

图 2-27 应用程序菜单新建文件

输入命令，弹出"选择样板"对话框，如图 2-28 所示。"文件名"栏显示了用户所选的样板文件，默认的样板文件为"acadiso.dwt"，用户也可以选择"名称"栏中列出的其他样板文件。点击 打开(O) ，完成创建新文件的操作。

（二）打开图形文件

菜单：文件→打开。

自定义快速访问工具栏：打开。

应用程序菜单：打开。

命令名：open。

输入命令，弹出"选择文件"对话框，如图 2-29 所示。在"查找范围"栏选择打开文件的路径，在"名称"栏选择要打开的文件名，在"预览"窗口可以看到该文件的图形预览。点击 打开(O) ，所选文件被打开。

图 2-28 "选择样板"对话框

图 2-29 "选择文件"对话框

(三) 保存图形文件

AutoCAD 图形文件的扩展名为".dwg",保存图形文件有两种方式。

1. 保存

菜单:文件→保存。

自定义快速访问工具栏:保存。

应用程序菜单:保存。

命令名:save。

输入命令,如果当前图形默认的文件名为"Drawing",将弹出"图形另存为"对话框,如图 2-30 所示;用户可以选择存盘路径,输入文件名,单击"保存",则按指定路径和文件名存盘。如果当前图形已有文件名,执行该命令,则将当前改动内容保存于图形文件中,不会出现对话框。

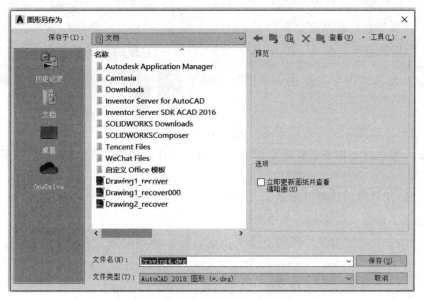

图 2-30 "图形另存为"对话框

2. 另存为

菜单：文件→另存为。

自定义快速访问工具栏：另存为。

应用程序菜单：另存为。

命令名：saveas。

输入命令，弹出图 2-30 所示的"图形另存为"对话框，用户可以对当前图形赋予新的存盘路径和文件名。

【任务 2-1 提示】

1. 新建图层

分别用于绘制粗实线、细实线、细点画线、虚线。粗实线、细实线的线型选"continuous"，细点画线的线型选"center"，虚线的线型选"dashed"。粗实线线宽选 0.5mm，细实线、细点画线、虚线线宽选默认（即 0.25mm）。

根据本次任务中图线的尺寸大小，修改"全局比例因子"为 0.3 较为合适。

2. 绘制图 2-1

设虚线层为当前层，鼠标左键单击"绘图"面板的 ，输入"直线（line）"命令，命令行提示如下：

LINE 指定第一点：单击左键，输入左下角的点。

LINE 指定下一点或 [放弃（U）]：输入@125,0 回车（输入 U，按回车键则放弃第一点）。

LINE 指定下一点或 [放弃（U）]：输入@0,50 回车（输入 U，按回车键则放弃前一点）。

LINE 指定下一点或 [闭合（C）放弃（U）]：输入@-125,0 回车（输入 U，按回车键则放弃前一点）。

　　✐▼LINE 指定下一点或 ［闭合（C）放弃（U）］：输入@0，－50 回车（输入 C，按回车键则与第一点相连，并结束命令）。

　　✐▼LINE 指定下一点或 ［闭合（C）放弃（U）］：直接回车，结束命令，画出长方形。

　　设细实线层为当前层，单击"绘图"面板的 ⊙ 按钮，输入画圆命令，命令行提示如下：

　　⊙▼CIRCLE 指定圆的圆心或 ［三点（3P）两点（2P）切点、切点、半径（T）］：输入 T，回车，即选择"切点、切点、半径（T）"方式，画与两个对象相切，且半径已知的圆。

　　⊙▼CIRCLE 指定对象与圆的第一个切点：移动光标到长方形左边线上，出现"切点"捕捉标记及"递延切点"提示，单击左键。

　　⊙▼CIRCLE 指定对象与圆的第二个切点：再移动光标到长方形下边线上，出现"切点"捕捉标记及"递延切点"提示时，单击左键。

　　⊙▼CIRCLE 指定圆的半径：输入半径值，回车，画出左下方的圆。

　　重复以上步骤画出其余三个圆。

3. 绘制图 2-2

　　设粗实线层为当前层，输入"直线（line）"命令，命令行提示如下：

　　✐▼LINE 指定第一点：单击左键输入右上端点

　　✐▼LINE 指定下一点或 ［放弃（U）］：输入@0，－14 回车。

　　✐▼LINE 指定下一点或 ［放弃（U）］：输入@－90，0 回车。

　　✐▼LINE 指定下一点或 ［闭合（C）放弃（U）］：输入@0，28 回车。

　　✐▼LINE 指定下一点或 ［闭合（C）放弃（U）］：输入@10，10 回车。

　　✐▼LINE 指定下一点或 ［闭合（C）放弃（U）］：输入@17，0 回车。

　　✐▼LINE 指定下一点或 ［闭合（C）放弃（U）］：输入@0，－13 回车。

　　✐▼LINE 指定下一点或 ［闭合（C）放弃（U）］：输入 C，按回车键则与第一点相连，结束命令，完成图 2-2。

4. 绘制图 2-3

　　设粗实线层为当前层，输入"直线（line）"命令，命令行提示如下：

　　✐▼LINE 指定第一点：单击左键输入左下角的点。

　　✐▼LINE 指定下一点或 ［放弃（U）］：输入@80，0 回车。

　　✐▼LINE 指定下一点或 ［放弃（U）］：输入@80<120（或@80<－240）回车。

　　✐▼LINE 指定下一点或 ［闭合（C）放弃（U）］：输入 C，按回车键则与第一点相连，并结束命令。

　　设细点画线层为当前层，输入"圆"命令，命令行提示如下：

　　⊙▼CIRCLE 指定圆的圆心或 ［三点（3P）两点（2P）切点、切点、半径（T）］：输入 3P 回车，即选择"三点（3P）"方式，过不在一条直线上的三点画圆。

◷▶ CIRCLE 指定圆上的第一个点：同时按下 Shift 键和鼠标右键，在弹出的快捷菜单中单击"端点"；把光标移至三角形的一个顶点处，出现"端点"捕捉标记后，单击左键指定圆上的第一个点。

◷▶ CIRCLE 指定圆上的第二个点：重复以上操作，指定三角形的另一顶点为圆上的第二个点。

◷▶ CIRCLE 指定圆上的第三个点：再重复以上操作，指定三角形的第三个顶点为圆上的第三个点，完成画圆。

设虚线层为当前层，选择"绘图"面板里的"相切、相切、相切（A）"方式画圆，命令行提示如下：

◷▶ CIRCLE 指定圆的圆心或［三点（3P）两点（2P）切点、切点、半径（T）］：_3p 指定圆上的第一个点：_tan 到　移动光标到三角形的一条边上，出现"递延切点"提示时，单击左键。

◷▶ CIRCLE 指定圆上的第二个点：_tan 到　移动光标到三角形的另一条边上，出现"递延切点"提示时，单击左键。

◷▶ CIRCLE 指定圆上的第三个点：_tan 到　移动光标到三角形的第三条边上，出现"递延切点"提示时，单击左键，完成画圆。

【归纳总结】

AutoCAD 的用户界面主要有标题栏、菜单栏、功能区、绘图区、命令行、状态行、坐标系等。

用 AutoCAD 绘图时要熟悉鼠标及键盘的常用键如左键、右键、中键、回车键、空格键、Esc 键等的用法。

AutoCAD 输入命令的方法有选项面板输入、下拉菜单输入、键盘输入等。

在命令执行中需要输入点时，可以用键盘输入点的坐标，也可以用鼠标输入点或用给定距离的方式输入点。后两种方式借助于第二节的对象捕捉或追踪会更快捷方便。

在修改对象时，经常要选择对象，直接选择方式是最简便的，要注意体会左右窗口和右左窗口的区别。

在绘图中，经常要用显示控制改变图形对象的显示效果，用中键缩放或移动，再结合"范围缩放""全部缩放"是非常方便的。

用 AutoCAD 绘图时，要熟练地创建图层，设置图层的颜色、线型、线宽，将不同图形对象分层绘制，便于修改和管理。

绘图时，要养成及时保存文件的习惯。

【巩固练习】

1. 练习用选项面板输入命令、用下拉菜单输入命令、用键盘输入命令等不同的命令输入方式。

2. 练习利用图层管理图形对象。

（1）新建图层，为各层设置颜色、线型、线宽，并在各层绘制不同的图线。

（2）打开/关闭某图层，观察图形变化；当前层能否被关闭，在关闭的图层上能否绘制对象。

(3) 冻结/解冻某图层，观察图形变化；当前层能否被冻结。

(4) 锁定/解锁某图层，观察图形变化；当前层能否被锁定，在锁定的图层上能否绘制或修改对象。

(5) 通过改变层将虚线圆改为粗实线圆，将细实线圆改为细点画线圆。

3. 搞清对象的颜色、线型、线宽与图层的关系。

4. 练习选择对象的方法。绘制一些图形，用"删除"命令删除图形时，分别用"单个选择""左右窗口选择""右左窗口选择"方式选择对象，并体会"左右窗口"和"右左窗口"的不同。

5. 练习点的直角坐标、极坐标输入方法。注意输入@，c＜时，不能用汉字输入法。

6. 绘制五角星，如图2-31所示，不用标注尺寸。

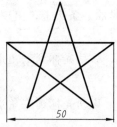

图2-31 绘制五角星　　　2.9 绘制五角星

第二节 绘图辅助工具

【任务书2-2】

任务编号	任务2-2	任务名称	绘制平面图形Ⅰ	完成形式	学生在教师指导下完成	时间	180分钟
能力目标	1. 能用"对象捕捉"输入特殊点 2. 能用"对象捕捉追踪""极轴追踪"输入点							
相关知识	1. 国家标准关于制图的基本规定 2. AutoCAD的基本知识							
参考资料	孙安荣. 化工识图与CAD技术. 北京:化学工业出版社							
能力训练过程							
课前准备	预习本单元第二节，熟悉以下内容： 1."对象捕捉"的特殊点有哪些； 2. 在图2-32中,用"直线(line)"绘制圆内的两个正方形时,"对象捕捉"的特殊点是_____； 4. 使用"极轴追踪"可以绘制角度线,怎样打开"极轴追踪",如何设置"增量角"； 5. 用"直线(line)"绘制图2-33,可以输入点的坐标,也可以用"极轴追踪"输入距离确定点,这时"增量角"是_____； 6. 绘制图2-34中长方形内的圆时,如何用"对象捕捉追踪"输入圆心点； 7. 图2-35中,有几种方法可以确定ϕ20mm的圆心； 8. 绘制图2-36时,设置"增量角"是_____,"附加角"是_____,"极轴角测量"选_____； 9. 图2-37中,如何使用"对象捕捉追踪"和"极轴追踪"							

续表

任务编号	任务 2-2	任务名称	绘制平面图形 I	完成形式	学生在教师指导下完成	时间	180 分钟
课堂训练	\multicolumn{7}{l}{1. 提问、检查课前准备情况 2. 讲解知识点，演示"对象捕捉""对象捕捉追踪""极轴追踪" 3. 按尺寸绘制图 2-32～图 2-37 的平面图形 4. 知识总结}

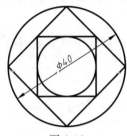

图 2-32

2.10 图 2-32 的绘制

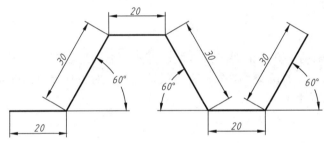

图 2-33

2.11 图 2-33 的绘制

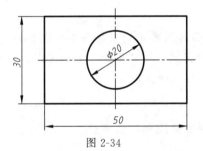

图 2-34

2.12 图 2-34 的绘制

图 2-35

2.13 图 2-35 的绘制

第二单元 AutoCAD 绘图

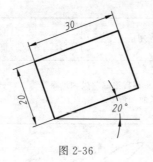

图 2-36

2.14 图 2-36 的绘制

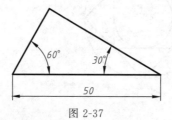

图 2-37

2.15 图 2-37 的绘制

【相关知识】

AutoCAD 提供了多种绘图辅助工具，帮助用户方便、迅速、准确地绘制工程图。本次任务中，主要学习和使用 AutoCAD 的正交、对象捕捉、极轴追踪、对象捕捉追踪等辅助工具绘制图形，并从中体会绘图方法和技巧。

一、正交模式

打开或关闭正交限制光标：

① 单击状态栏（图 2-4）的"正交限制光标" 按钮。

② 按 F8 键。

打开"正交限制光标"按钮，当系统需要相对于前一点确定下一点的位置时，光标只能自前一点开始沿当前 X 轴或 Y 轴方向移动。用"正交"工具可以方便地绘制与当前 X 轴或 Y 轴平行的线段、沿 X 轴或 Y 轴方向移动或复制对象等。

二、捕捉工具

AutoCAD 提供的捕捉工具包括对象捕捉和栅格捕捉。

（一）对象捕捉

所谓对象捕捉，就是当命令行提示输入点时，把光标放在图形对象上，AutoCAD 就会捕捉到该对象上所有符合条件的几何特征点，并显示出相应标记。如果把光标放在捕捉点上停留片刻，AutoCAD 还会显示该特征点的提示。对象捕捉工具可使用户迅速、准确地捕捉到已绘出图形上的特征点，提高作图的准确性和速度。利用对象捕捉可以精确输入的特征点有：端点、中点、圆心、几何中心、节点、象限点、交点、延长线、插入点、垂足、切点、最近点、外观交点、平行线上的点 14 种。

AutoCAD 提供的对象捕捉方式有：长期捕捉、临时捕捉。

1. 长期捕捉

长期捕捉一经设定则长久处于捕捉状态，直到重新设定方才失效。

(1) 打开/关闭"长期捕捉"工具

① 单击状态栏中的 ▢ 按钮。

② 按 F3 键或 Ctrl+F。

③ 使用"草图设置"对话框,如图 2-38 所示。在"草图设置"对话框中选择"对象捕捉"选项卡,打开/关闭"启用对象捕捉"复选框。

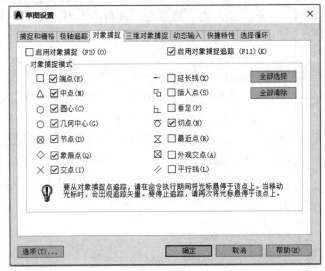

图 2-38 "草图设置"对话框

打开"草图设置"对话框的方法如下。

菜单:工具→草图设置。

快捷键:在状态栏的 ▢ 按钮上单击右键,选右键菜单中的"对象捕捉设置...";或者左键单击 ▢ 右边的下三角 ▼,选择"对象捕捉设置..."。

(2) 设置特征点

在"草图设置"对话框的"对象捕捉"区列出了 AutoCAD 可以自动捕捉的 14 种特征点。单击某特征点前的选择框,显示符号 ✓ 时,该特征点可以被捕捉(再单击该项,即放弃选择)。可视需要选择一种或多种,"全部选择"和"全部清除"两个按钮分别用于选取或清除所有的特征点。

当同时设置几种特征点时,AutoCAD 将自动选择离靶框中心最近的特征点;如果该点不合意,用户可以按 Tab 键来循环选择所需的特征点。

2. 临时捕捉

临时捕捉是在命令行提示输入点时,暂时设定的捕捉方式。临时捕捉将覆盖长期捕捉被优先执行,且只能执行一次。设置临时捕捉有以下三种方法。

当命令行提示输入点时:

① 菜单 工具→工具栏→AutoCAD→对象捕捉,即可显示对象捕捉工具栏,如图 2-39 所示。

图 2-39 对象捕捉工具栏

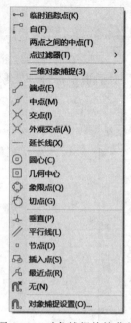

图 2-40 对象捕捉快捷菜单

② 从快捷菜单中选取 按 Shift 键或 Ctrl 键并在绘图区单击右键,打开对象捕捉快捷菜单,如图 2-40 所示。

③ 在命令行键入特征点的前三个字母 如中点 MID、圆心 CEN、端点 END、切点 TAN、…。

3. 对象捕捉操作说明

(1) 捕捉端点、中点、交点、切点、象限点、垂足、节点、插入点、最近点、几何中心时,将光标移至需要捕捉的点附近,光标处即显示一个捕捉标记,单击左键即捕捉到该点,如图 2-41 所示。

(2) 捕捉圆心点时,将光标移至圆(圆弧)、椭圆(椭圆弧)的周边附近,在圆心处即出现捕捉标记,单击左键即捕捉到圆心点,如图 2-42 所示。

(3) 捕捉外观交点时,首先将光标移至其中一个对象上,显示"延伸外观交点"的捕捉标记,如图 2-43(a) 所示;单击左键后,将光标移至另一个对象附近,在外观交点处即出现"交点"的捕捉标记,如图 2-43(b) 所示;单击左键即捕捉到该外观交点。

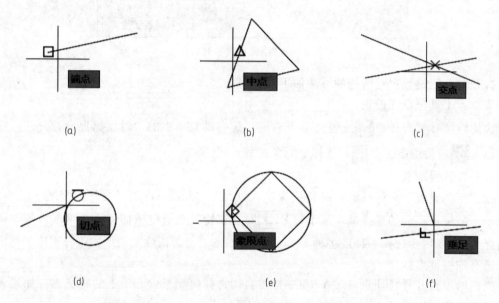

图 2-41 捕捉端点、中点、交点、切点、象限点、垂足

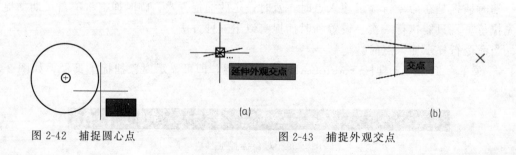

图 2-42 捕捉圆心点　　图 2-43 捕捉外观交点

(4) 捕捉延伸点时，首先将光标放到线段的一端，端点上会出现一个"＋"标记；沿着线段方向移动光标，将引出一条虚线，并动态显示光标所处位置相对于线段端点的极坐标值。用户可以单击左键在虚线上输入一点，或采用直接输入距离方式确定一点，如图 2-44（a）所示。用这种捕捉方法也可以捕捉到外观交点，只要将光标分别放在两条延长后相交的线段一端，使两个端点均出现"＋"标记，沿着线段方向拉出的两条虚线将汇交于一点，单击左键即确定外观交点，如图 2-44（b）所示。

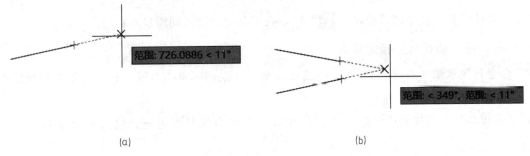

图 2-44　捕捉延伸点

(5) 捕捉平行线上的点，可以作已知直线的平行线。首先指定一点，然后将光标放在已知直线上，光标处会出现一个"∥"符号，如图 2-45（a）所示；移开光标后，直线上仍有"＋"标记，如图 2-45（b）所示；移动光标使橡皮筋线与已知直线平行时，屏幕上显示一条虚线与已知直线平行，并动态显示光标位置相对于前一点的极坐标值，用户在虚线上输入一点，即画出已知直线的平行线，如图 2-45（c）所示。

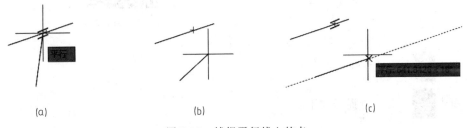

图 2-45　捕捉平行线上的点

例 2-2-1　使用对象捕捉绘制图 2-46 所示的图形。

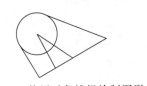

图 2-46　使用对象捕捉绘制图形

2.16　例 2-2-1

① 单击状态行上的 ▢ 按钮打开"长期捕捉"工具，在图 2-38 所示"草图设置"对话框的"对象捕捉模式"区选择特殊点（端点、中点、圆心、切点、垂足）。

② 画直线、画圆。

③ 输入"直线（line）"命令，把光标移到直线上捕捉端点，单击左键；把光标移到圆上捕捉切点，单击左键，可以绘制出切线。

④ 输入"直线（line）"命令，捕捉圆心点和中点，作圆心与直线中点的连线。
⑤ 输入"直线（line）"命令，捕捉圆心点和垂足点，过圆心作直线的垂线。
图 2-46 也可以用"临时捕捉"方式捕捉特殊点，试一试。

（二）栅格捕捉

打开状态栏"捕捉到图形栅格" ⊞ 按钮，输入点时，鼠标拖动十字光标只能定位在栅格点上。

打开状态栏"显示图形栅格" ⊞ 按钮，在屏幕上以给定间距显示栅格点。

（三）用"捕捉自"指定基点

命令行提示输入点时，按 Shift 键或 Ctrl 键并在绘图区单击右键，打开对象捕捉快捷菜单，从中选取"捕捉自"⌐。

"捕捉自"工具提示用户输入基点，并将基点作为临时参考点，输入相对坐标确定下一点。

例 2-2-2　绘制图 2-47，其中 ϕ20mm 的圆使用"捕捉自"命令绘制。

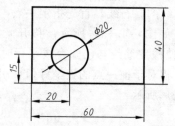

图 2-47　使用"捕捉自"画其中的圆

2.17　例 2-2-2

① 单击 ╱，按尺寸画出长方形。

② 单击 ⊙，命令行提示如下：

⊙▼CIRCLE 指定圆的圆心或 ［三点（3P）两点（2P）切点、切点、半径（T）］：单击"捕捉自"⌐。

_from 基点：捕捉矩形左下角点，单击左键输入基点。

<偏移>：输入@20，15，回车。

⊙▼CIRCLE 指定圆的半径或 ［直径（D）］：输入 10，回车。

三、自动追踪

自动追踪功能是一个非常有用的绘图辅助工具，使用它可按指定角度绘制对象，或绘制与其他对象有特定关系的对象。

AutoCAD 提供的自动追踪方式有：极轴追踪、对象捕捉追踪。

（一）极轴追踪

在系统要求指定一个点时，从当前输入点处，按设定的增量角或附加角显示出一条无限延伸的辅助线（虚线），用户可以沿辅助线追踪到另一个点。

1. 打开/关闭"极轴追踪"

① 单击状态栏上的 ⊕ 按钮。

② 按 F10 键或按 Ctrl+U 键。

③ 在"草图设置"对话框的"极轴追踪"选项卡中选择"启用极轴追踪"。

2. "极轴追踪"参数的设置

在"草图设置"对话框的"极轴追踪"选项卡中设置参数,如图 2-48 所示。在"极轴角设置"区设置"增量角",则在"增量角"的整数倍方向将会出现追踪辅助线。也可以新建"附加角",则在"附加角"的方向也会出现追踪辅助线。在"极轴角测量"区,选择角度("增量角"或"附加角")的测量基准,"绝对"表示角度值自 X 轴正向测量,"相对上一段"表示相对于上一段线段测量角度值。

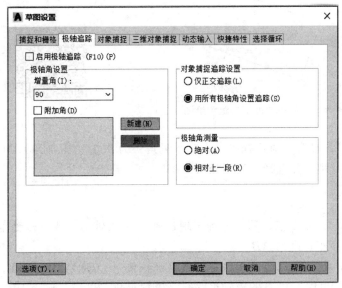

图 2-48 "草图设置"对话框—极轴追踪

例 2-2-3 使用"极轴追踪"绘制图 2-49。

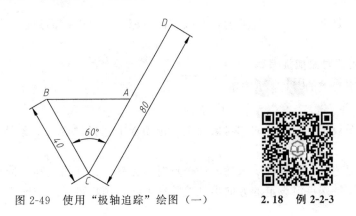

图 2-49 使用"极轴追踪"绘图(一)　　2.18 例 2-2-3

在图 2-48"草图设置"对话框中,设"增量角"为 60°,"极轴角测量"选"绝对",并选择"启用极轴追踪"。

第二单元 AutoCAD 绘图

① 单击 ![直线], 输入"直线 (line)"命令,单击左键,输入 A 点,向左移动光标出现过 A 点的极轴追踪线(极轴角 180°方向)。

② 输入 40,回车,则沿极轴追踪线方向,按距离 40 确定 B 点,画出 AB。

③ 移动光标,出现过 B 点的极轴追踪线(极轴角 300°方向),输入 40,回车,画出 BC。

④ 移动光标,出现过 C 点的极轴追踪线(极轴角 60°方向),输入 80,回车,画出 CD。

例 2-2-4 使用"极轴追踪"绘制图 2-50。

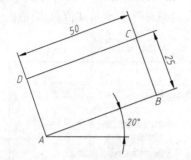

图 2-50 使用"极轴追踪"绘图(二)　　2.19 例 2-2-4

在图 2-48"草图设置"对话框中,设"增量角"为 90°、"附加角"为 20°,"极轴角测量"选"相对上一段",并选择"启用极轴追踪"。

① 单击 ![直线]。

② 单击左键,输入 A 点,移动光标出现过 A 点的极轴追踪线(极轴角 20°方向)。

③ 输入 50,回车,画出 AB。

④ 移动光标,出现过 B 点的极轴追踪线(极轴角 90°方向),输入 25,回车,画出 BC。

⑤ 移动光标,出现过 C 点的极轴追踪线(极轴角 90°方向),输入 50,回车,画出 CD。

⑥ 捕捉 A 点,画出 DA。

（二）对象捕捉追踪

对象捕捉追踪是沿着对象捕捉点的辅助线方向追踪,它可以捕捉到辅助线上的点或两条辅助线的交点。

1. 打开/关闭"对象捕捉追踪"

(1) 单击状态栏上的 ![图标]、![图标] 按钮。

(2) 按 F11、F3 键。

(3) 在"草图设置"对话框的"对象捕捉"选项卡中选择"启用对象捕捉""启用对象捕捉追踪"。

打开对象捕捉追踪,当系统要求输入一个点时,先移动光标捕捉某一特殊点,再使光标离开该点,则自该特殊点沿设定的方向出现追踪辅助线,用户可以沿辅助线方向追踪得到要输入的点。

2. "对象捕捉追踪"方向的设置

在图 2-48"草图设置"对话框的"对象捕捉追踪设置"区设置追踪方向。"仅正交追踪"表示通过对象捕捉点只沿当前 X 轴和 Y 轴方向出现追踪辅助线;"用所有极轴角追踪"表示通过对象捕捉点,在"增量角"的整数倍方向及"附加角"方向均出现追踪辅助线。

例2-2-5　画直径 ϕ20mm 的圆,圆心距长方形左边中点 25mm,如图 2-51(b) 所示。

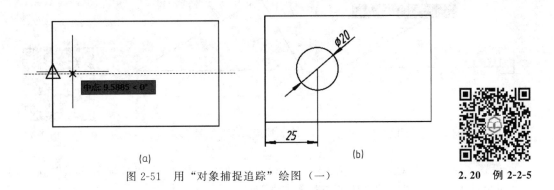

(a)　　　　　　　　　　　(b)

图 2-51　用"对象捕捉追踪"绘图(一)

2.20　例 2-2-5

① 设置"中点"为对象捕捉特征点,打开"对象捕捉追踪"。

② 单击 。

③ 捕捉长方形左边中点(此时不要单击左键),向左移动光标离开捕捉点,出现一条过中点的追踪辅助线,并显示光标所在点相对于对象捕捉点的极坐标,如图 2-51(a) 所示。

④ 输入 25,回车,确定圆心。

⑤ 输入半径值 10,回车,画出 ϕ20mm 的圆。

例2-2-6　以长方形中心为圆心,画直径 ϕ20mm 的圆,如图 2-52(b) 所示。

①、② 同例 2-2-5。

③ 捕捉长方形左边中点(此时不要单击左键),移动光标离开捕捉点,出现一条过左边中点的追踪辅助线;再捕捉长方形顶边中点(不要单击左键),移动光标离开捕捉点,出现一条过顶边中点的追踪辅助线;移动光标靠近矩形中心附近,直到同时出现两条相交的追踪线,如图 2-52(a) 所示。

2.21　例 2-2-6

④ 单击左键,确定两条追踪线的交点为圆心。

⑤ 输入半径值 10,回车,画出 ϕ20mm 的圆。

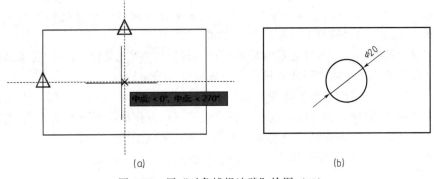

(a)　　　　　　　　　　　(b)

图 2-52　用"对象捕捉追踪"绘图(二)

例2-2-7　使用"极轴追踪"和"对象捕捉追踪"画三角形,如图 2-53(b) 所示。

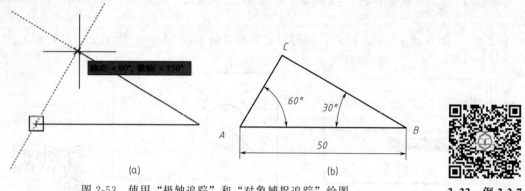

图 2-53 使用"极轴追踪"和"对象捕捉追踪"绘图

2.22 例 2-2-7

① 设置"端点"为对象捕捉特征点,设置"增量角"为 30°,"极轴角测量"选"绝对","对象捕捉追踪设置"选"用所有极轴角追踪"。
② 打开"极轴追踪",打开"对象捕捉追踪"。
③ 单击 直线。
④ 单击左键,输入 A 点,向右移动光标出现水平方向的极轴追踪线。
⑤ 输入 50,回车,画出 AB 边。
⑥ 移动光标,出现过 B 点的极轴追踪线(极轴角 150°方向);捕捉 A 点(不要单击左键),离开 A 点,出现过 A 点的对象捕捉追踪线(60°方向);再移动光标,直到两条追踪线相交,如图 2-53(a) 所示,单击左键,输入 C 点,画出 BC 边。
⑦ 捕捉 A 点,画出 CA 边。

【归纳总结】

AutoCAD 的捕捉模式有"对象捕捉"和"栅格捕捉"。使用"对象捕捉"输入点时,用光标能准确捕捉到对象上的特殊点。"对象捕捉"有"自动捕捉"和"临时捕捉"两种方式,绘图时,用户可以选用其中一种方式捕捉特殊点,提高绘图速度和准确性。使用栅格捕捉输入点时,鼠标拖动十字光标只能定位在栅格点上。

使用"极轴追踪"可以绘制角度线。要根据绘图要求设置"增量角",必要时还可以设置"附加角",设置好后在增量角的整数倍方向及附加角方向将会出现极轴追踪线。极轴角度的测量有"绝对"和"相对上一段"两种方式。

使用"对象捕捉追踪"可以通过对象捕捉点沿设定的方向出现追踪线,对象捕捉追踪线的方向由"仅正交追踪"或"用所有极轴角设置追踪"确定。

使用"正交限制光标",当系统需要相对于前一点确定下一点的位置时,光标只能自前一点开始沿当前 X 轴或 Y 轴方向移动;用正交模式可以方便地绘制与当前 X 轴或 Y 轴平行的线段、沿 X 轴或 Y 轴方向移动或复制对象等。不能同时打开"正交"和"极轴追踪"工具,绘图时,常用"极轴追踪"代替"正交限制光标"。

【巩固练习】

按尺寸大小绘制图 2-54~图 2-59。

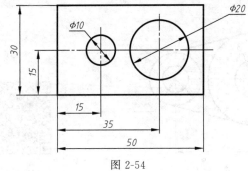

图 2-54

2.23 图 2-54 的绘制

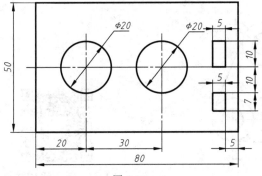

图 2-55

2.24 图 2-55 的绘制

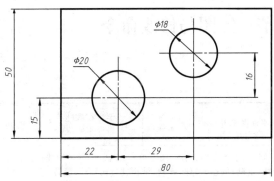

图 2-56

2.25 图 2-56 的绘制

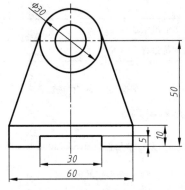

图 2-57

2.26 图 2-57 的绘制

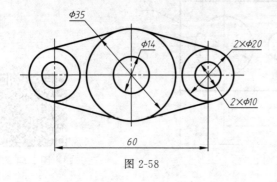

图 2-58

2.27　图 2-58 的绘制

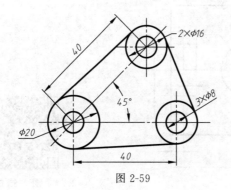

图 2-59

2.28　图 2-59 的绘制

第三节　绘图与修改命令

【任务书 2-3】

任务编号	任务 2-3	任务名称	绘制平面图形Ⅱ	完成形式	学生在教师指导下完成	时间	180 分钟
能力目标	1. 能用绘图命令（直线、圆、圆弧、矩形、正多边形、椭圆、图案填充、多段线、样条曲线拟合等）绘制平面图形 2. 能用修改命令（删除、修剪、延伸、复制、偏移、镜像、阵列、倒角、圆角、移动、旋转、缩放、拉伸、拉长、打断、分解、夹点编辑、修改对象特性等）编辑平面图形						
相关知识	1. 国家标准关于制图的基本规定 2. AutoCAD 的绘图与修改命令						
参考资料	孙安荣. 化工识图与 CAD 技术. 北京：化学工业出版社						
能力训练过程							
课前准备	预习本单元第三节，熟悉以下内容： 1."圆弧(arc)""矩形(rectang)""正多边形(polygon)""椭圆(ellipse)"的画法； 2. 用"图案填充画剖面线(bhatch)"画剖面线； 3. 用"多段线(pline)"画连续的直线、圆弧，设置线宽画箭头； 4. 用"样条曲线拟合(spline)"画波浪线； 5. 用"修剪(trim)"对相交线段中各部分做局部删除，用"延伸(extend)"使选取的图形对象延伸到指定的边界； 6. 用"复制(copy)""偏移(offset)""镜像(mirror)""阵列(array)"复制对象； 7."倒角(chamfer)""圆角(fillet)"的画法。						

续表

任务编号	任务 2-3	任务名称	绘制平面图形Ⅱ	完成形式	学生在教师指导下完成	时间	180 分钟

课前准备	8. 用"移动(move)""旋转(rotate)"改变对象的位置； 9. 用"缩放(scale)""拉伸(stretch)""拉长(lengthen)"改变图形大小； 10. 用"打断(break)"使封闭的一个对象(如圆、椭圆、闭合的多段线或样条曲线等)变成不封闭，使不封闭的一个对象分成两段； 11. 用"分解(explode)"把一个组合对象分解成各组成部分； 12. 用"夹点编辑"快速修改对象； 13. 用"特性对话框"或"特性匹配"修改对象的特性
课堂训练	1. 提问、检查课前准备情况 2. 讲解知识点，演示用 AutoCAD 的绘图、修改命令 3. 绘制图 2-60～图 2-68 的平面图形 4. 知识总结

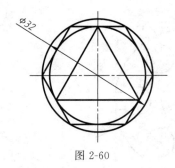

图 2-60

2.29 图 2-60 的绘制

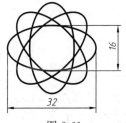

图 2-61

2.30 图 2-61 的绘制

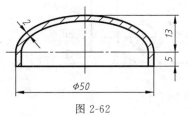

图 2-62

2.31 图 2-62 的绘制

图 2-63

2.32 图 2-63 的绘制

第二单元 AutoCAD 绘图　　45

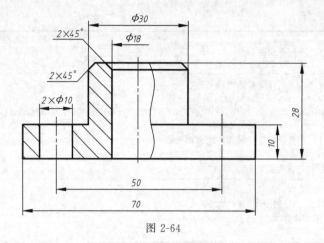

图 2-64

2.33　图 2-64 的绘制

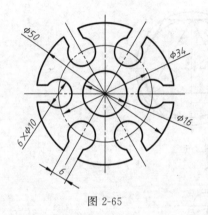

图 2-65

2.34　图 2-65 的绘制

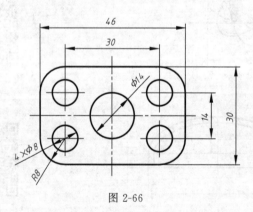

图 2-66

2.35　图 2-66 的绘制

图 2-67

2.36　图 2-67 的绘制

图 2-68

2.37　图 2-68 的绘制

【相关知识】

一、绘图命令

画直线、画圆的方法已在第一单元介绍，这里不再重复。

(一) 圆弧 (arc/a)

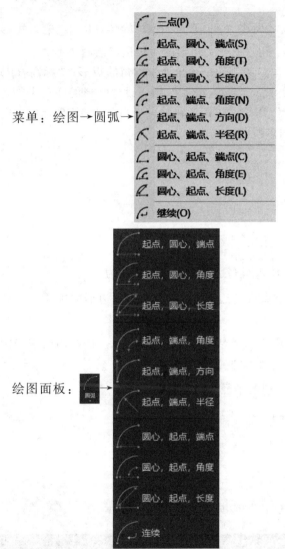

命令名：arc 或 a。

输入命令，命令行提示如下：

ARC 指定圆弧的起点或 [圆心 (C)]：输入圆弧的起点。

ARC 指定圆弧的第二点或 [圆心 (C) 端点 (E)]：输入圆弧中间某一点。

ARC 指定圆弧的端点：输入圆弧的终点，则通过三点画出圆弧。

画圆弧的方式有 11 种，可以通过下拉菜单或在绘图面板中来选择画圆弧的方式。

(二) 矩形 (rectang/rec)

菜单：绘图→矩形。

绘图面板：。

命令名：rectangle 或 rec。

输入命令，命令行提示如下：

▼RECTANG 指定第一个角点或 [倒角（C）标高（E）圆角（F）厚度（T）宽度（W）]：输入矩形第一个角点。

▼RECTANG 指定另一个角点或 [面积（A）尺寸（D）旋转（R）]：输入矩形另一个角点，则以"第一个角点"和"另一个角点"作为矩形的对角顶点绘制矩形。

"倒角（C）"用于设置矩形的倒角距离，绘制四个顶点处带倒角的矩形；"标高（E）"用于设置矩形相对于当前 XOY 坐标面的标高；"圆角（F）"用于设置矩形的圆角半径，绘制四个顶角处带圆角的矩形；"厚度（T）"用于设置矩形在垂直于当前 XOY 坐标面方向的厚度；"宽度（W）"用于设置绘制矩形的多段线的宽度。

（三）多边形（polygon/pol）

菜单：绘图→多边形。

绘图面板：。

命令名：polygon 或 pol。

输入命令，命令行提示如下：

▼POLYGON 输入侧面数<4>：输入正多边形的边数，默认为 4。

▼POLYGON 指定正多边形的中心点或 [边（E）]：输入正多边形的中心点（若输入字母 E 则选择用边长来确定正多边形的大小）。

▼POLYGON 输入选项 [内接于圆（I）外切于圆（C）]<I>：选择用内接于圆或外切于圆来确定正多边形的大小，默认为内接于圆。

▼POLYGON 指定圆的半径：输入圆的半径，画出正多边形。

（四）图案填充画剖面线（bhatch/bh）

菜单：绘图→图案填充。

绘图面板：。

命令名：bhatch 或 bh。

输入命令，系统自动打开"图案填充创建"选项卡，如图 2-69 所示。

图 2-69 "图案填充创建"选项卡

在图案面板中选择需要填充的图案，金属材料的剖面线常选用，这时命令行提示"▼HATCH 拾取内部点或 [选择对象（S）放弃（U）设置（T）]："；在需要图案填充的封闭区域内任一点单击鼠标左键，该区域即可显示填充上剖面线。也可以在不同区域多次单击，选择多个填充区域，单击回车键，或单击按钮，完成图案填充。

(五) 椭圆 (ellipse/el)

菜单：绘图→椭圆→

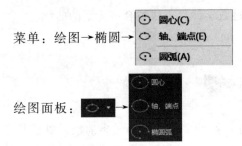

绘图面板：

命令名：ellipse 或 el。

输入命令名，命令行提示如下：

ELLIPSE 指定椭圆的轴端点或 [圆弧 (A) 中心点 (C)]：输入椭圆轴的一个端点。

ELLIPSE 指定轴的另一端点：输入该轴的另一个端点，两端点的连线为椭圆的一条轴。

ELLIPSE 指定另一条半轴长度或 [旋转 (R)]：输入另一条半轴的长度，画出椭圆。

绘制椭圆时还可以用"中心点 (C)"方式，依次指定椭圆中心、指定轴的端点、指定另一条半轴长度，画出椭圆。

绘制椭圆弧还可以在下拉菜单中选择"绘图"→"椭圆"→"圆弧"，也可以在命令行根据提示选择"圆弧 (A)"选项，或在绘图面板中单击 椭圆弧 按钮。

(六) 多段线 (pline/pl)

绘制连续的直线和圆弧组成的线段，并可随意设置线宽。

菜单：绘图→多段线。

绘图面板：

命令名：pline 或 pl。

输入命令，命令行提示如下：

PLINE 指定起点：输入起点，命令行继续提示"当前线宽为 0.0000"。

PLINE 指定下一点或 [圆弧 (A) 半宽 (H) 长度 (L) 放弃 (U) 宽度 (W)]：输入多段线的下一点则画出一段直线（或选择其他选项）。

指定下一点或 [圆弧 (A) 闭合 (C) 半宽 (H) 长度 (L) 放弃 (U) 宽度 (W)]：继续输入下一点画直线（或选择其他选项）。

……

选择"圆弧 (A)"，由绘制直线方式转为绘制圆弧方式，且绘制的圆弧与上一段线段相切。选择"闭合 (C)"用线段将终点与起点相连，结束命令。选择"长度 (L)"，将上一直线段延伸指定的长度。选择"放弃 (U)"，删除最近一次添加到多段线上的线段。选择"半宽 (H)"或"宽度 (W)"，指定下一线段宽度的一半值或宽度数值，用这一选项可以画箭头。

（七）样条曲线（spline/spl）

在指定的允许误差范围内，把一系列的点通过数学计算方法拟合成光滑的曲线。

菜单：绘图→样条曲线→拟合点(F) 控制点(C)

绘图面板：样条曲线拟合，样条曲线控制点。

命令名：spline 或 spl。

若使用"样条曲线拟合"命令，则通过输入若干个点来绘制样条曲线，默认样条曲线通过这些点。若使用"样条曲线控制点"命令，则通过输入若干个点来绘制样条曲线，但默认样条曲线不通过这些点。

我们用输入命令名的方式绘制样条曲线，命令行提示如下：

SPLINE 指定第一个点或［方式（M）节点（K）对象（O）］：选择"方式（M）"，则可以在样条曲线拟合和样条曲线控制点这两种方式之间进行切换。

SPLINE 输入样条曲线创建方式［拟合（F）控制点（CV）］：选择"拟合（F）"，则以样条曲线拟合方式创建样条曲线。

SPLINE 指定第一个点或［方式（M）节点（K）对象（O）］：输入第一个点。

SPLINE 指定下一点或［起点切向（T）公差（L）］：输入下一点。

SPLINE 指定下一点或［端点相切（T）公差（L）放弃（U）］：输入下一点。

SPLINE 指定下一点或［端点相切（T）公差（L）放弃（U）闭合（C）］：输入一系列点。

……

SPLINE 指定下一点或［端点相切（T）公差（L）放弃（U）闭合（C）］：回车，结束命令。

（八）修订云线（revcloud）

修订云线是由连续圆弧组成的多段线，用于在检查阶段提醒用户注意图形的某个部分。

菜单：绘图→修订云线。

绘图面板：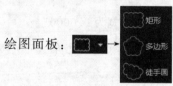

命令名：revcloud。

在绘图面板中，"矩形修订云线"是指用两个角点创建的修订云线；"多边形修订云线"是通过指定点绘制多段线创建的修订云线；"徒手画修订云线"是指通过绘制自由形状的多段线创建修订云线。

从命令行输入修订云线命令，命令行提示如下：

REVCLOUD 指定第一个点或［弧长（A）对象（O）矩形（R）多边形（P）徒手画（F）样式（S）修改（M）］＜对象＞：可以对"矩形（R）""多边形（P）""徒手画（F）"这三种方式进行选择。

也可以在绘图面板中直接选择输入方式，如输入"矩形修订云线"命令，命令行提示如下：

▭▼REVCLOUD 指定第一个角点或［弧长（A）对象（O）矩形（R）多边形（P）徒手画（F）样式（S）修改（M）］＜对象＞：鼠标左键输入矩形第一个角点。

▭▼REVCLOUD 指定对角点：输入矩形对角线上的第二个点，确定出修订云线的区域。

二、修改命令

（一）删除（erase/e）

菜单：修改→删除。

修改面板：✏。

命令名：erase 或 e。

左键单击 ✏，命令行提示如下：

✏▼ERASE 选择对象：移动鼠标至对象上，光标变成 ✕，选择对象后回车，所选对象在屏幕上消失。

也可以不输入命令，先选择对象，用右键菜单或键盘上的 Delete 键删除。

（二）修剪（trim/tr）

以现有的图线为分界线，进行局部删除。

菜单：修改→修剪。

修改面板：✂ 修剪。

命令名：trim 或 tr。

输入命令，命令行提示如下：

当前设置：投影＝UCS，边＝无，模式＝快速

选择要修剪的对象，或按住 Shift 键选择要延伸的对象。

若从菜单栏或者修改面板输入修剪命令，命令行则提示：

―▼TRIM［剪切边（T）窗交（C）模式（O）投影（P）删除（R）］：移动鼠标至要局部删除的对象上，这时光标变成 ✕，且对象颜色变淡，单击左键，所选对象在屏幕上消失。

―▼TRIM［剪切边（T）窗交（C）模式（O）投影（P）删除（R）］：左键单击要删除的对象。

……

按回车键结束命令。

修剪命令与删除命令的区别在于修剪命令可以局部删除，直至删除所有对象，而删除命令只能以图形对象为单位整体删除。

（三）延伸（extend/ex）

延伸对象以适合其他对象的边。

菜单：修改→延伸。

修改面板：⇤。

命令名：extend 或 ex。

在命令行输入延伸命令名，命令行提示如下：

当前设置：投影＝UCS，边＝无，模式＝快速

选择要修剪的对象，或按住 Shift 键选择要延伸的对象。

┈┃▼EXTEND［边界边（B）窗交（C）模式（O）投影（P）］：左键单击要延伸的线段，线段即可延长。

如使用延伸命令，可以将图 2-70(a) 的线段 AB，延长为 2-70(b) 的线段 AC。

选择要延伸的对象，或按住 Shift 键选择要修剪的对象。

┈┃▼EXTEND［边界（B）窗交（C）模式（O）投影（P）放弃（U）］：左键继续单击要延伸的线段，按回车键结束延伸命令。

如使用延伸命令，可以将图 2-70(b) 的线段 AC，延长为 2-70(c) 的线段 AD。

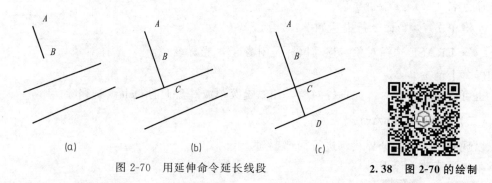

图 2-70 用延伸命令延长线段　　2.38 图 2-70 的绘制

（四）复制（copy/co）

绘制几个相同的对象。

菜单：修改→复制。

修改面板：复制。

命令名：copy 或 co 或 cp。

输入命令，命令行提示如下：

▼COPY 选择对象：选择要复制的对象。

▼COPY 选择对象：继续选择要复制的对象，回车结束选择。

当前设置：复制模式＝多个。

▼COPY 指定基点或［位移（D）模式（O）］＜位移＞：指定基点，一般用"对象捕捉"某特殊点作为复制对象的基点（也可以用"位移"方式，输入沿 X、Y 方向的位移量复制对象）。

▼COPY 指定第二个点或［阵列（A）］＜使用第一个点作为位移＞：输入位移的第二点，在该点处复制对象，且使"基点"复制在"位移的第二点"上。"使用第一点作位移"表示用第一点（即基点）的坐标值作为 X、Y 方向的位移量复制对象。

▼COPY 指定第二个点或［阵列（A）退出（E）放弃（U）］＜退出＞：输入位移的第二点继续复制对象，或回车结束命令，选择"放弃（U）"放弃上一次复制。

（五）偏移（offset/o）

生成原线段的等距线，用于创建同心圆、同心圆弧、平行线和等距曲线。

菜单：修改→偏移。

修改面板：。

命令名：offset 或 o。

输入命令，命令行提示如下：

OFFSET 指定偏移距离或［通过（T）删除（E）图层（L）］＜通过＞：输入偏移距离并回车。

OFFSET 选择要偏移的对象，或［退出（E）放弃（U）］＜退出＞：选择偏移对象。

OFFSET 指定要偏移的那一侧上的点，或［退出（E）多个（M）放弃（U）］＜退出＞：在要偏移的一侧单击左键，则按偏移距离生成等距线。

OFFSET 选择要偏移的对象，或［退出（E）放弃（U）］＜退出＞：继续选择偏移对象，或回车结束命令。

如果选择"通过（T）"选项，则通过指定点，绘制与某线段等距的线段。

（六）镜像（mirror/mi）

创建对称的镜像图像，源对象可以保留，也可以删除。

菜单：修改→镜像。

修改面板：镜像。

命令名：mirror 或 mi。

输入命令，命令行提示如下：

MIRROR 选择对象：选择要镜像的对象。

MIRROR 选择对象：继续选择要镜像的对象，回车或单击右键结束选择。

MIRROR 指定镜像线的第一点：输入对称线上的第一点。

MIRROR 指定镜像线的第二点：输入对称线上的第二点。

MIRROR 要删除源对象吗？［是（Y）否（N）］＜否＞：回车，生成对称对象且保留原拾取的对象。如果输入 Y 回车，生成对称对象，原拾取的对象被删除。

（七）阵列（array/ar）

将选定的对象按一定排列形式作多重复制。

用户可以在均匀隔开的矩形、环形或路径阵列中创建对象副本。

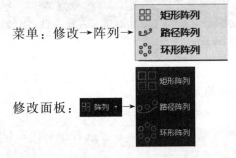

菜单：修改→阵列→矩形阵列／路径阵列／环形阵列

修改面板：阵列→矩形阵列／路径阵列／环形阵列

命令名：array 或 ar。

1. 矩形阵列

输入矩形阵列，命令行提示如下：

▦▼ARRAYRECT 选择对象：选择要矩形阵列的对象，单击鼠标右键或者按下回车键结束对象选择。

类型＝矩形　关联＝是

▦▼ARRAYRECT 选择夹点以编辑阵列或［关联（AS）基点（B）计数（COU）间距（S）列数（COL）行数（R）层数（L）退出（X）］＜退出＞：矩形阵列选项卡随之打开，见图 2-71。输入行数、列数、行间距、列间距等内容，单击 关闭阵列，即可完成矩形阵列。

图 2-71　矩形阵列面板

2. 环形阵列

环形阵列是通过绕某个中心点或旋转轴形成环形图案来创建阵列。

输入环形阵列，命令行提示如下：

▼ARRAYPOLAR 选择对象：选择要矩形阵列的对象，单击鼠标右键或者按下回车键结束对象选择。

类型＝极轴　关联＝是

▼ARRAYPOLAR 指定阵列的中心点或［基点（B）旋转轴（A）］：指定分布阵列项目所围绕的点。

▼ARRAYPOLAR 选择夹点以编辑阵列或［关联（AS）基点（B）项目（I）项目间角度（A）填充角度（F）行（ROW）层（L）旋转项目（ROT）退出（X）］＜退出＞：环形阵列选项卡随之打开，见图 2-72。输入项目数、项目间的角度、填充角度、行数、增量标高等内容，单击 关闭阵列，即可完成环形阵列。

图 2-72　环形阵列面板

3. 路径阵列

路径阵列是沿整个路径或部分路径平均分布生成的阵列。

输入路径阵列，命令行提示如下：

▼ARRAYPATH 选择对象：选择要阵列的对象，单击鼠标右键或者按下回车键结

束对象选择。

类型＝路径　关联＝是

ARRAYPATH 选择路径曲线：选择用于阵列的路径，比如直线、多段线、样条曲线、圆弧、圆或椭圆等。

ARRAYPATH 选择夹点以编辑阵列或［关联（AS）方法（M）基点（B）切向（T）项目（I）行（R）层（L）对齐项目（A）z方向（Z）退出（X）］＜退出＞：路径阵列选项卡随之打开，见图 2-73。输入项目数、项间距、行数、行间距等内容，单击，即可完成路径阵列。

图 2-73　路径阵列面板

（八）倒角（chamfer/cha）

在两条非平行线之间创建直线。

菜单：修改→倒角。

修改面板：倒角。

命令名：chamfer 或 cha。

输入命令，命令行提示如下：

（"修剪"模式）当前倒角距离 1＝当前值，距离 2＝当前值

CHAMFER 选择第一条直线或［放弃（U）多段线（P）距离（D）角度（A）修剪（T）方式（E）多个（M）］：设置"修剪（T）"模式和"距离（D）"，若默认的"修剪"模式和"倒角距离"符合要求，则在绘图区拾取第一条需要倒角的直线。

CHAMFER 选择第二条直线，或按住 Shift 键选择直线以应用角点或［距离（D）角度（A）方法（M）］：拾取第二条直线，按当前的倒角距离和修剪模式做出倒角，结束命令。

距离（D）：重新设置倒角距离。

修剪（T）：重新设置两条原线段是否被倒角线修剪。

多段线（P）：对二维多段线、矩形、多边形进行倒角。

角度（A）：指定第一条直线的倒角长度和第一条直线的倒角角度创建倒角。

方式（E）：重新选择按"距离（D）"或"角度（A）"创建倒角。

多个（M）：连续进行多个倒角的操作。

（九）圆角（fillet/f）

用一段指定半径的圆弧为两段圆弧、圆、椭圆弧、直线、多段线、射线、样条曲线或构造线加圆角。

菜单：修改→圆角。

修改面板：圆角。

命令名：fillet 或 f。

输入命令，命令行提示如下：

当前设置：模式＝修剪，半径＝当前值

⌐► FILLET 选择第一个对象或［放弃（U）多段线（P）半径（R）修剪（T）多个（M）］：设置"修剪（T）"和"半径（R）"，若默认的"修剪"模式和"半径"符合要求，则在绘图区选择第一个对象。

⌐► FILLET 选择第二个对象，或按住 Shift 键选择对象以应用角点或［半径（R）］：选择第二个对象，按当前的圆角半径和修剪模式做出圆角，结束命令。

多段线（P）：对二维多段线、矩形、正多边形进行圆角。

半径（R）：重新设置圆角半径。

修剪（T）：重新设置两条原线段是否被圆角弧修剪。

多个（M）：连续进行多个圆角的操作。

（十）移动（move/m）

将所选择的对象移到一个新位置，对象在原位置消失。

菜单：修改→移动。

修改面板 ✥ 移动。

命令名：move 或 m。

输入命令，命令行提示如下：

▼MOVE 选择对象：选择要移动的对象。可进行多次选择，单击右键或回车，结束选择。

▼MOVE 指定基点或［位移（D）］＜位移＞：输入基点。

▼MOVE 指定第二个点＜使用第一个点作为位移＞：输入位移的第二点，则以"基点"至"第二点"的位移矢量，确定对象的移动距离和方向（即把"基点"移动到"第二点"上）。如果直接回车，则将第一点（即基点）的坐标值作为 X、Y 方向的位移量移动对象。

（十一）旋转（rotate/ro）

将选定的对象绕指定点转过指定的角度，按 AutoCAD 的初始设置，正角度逆时针旋转，负角度顺时针旋转。

菜单：修改→旋转。

修改面板 ↻ 旋转。

命令名：rotate 或 ro。

输入命令，命令行提示如下：

UCS 当前的正角方向：ANGDIR＝逆时针　ANGBASE＝0

▼ROTATE 选择对象：选择要旋转的对象并在结束选择时按回车键。

▼ROTATE 指定基点：输入基点，即旋转中心。

▼ROTATE 指定旋转角度，或［复制（C）参照（R）］＜0＞：输入旋转角度，回车，则按输入角度旋转对象。

如果选择"参照（R）"，命令行提示：

▼ROTATE 指定参考角<0>：输入参考角度。

▼ROTATE 指定新角度或［点（P）］<0>：输入一个新的角度值，此时新的角度值与参考角度值的差值即为旋转角度。

（十二）缩放（scale/sc）

将选定的对象放大或缩小，改变对象的尺寸大小。

菜单：修改→缩放。

修改面板：▢ 缩放。

命令名：scale 或 sc。

输入命令，命令行提示如下：

▼SCALE 选择对象：可多次选择，在完成选择时按回车键或鼠标右键。

▼SCALE 指定基点：输入基点。缩放对象时，基点保持不动。

▼SCALE 指定比例因子或［复制（C）参照（R）］：输入比例因子（大于1时使对象放大；介于0和1之间时使对象缩小），则按指定的比例因子缩放选定对象的尺寸。

选择"参照（R）"，按参照长度和指定的新长度缩放所选对象，缩放比例为新长度与参照长度之比。

（十三）拉伸（stretch/s）

对实体对象进行拉伸、压缩或移动，改变实体对象之间的相互位置关系。

用"右左窗口"选择拉伸对象，AutoCAD可拉伸与选择窗口相交的圆弧、椭圆弧、直线、多段线、样条曲线等。当拉伸对象与窗口相交（部分在窗口内）时，在窗口内的端点被移动，而不改变窗口外的端点。全部位于窗口内的拉伸对象将被"移动"。

菜单：修改→拉伸。

修改面板：▢ 拉伸。

命令名：stretch 或 s。

输入命令，命令行提示如下：

以交叉窗口或交叉多边形选择要拉伸的对象…

▼STRETCH 选择对象：用"右左窗口"选择拉伸对象，可多次选择，按回车键或鼠标右键完成选择。

▼STRETCH 指定基点或［位移（D）］<位移>：输入基点。

▼STRETCH 指定第二个点或<使用第一个点作为位移>：输入第二点，则按"基点"至"第二点"的位移矢量，确定对象被拉伸的距离和方向。如果按回车键，将把第一点（即基点）的坐标值作为X、Y方向的位移量拉伸对象。

（十四）拉长（lengthen/len）

改变直线、圆弧、椭圆弧的长度。

菜单：修改→拉长。

修改面板：▢。

命令名：lengthen 或 len。

输入命令，命令行提示如下：

▱▼LENGTHEN 选择要测量的对象或［增量（DE）百分比（P）总计（T）动态（DY）］＜总计（T）＞：选择直线或椭圆弧后，命令行显示其测量长度；选择圆弧后，命令行显示其测量长度和圆心角。

拉长的方式有四种：

增量（DE）：给出一个定值作为对象的增加或缩短量，将对象拉长或缩短。输入正值表示增加，输入负值为缩短。

百分比（P）：指定对象被拉伸后的长度占原长度的百分数，来改变对象的长度。

动态（DY）：用动态的方式改变实体的长度、圆弧或椭圆弧的角度。

总计（T）：重新设置被拉伸对象的总长度（或总角度）。

（十五）打断（break/br）

1. 打断

将选定的对象作部分删除，使封闭的对象（如圆、椭圆、闭合的多段线或样条曲线等）变成不封闭，使不封闭的对象分成两段。

菜单：修改→打断。

修改面板：▯。

命令名：break 或 br。

输入命令，命令行提示如下：

▯▼BREAK 选择对象：选择要打断的对象。

▯▼BREAK 指定第二个打断点或［第一点（F）］：把选择对象的点作为第一个打断点，输入第二个打断点后，将删除两个打断点之间的部分。

选择"第一点（F）"，选择对象的点将不作为第一个打断点，需重新输入第一个打断点，这时命令行提示如下：

▯▼BREAK 指定第一个打断点：在要打断的线上指定点。

▯▼BREAK 指定第二打断点：指定点，则将两个打断点之间的部分删除。

要将对象一分为二并且不删除某个部分，输入的第一个点和第二个点应相同。当提示"指定第二个打断点"时，输入@，回车，即可实现此过程。

2. 打断于点

将选定的图形对象断开，使不封闭的线分成两段。

修改面板：▯。

命令名：breakatpoint。

输入命令，命令行提示如下：

▯▼BREAKATPOINT 选择对象：选择要打断的线。

▯▼BREAKATPOINT 指定打断点：输入打断点，则所选对象被打断为两段。

（十六）分解（explode/x）

分解一个组合对象，使之还原成各组成部分，如把"矩形（rectang/rec）"命令绘制的长方形分解为四条直线段。

菜单：修改→分解。

修改面板：▯。

命令名：explode 或 x。

输入命令，命令行提示如下：

▭▶EXPLODE 选择对象：选择要分解的对象。

▭▶EXPLODE 选择对象：继续选择要分解的对象，回车或单击右键，组合对象被分解。

（十七）夹点快速编辑

所谓"夹点"，是指图形对象上的一些特殊点。系统提供的夹点功能，使用户可以在激活夹点的状态下，无需输入相应的编辑命令，即可运用夹点对实体对象进行拉伸、移动、旋转、缩放、镜像的编辑操作。

常用对象的夹点：直线段的夹点为端点和中点；圆弧的夹点为端点、中点、圆心；椭圆弧的夹点为端点、象限点、椭圆中心点；圆、椭圆的夹点为圆心点、象限点；正多边形、矩形的夹点为各线段的端点、中点；样条曲线的夹点为样条曲线的编辑调整点；多段线的夹点为直段的端点和中点、圆弧的端点和中点。

激活夹点的方法是，当命令行提示"命令:"时，用光标直接选择需要修改的对象，对象上显示若干个蓝色的小图形，如正方形、三角形、长方形、圆形等，这就是夹点。将光标移到某一夹点上，单击左键，夹点被激活，变为红色。命令行提示如下：

拉伸

▭▶指定拉伸点或［基点（B）复制（C）放弃（U）退出（X）］：回车。

移动

▭▶指定移动点或［基点（B）复制（C）放弃（U）退出（X）］：回车。

旋转

▭▶指定旋转角度或［基点（B）复制（C）放弃（U）参照（R）退出（X）］：回车。

比例缩放

▭▶指定比例因子或［基点（B）复制（C）放弃（U）参照（R）退出（X）］：回车。

镜像

▭▶指定第二点或［基点（B）复制（C）放弃（U）退出（X）］：回车。

可见，AutoCAD 提供了 5 种夹点编辑模式，当夹点被激活后，可进行拉伸、移动、旋转、比例缩放和镜像操作，用回车键（或空格键）切换。也可以单击鼠标右键，在右键菜单中切换编辑方法。

（十八）修改对象的特性

对象的特性分为几何特性（如形状、大小、位置等）和非几何特性（如图层、颜色、线型、线宽等），根据需要可以对这些特性进行修改。

1. 用"特性"对话框修改对象的特性

菜单：修改→特性。

特性面板：▣。

命令名：properties 或 pr。

输入命令，弹出"特性"对话框，"特性"对话框显示的内容取决于所选的对象，如图 2-74 所示。

在"特性"对话框中，可以选择对象，根据需要进行修改。

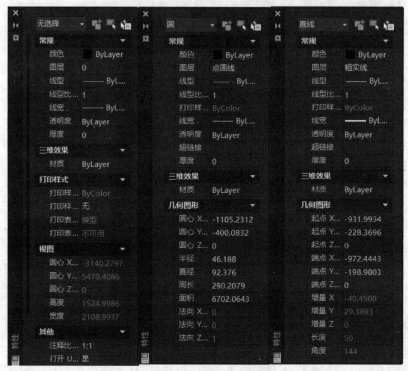

图 2-74 "特性"窗口

2. 用"特性匹配"修改对象的特性

将选定的源对象的特性赋予目标对象。这种修改方法只能修改基本特性和某些特殊特性，不能修改几何特性。

菜单：修改→特性匹配。

特性面板：。

命令名：matchprop 或 ma。

输入命令，命令行提示如下：

▼MATCHPROP 选择源对象：只能用单选的方式选择源对象，选择对象后，其光标变成刷子。

当前活动设置：颜色 图层 线型 线型比例 线宽 透明度 厚度 打印样式 标注 文字 图案填充 多段线 视口 表格材质 多重引线中心对象

▼MATCHPROP 选择目标对象或 [设置（S）]：选择要修改的目标对象，则将源对象的特性拷贝给目标对象。可以继续选择多个目标对象。

如果选择"设置（S）"选项，会弹出"特性设置"对话框，可以设置要修改的特性项目。

【归纳总结】

本节介绍了 AutoCAD 常用的绘图与修改命令，画一个图形往往有不同的方法，可以综合应用不同的命令来完成，只有通过多练习，才能体会作图技巧。

【巩固练习】

绘制图 2-75～图 2-77 的平面图形。

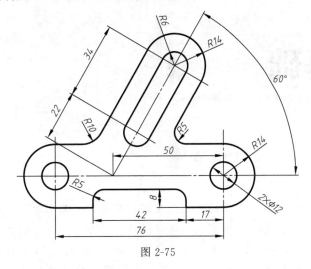

图 2-75

2.39 图 2-75 视频

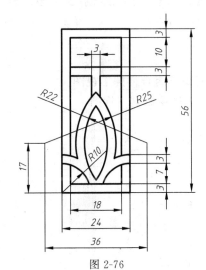

图 2-76

2.40 图 2-76 视频

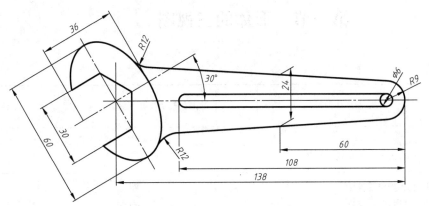

图 2-77

2.41 图 2-77 视频

第三单元

投影作图基础

【学习指导】

本单元将学习正投影法及其投影特性、形体的三视图及其投影关系、基本体及表面交线的投影图、组合体的三视图等知识。在本单元中有三个学习任务：任务 3-1 绘制形体的三视图；任务 3-2 识读切口棱柱、圆柱形接头、三通管件的三视图，并用 AutoCAD 绘制其投影图；任务 3-3 识读组合体三视图，并用 AutoCAD 绘制组合体三视图。学习者要通过学习本单元的知识，完成学习任务，为后续学习机械图样、化工图样奠定绘图和识图基础。

【能力目标】

能识读基本体及表面交线的投影，能识读组合体的三视图；
能根据实物模型或立体图，用 AutoCAD 绘制其三视图。

【知识目标】

了解投影的基本知识；
掌握正投影的概念及投影特性；
掌握三视图的形成过程及其投影规律；
熟悉组合体的形体分析法；
掌握组合体三视图的识读方法和步骤；
掌握用 AutoCAD 绘制三视图的方法和步骤。

第一节 形体的三视图

【任务书 3-1】

任务编号	任务 3-1	任务名称	绘制形体的三视图	完成形式	学生在教师指导下完成	时间	90 分钟
能力目标	1. 能识读简单形体的三视图 2. 能用 AutoCAD 绘制形体的三视图						
相关知识	1. 正投影法、正投影及特性 2. 形体的三视图及投影规律 3. AutoCAD 绘制三视图的方法						

续表

任务编号	任务 3-1	任务名称	绘制形体的三视图	完成形式	学生在教师指导下完成	时间	90 分钟
参考资料	孙安荣. 化工识图与 CAD 技术. 北京:化学工业出版社						

能力训练过程	
课前准备	预习本单元第一节,熟悉以下内容: 1. 什么是正投影,什么是正投影图; 2. 三面投影体系的三个投影面是_____面、_____面、_____面,分别用_____、_____、_____符号表示,三个投影面的交线分别为_____轴、_____轴、_____轴,表示形体的长、宽、高方向; 3. 画三视图时,应将形体在三面投影体系中放正,用正投影法从前向后投射,得到_____视图,从上向下投射,得到_____视图,从左向右投射,得到_____视图; 4. 将三面投影体系展开,三视图的"三等"关系是_____; 5. 绘制图 3-1 形体三视图的草图
课堂训练	1. 提问、检查课前准备情况 2. 讲解知识点 3. 演示用 AutoCAD 绘制三视图的方法 4. 绘制如图 3-1、图 3-10、图 3-11 所示形体的三视图 5. 知识总结

【相关知识】

一、正投影法

人们知道,当阳光或灯光照射物体时,在地面或墙面上就会产生影像。这种投射线(如光线)通过物体向选定的面(如地面或墙面)投射,并在该面上得到图形(影像)的方法称为投影法。根据投影法得到的图形称为投影图,简称投影,得到投影的面称为投影面。

(一) 投影法的分类

投影法可分为两大类:中心投影法和平行投影法。

1. 中心投影法

投射线汇交于一点的投影方法称为中心投影法,得到的图形称为中心投影,如图 3-2 所示。

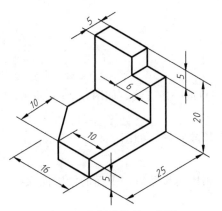

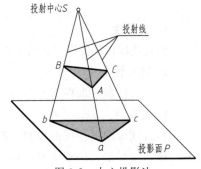

图 3-1 绘制形体的三视图　　3.1 图 3-1 视频　　图 3-2 中心投影法

2. 平行投影法

若将投射中心移到无穷远处,则投射线互相平行,这种投影法称为平行投影法,如

图 3-3 所示。

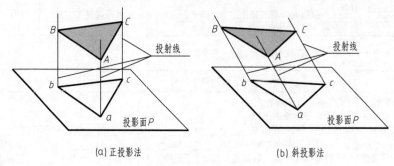

(a) 正投影法　　　　　　　　(b) 斜投影法

图 3-3　平行投影法

在平行投影法中，根据投射线与投影面的关系，分为正投影法和斜投影法。

(1) 正投影法　投射线垂直于投影面的平行投影法称为正投影法，所得投影称为正投影，如图 3-3(a) 所示。

(2) 斜投影法　投射线倾斜于投影面的平行投影法称为斜投影法，所得投影称为斜投影，如图 3-3(b) 所示。

正投影能准确地表达物体的形状和大小，度量性好，作图简便，在工程图样中被广泛应用。在本书的后续内容中，除特别说明外，提到的"投影"均指"正投影"。

(二) 正投影的基本特性

如图 3-4 所示，分析直线段、平面图形的正投影，得出如下投影特性。

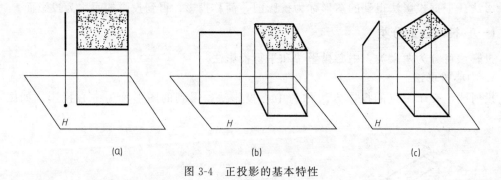

(a)　　　　　　　　(b)　　　　　　　　(c)

图 3-4　正投影的基本特性

1. 积聚性

当直线段或平面图形垂直于投影面时，其投影积聚成一点或一条直线，如图 3-4(a) 所示。

2. 真实性

当直线段或平面图形平行于投影面时，其投影反映实长或实形，如图 3-4(b) 所示。

3. 类似性

当直线段或平面图形倾斜于投影面时，直线段的投影相比实长缩短，平面的投影面积缩小，形状与原平面图形类似，如图 3-4(c) 所示。

二、形体的三视图

用正投影法将形体投射到某一投影面上，得到该形体的投影。形体的投影实际上是沿投射方向观察形体得到的形状，因此也称为视图。

任何空间形体都具有长、宽、高三个方向的形状,而形体相对投影面摆正放置时所得的单面正投影只能反映该形体两个方向的形状。如图3-5所示,三个不同形体的投影相同,说明形体的一个投影不能完全确定其空间形状。

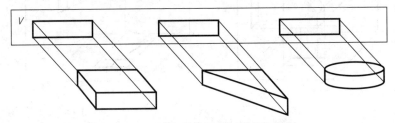

图3-5　不同的形体具有相同的投影图

为了完整、准确地表达形体的形状,常设置多个相互垂直的投影面,将形体分别向这些投影面进行投射,得到多面正投影图,综合起来,便能将形体各部分的形状表示清楚。三视图是将形体向三个相互垂直的投影面投射得到的一组正投影图。下面将说明三视图的形成及其投影规律。

(一) 三面投影体系

设置三个相互垂直的投影面,称为三面投影体系,如图3-6所示。

直立在观察者正对面的投影面称为正立投影面,简称正面,用 V 表示。

处于水平位置的投影面称为水平投影面,简称水平面,用 H 表示。

右边分别与正面和水平面垂直的投影面称为侧立投影面,简称侧面,用 W 表示。

在三面投影体系中,三个投影面的交线 OX、OY、OZ 称为投影轴,三条投影轴的交点 O 称为原点。

OX 轴 (简称 X 轴) 代表长度尺寸和左右位置 (正向向左);

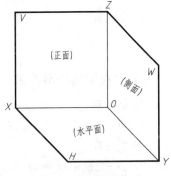

图3-6　三面投影体系

OY 轴 (简称 Y 轴) 代表宽度尺寸和前后位置 (正向向前);

OZ 轴 (简称 Z 轴) 代表高度尺寸和上下位置 (正向向上)。

(二) 三视图的形成

将形体在三投影面体系中放正,使其上尽量多的表面与投影面平行,用正投影法分别向 V、H、W 面投射,即得到形体的三面正投影,如图3-7(a) 所示。

从前向后投射,在 V 面上得到形体的正面投影 (V 面投影),称为主视图。

从上向下投射,在 H 面上得到形体的水平投影 (H 面投影),称为俯视图。

从左向右投射,在 W 面上得到形体的侧面投影 (W 面投影),称为左视图。

将三面投影体系展开,如图3-7(b) 所示,正立投影面 V 不动,水平投影面 H 绕 OX 轴向下旋转 90°,侧立投影面 W 绕 OZ 轴向右旋转 90°。使 V、H、W 三个投影面展开在同一平面内,如图3-7(c) 所示。实际绘制形体的三视图时,不必画投影面和投影轴,视图间留出适当的距离,保证每个视图的清晰,并有足够的位置标注尺寸等,如图3-7(d) 所示。

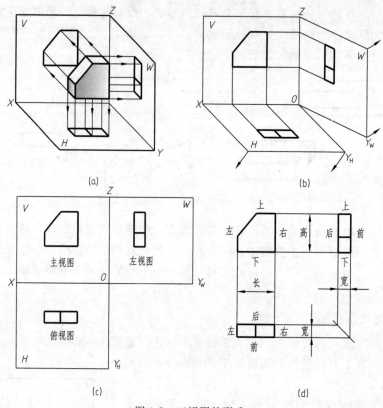

图 3-7 三视图的形成

(三) 三视图的投影关系

1. 位置关系

以主视图为基准,俯视图在它的正下方,左视图在它的正右方。

2. 尺寸关系

形体的一个视图反映两个方向的尺寸:主视图反映长和高,俯视图反映长和宽,左视图反映宽和高。显然,每两个视图中包含一个相同的尺寸。

主视图与俯视图的长度相等且左右对正;主视图与左视图的高度相等且上下对齐;俯视图与左视图的宽度相等。即主、俯视图长对正,主、左视图高平齐,俯、左视图宽相等。

"长对正、高平齐、宽相等"又称"三等"关系。"三等"关系不仅针对形体的总体尺寸,形体上的每个几何元素(如点、直线、平面)也符合此关系。绘制三视图时,应从遵循形体上每一点、线、面的"三等"出发,来保证形体三视图的尺寸关系。

3. 方位关系

任何物体都有上下、左右、前后六个方位。在三视图中,主、左视图表示形体各部分的上下位置;主、俯视图表示形体各部分的左右位置;俯、左视图表示形体各部分的前后位置。要特别注意俯、左视图的前、后对应关系,俯、左视图靠近主视图的一面是形体的后面,远离主视图的一面是形体的前面。

三、画形体三视图的步骤

下面以图 3-8(a) 的形体为例来说明画三视图的步骤。

(一) 选择主视图

画三视图时，要将形体放正，使其上尽量多的表面与投影面平行或垂直。

选择主视图的投射方向，使主视图能较多地反映形体各部分的形状和相对位置，并使形体各部分在三视图中尽可能是可见的轮廓线，如图 3-8(a) 所示。

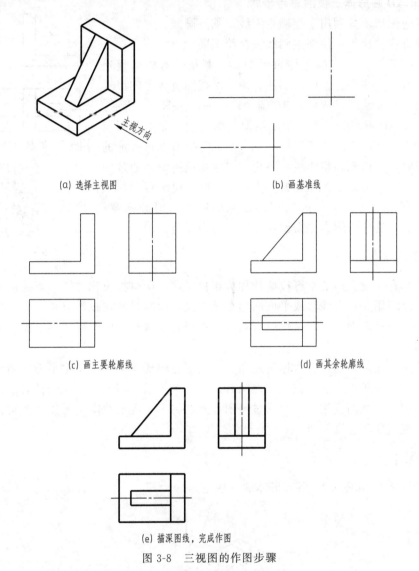

图 3-8　三视图的作图步骤

(二) 画三视图

1. 手工绘图步骤

（1）画基准线　选定形体长、宽、高三个方向上的作图基准，分别画出它们在三个视图中的投影，以便于度量尺寸和视图定位，如图 3-8(b) 所示。通常以形体的对称面、底面或端面为基准。

（2）画底稿　如图 3-8(c)、(d) 所示，一般先画主体，再画细部。这时一定要注意遵循"长对正、高平齐、宽相等"的投影规律，特别是俯、左视图之间的宽度尺寸关系和前、后方位关系要正确。

(3) 检查、改错　擦去多余图线，描深图形，如图3-8(e)所示。

画三视图时还需注意遵循国家标准关于图线的规定，将可见轮廓线用粗实线绘制，不可见轮廓线用虚线绘制，对称中心线或轴线用细点画线绘制。如果不同的图线重合在一起，应按粗实线、虚线、细点画线的优先顺序绘制。

2. AutoCAD画形体三视图参考步骤

(1) 新建图层　分别用于绘制粗实线、细点画线。

(2) 设置线型比例　使细点画线符合绘图要求。

(3) 绘制各视图　先画主体再画细部，利用"对象捕捉追踪"保证长对正、高平齐；应特别注意俯、左视图宽相等的尺寸关系，可以按尺寸绘图，或借助45°辅助线作图，如图3-9所示。

用AutoCAD画图的步骤与手工绘图步骤不同，如在各图层绘制不同的线，不必先画底稿再描深；又如绘制图3-9所示的俯、左视图时，可以先画粗实线，再用"对象捕捉追踪"通过中点画对称线。用AutoCAD画三视图时，可以很方便地对图形做修改，如可以用"移动（move）"改变视图之间的距离（但必须遵循"三等"关系）等。这些绘图方法需要在绘图练习中体会。

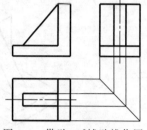

图3-9　借助45°辅助线作图

3.2　图3-9的绘制

【归纳总结】

投射线垂直于投影面的平行投影法称为正投影法，所得投影称为正投影。正投影在工程图样中被广泛应用。当直线段或平面图形垂直于投影面时，其正投影有积聚性；当直线段或平面图形平行于投影面时，其正投影有真实性；当直线段或平面图形倾斜于投影面时，其正投影有类似性。

形体在某一投影面的投影也称为视图。三视图是将形体向正面、水平面、侧面三个投影面投射所得的一组正投影图。三视图之间有"三等"关系，即主、俯视图长对正，主、左视图高平齐，俯、左视图宽相等。要通过绘图和看图练习，弄清视图与形体的关系、各视图之间的关系，提高空间思维能力。

【巩固练习】

绘制如图3-10和图3-11所示形体的三视图。

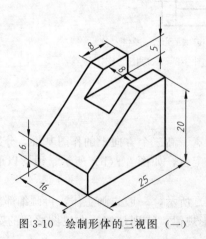

图3-10　绘制形体的三视图（一）

3.3　图3-10 三视图

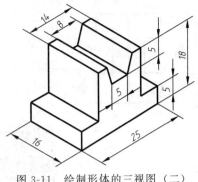

图 3-11 绘制形体的三视图(二)

3.4 图 3-11 三视图

第二节　基本体及表面交线

【任务书 3-2】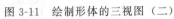

任务编号	任务 3-2	任务名称	识读切口棱柱、圆柱形接头、三通管件的三视图,并用 AutoCAD 绘制其投影图	完成形式	学生在教师指导下完成	时间	180 分钟
能力目标	1. 能绘制基本体的三视图 2. 能理解基本体被截切后截交线的形状及投影,能识读其三视图 3. 能理解正交两圆柱(或圆孔)相贯线的形状及投影,能识读相贯线的投影图 4. 能用 AutoCAD 绘制切口棱柱、切口圆柱、三通管件的三视图						
相关知识	1. 平面立体、回转体的三视图 2. 基本体的截交线 3. 相贯体的相贯线 4. AutoCAD 绘制三视图的方法						
参考资料	孙安荣.化工识图与 CAD 技术.北京:化学工业出版社						
能力训练过程							
课前准备	预习第三单元第二节,熟悉以下内容: 1. 棱柱体、棱锥体三视图的特点,绘制正六棱柱三视图; 2. 圆柱、圆锥、圆球三视图的特点,绘制其三视图; 3. 图 3-23 和图 3-24 棱柱体截交线的形状及投影分析; 4. 表 3-1 和图 3-25 圆柱截交线的形状及投影分析; 5. 表 3-2 圆锥截交线的形状及投影分析,表 3-3、图 3-26 圆球截交线的形状及投影分析; 6. 图 3-28 中,正交两圆柱相贯线的空间形状,投影分析; 7. 图 3-29 中,正交两圆柱相贯线的近似画法						
课堂训练	1. 提问、检查课前准备情况 2. 讲解知识点 3. 识读图 3-12 切口四棱柱、图 3-13 圆柱形接头、图 3-14 三通管件的三视图 4. 知识总结 5. 用 AutoCAD 绘制图 3-32~图 3-35 的三视图						

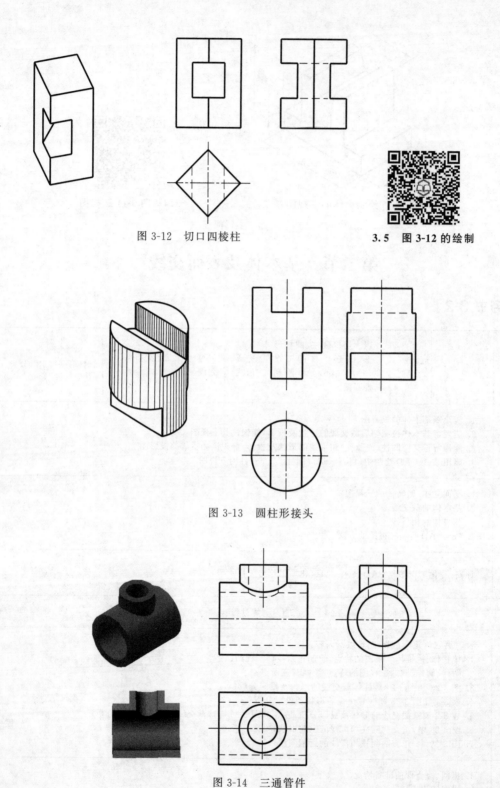

图 3-12 切口四棱柱

3.5 图 3-12 的绘制

图 3-13 圆柱形接头

图 3-14 三通管件

【相关知识】

任何复杂的形体都可以看作是由基本体按照一定的方式组合而成的。基本体分为平面立体和曲面立体。本节主要学习常见基本体及其截交线和相贯线的投影。

一、基本体

(一) 平面立体

表面由平面围成的立体称为平面立体，常见的平面立体为棱柱和棱锥。

1. 棱柱

常见的棱柱为直棱柱和正棱柱。直棱柱的顶面和底面为全等且对应边相互平行的多边形，各侧面均为矩形，侧棱垂直于顶面和底面。顶面和底面为正多边形的直棱柱称为正棱柱。

如图 3-15 所示为正六棱柱的轴测图和三视图。从图 3-15(a) 中可以看出，六棱柱的顶面和底面正六边形平行于 H 面，前后两个侧面平行于 V 面，六条侧棱垂直于 H 面。

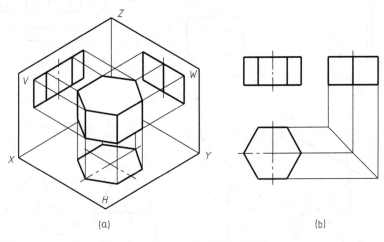

图 3-15 正六棱柱的三视图

从图 3-15(b) 可以看出，俯视图的正六边形线框为顶面和底面的重合投影，反映实形，六条边线为六个矩形侧面的积聚投影，六个顶点为六条侧棱的积聚投影。主视图中三个线框为六个侧面的投影，中间的矩形线框为前后两个侧面的重合投影，反映实形，左、右两个矩形线框是其余四个侧面的重合投影，为类似形，四条竖线为六条侧棱的投影，上、下两条直线为顶面和底面的积聚投影。左视图的含义，读者可自行分析。

绘制正六棱柱的三视图时，首先画基准线，然后绘制俯视图的正六边形，再根据"三等"规律画出主视图和左视图。

图 3-16 列举了常见棱柱体的投影图。从图中可见，棱柱体三视图的投影特点：一面投影是反映底面实形的多边形，另两面投影是一个或多个矩形。

2. 棱锥

棱锥的底面为多边形，各侧面为具有公共顶点的三角形。当棱锥的底面为正多边形，各侧面为全等的等腰三角形时，称为正棱锥。

图 3-17 为正三棱锥的轴测图和三视图。从图 3-17(a) 中可看出，正三棱锥的底面 $\triangle ABC$ 平行于 H 面，其边 AB 垂直于 W 面。从图 3-17(b) 中可以看出，俯视图的正三角形线框为底面 $\triangle ABC$ 的水平投影，反映实形（不可见），底面 $\triangle ABC$ 在 V 面和 W 面的投影均积聚为直线。若要求得三个侧面的投影，可以先求出顶点 S 的三面投影，再与底面三角

形的三个顶点的同面投影分别相连即可。

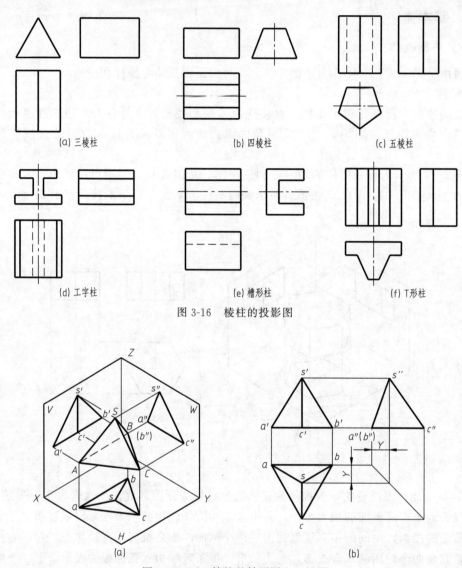

图 3-16　棱柱的投影图

图 3-17　正三棱锥的轴测图和三视图

(二) 回转体

含有曲面的立体称为曲面立体，常见的曲面立体为回转体，如圆柱、圆锥、球等。

1. 圆柱

圆柱是由圆柱面和两个底面（圆形平面）围成的。圆柱面上任意一条平行于轴线的直线称为圆柱面的素线。

图 3-18 为圆柱的轴测图和三视图。如图 3-18(a) 所示，圆柱轴线与水平投影面垂直，两个底面平行于水平投影面。如图 3-18(b) 所示，圆柱的水平投影为圆，反映两个底面的实形，同时又是圆柱曲面的积聚性投影。正面投影为一个矩形线框，上下两条直线为上下两个底面的积聚投影，左右两条竖直线为圆柱面最外轮廓线的正面投影，即最左、最右素线的投影。主视图中，以最左、最右素线为界，前半圆柱面可见，后半圆柱面不可见。左视图也

为一个矩形线框，与主视图不同的是，圆柱面最外轮廓线的侧面投影是最前、最后素线的投影。以最前、最后素线为界，左半圆柱面可见，右半圆柱面不可见。

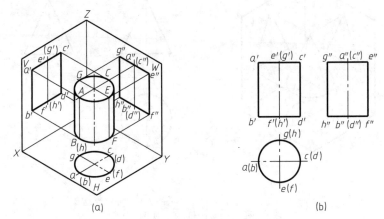

图 3-18　圆柱的轴测图和三视图

画圆柱的三视图时，先画出中心线、轴线，然后画底面圆的三面投影，再根据圆柱的高度画出其他两个非圆视图。

图 3-19 是常见柱体及圆柱孔的投影图。

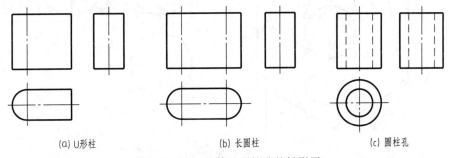

(a) U形柱　　　(b) 长圆柱　　　(c) 圆柱孔

图 3-19　常见柱体及圆柱孔的投影图

2. 圆锥

圆锥由圆锥面和底面（圆形平面）围成。圆锥面上，连接锥顶点和底圆圆周上任一点的直线为圆锥面的素线。

图 3-20 为圆锥的轴测图和三视图。如图 3-20(a) 所示，圆锥的轴线垂直于水平投影面。在图 3-20(b) 中，圆锥的水平投影为圆，反映圆锥底面的投影（不可见），同时也是圆锥面的投影，圆锥面的另外两个投影均为三角形线框。圆锥面正面投影的轮廓线为最左、最右素线的投影，以最左、最右素线为界，前半圆锥面可见，后半圆锥面不可见。圆锥面侧面投影的轮廓线为最前、最后素线的投影，以最前、最后素线为界，左半圆锥面可见，右半圆锥面不可见。

画圆锥的三视图时，先画出中心线、轴线，然后画底面圆的三面投影，再根据圆锥的高度画出锥顶点的投影，进而画出其他两个非圆视图。

3. 圆球

图 3-21 为圆球的轴测图和三视图。圆球的三视图都是与球的直径相等的圆。正面投影的圆，是球面上平行于 V 面的轮廓圆 A 的投影，该圆为前后半球的分界圆，前半球可见，

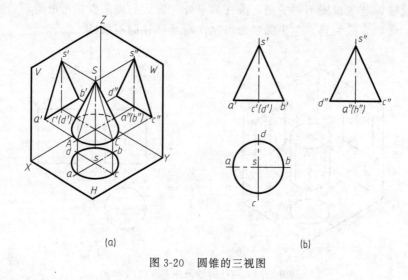

图 3-20 圆锥的三视图

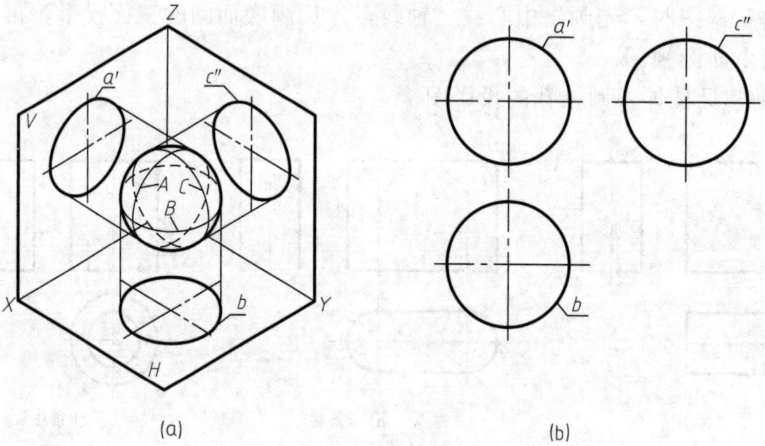

(a)　　　　　　　　(b)

图 3-21 圆球的三视图

后半球不可见。水平投影的圆，是球面上平行于 H 面的轮廓圆 B 的投影，该圆为上下半球的分界圆，上半球可见，下半球不可见。侧面投影的圆，是球面上平行于 W 面的轮廓圆 C 的投影，该圆为左右半球的分界圆，左半球可见，右半球不可见。三个轮廓圆的另两面投影，均与相应的中心线重合，图中不应画出。

二、截交线

如图 3-22 所示，立体被截平面截切时，截平面与立体表面的交线称为截交线，截得的断面称为截断面，立体被截切后的剩余部分称为截断体。

截平面完全截切基本体所产生的截交线具有如下性质。

① 封闭性　截交线为一个封闭的平面图形。

② 共有性　截交线是截平面与基本体表面的共有线。

（一）平面立体的截交线

用一个截平面完全截切平面立体时，截交线必为平面多边形，其边数等于被截切表面的数量，多边形的顶点位于被截切的棱线上。

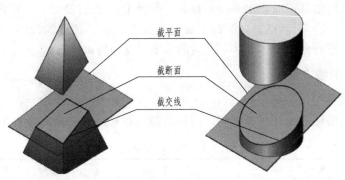

图 3-22 截交线

如图 3-23 所示，截平面截切了正三棱柱的两个侧面及上底面，截断面为三角形，其正面投影积聚为直线，水平投影和侧面投影均为三角形。

用几个截平面不完全截切平面立体时，截断面是由截交线及截平面之间的交线围成的平面多边形。

如图 3-24 所示，正六棱柱被三个截平面切出一个直槽，这三个平面均为不完全截切。槽的底面是一个八边形，其水平投影反映实形，正面和侧面投影积聚为直线；槽的两个侧面是矩形，其侧面投影反映实形，另外两个投影积聚为直线。本例中作图的关键是按投影关系作出截交线ⅠⅡ、ⅢⅣ的投影。

绘制图 3-24 切口正六棱柱三视图的步骤是：①画正六棱柱的三视图；②根

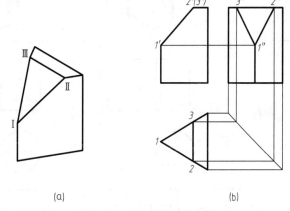

图 3-23 正三棱柱的截交线

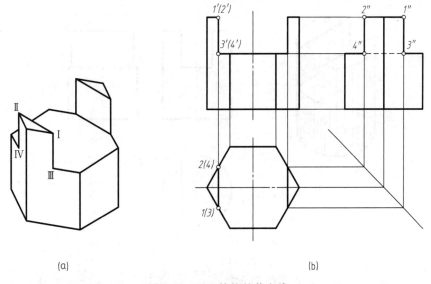

图 3-24 正六棱柱的截交线

据槽的深度和长度绘制其正面和水平面的投影；③由 V、H 面投影求出槽的底面（八边形）和两个侧面（矩形）的 W 面投影，关键需画出 Ⅰ、Ⅱ、Ⅲ、Ⅳ 点的投影；④连接整理各视图的轮廓线，注意槽底面的投影 $3''$、$4''$ 之间部分不可见，应画为虚线。

（二）回转体的截交线

1. 圆柱的截交线

根据截平面与圆柱轴线的位置不同，圆柱的截交线有三种情况，见表 3-1。

表 3-1　圆柱的截交线

截平面位置	平行于轴线	垂直于轴线	倾斜于轴线
截交线形状	矩形	圆	椭圆
轴测图			
三视图			

如图 3-25 所示，圆柱上的切口由三个平面截得，为不完全截切。切口的两个侧面为形状相同的矩形，其正面投影和水平投影积聚为直线，侧面投影反映实形。底面由两条直线和两段圆弧组成，其水平投影反映实形，正面投影和侧面投影积聚为直线。

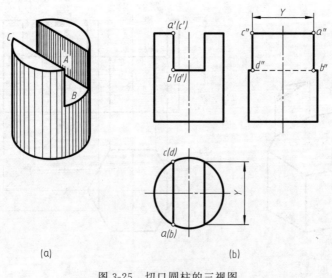

图 3-25　切口圆柱的三视图

绘制图 3-25 切口圆柱三视图的步骤是：①画圆柱的三视图；②根据槽的深度和长度绘制其正面和水平面的投影；③由 V、H 面投影求出切口的侧面及底面的 W 面投影，关键需画出 A、B、C、D 点的投影；④连接整理各视图的轮廓线，注意槽底面的投影 b''、d'' 之间部分不可见，应画为虚线。

2. 圆锥的截交线

根据截平面位置不同，圆锥的截交线有五种情况，见表 3-2。

表 3-2 圆锥的截交线

截平面位置	过锥顶	垂直于轴线	倾斜于轴线且 $\theta>\alpha$	倾斜于轴线且 $\theta=\alpha$	平行或倾斜于轴线且 $\theta<\alpha$
截交线形状	三角形	圆	椭圆	抛物线和直线	双曲线和直线
轴测图					
投影图					

3. 圆球的截交线

圆球被任意位置的截平面截切，其截交线均为圆，直径的大小取决于截平面距球心的距离。当截平面平行于某投影面时，截交线在该投影面上的投影反映圆的实形，在另外两个投影面上的投影积聚成直线；当截平面仅垂直于一个投影面时，圆在该投影面上的投影积聚成直线，而在另外两个投影面上的投影均为椭圆，其长轴等于圆的直径，短轴与长轴相互垂直平分，见表 3-3。

表 3-3 圆球的截交线

截平面位置	平行于 H 面	平行于 W 面	仅垂直于 V 面
截交线形状		圆	
轴测图			
三视图			

如图 3-26 所示，半圆球的切口由三个截平面不完全截切得到。切口的两个侧面形状相同，是由一段圆弧和一条直线组成的平面，其正面投影和水平投影积聚为直线，侧面投影反映实形；底面由两条直线和两段圆弧组成，其水平投影反映实形，正面投影和侧面投影积聚为直线。

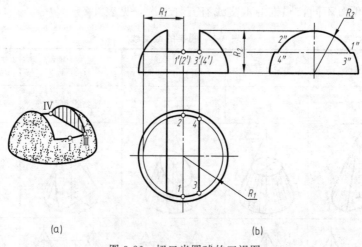

图 3-26 切口半圆球的三视图

绘制图 3-26 切口半圆球三视图的步骤是：①画半圆球的三视图；②根据切口的深度和长度绘制其正面投影；③画切口的水平投影，切口两侧面的水平投影积聚为直线，底面的水平投影反映实形，前后两段圆弧的画法如图 3-26(b) 所示；④画切口的侧面投影，切口两侧面的侧面投影反映实形，上部圆弧的画法如图 3-26(b) 所示，切口底面的侧面投影，积聚为一条直线；⑤整理各视图的轮廓线，左视图中半球的轮廓圆画到 1″、2″处，槽底面积聚的线位于 3″和 4″之间的部分不可见。

三、相贯线

两形体相交，又称为相贯。两形体相贯时，表面产生的交线称为相贯线。在零件上经常遇到两圆柱正交相贯，其相贯线一般情况下是一条封闭的空间曲线，且是两个圆柱面的共有线，如图 3-27 所示。下面讨论两圆柱正交相贯时，相贯线的作图方法。

图 3-27 相贯线

（一）表面求点法求相贯线

两圆柱的相贯线是两个圆柱面的共有线，相贯线上的所有点都是两个圆柱面的共有点。求相贯线的思路是：求两圆柱表面上一系列共有点，然后将这些点光滑地连接起来，即得相贯线。

如图 3-28(a) 所示，小圆柱的轴线垂直于 H 面，该圆柱面的水平投影积聚为圆，相贯线的水平投影必重合在小圆柱水平投影的圆上；大圆柱的轴线垂直于 W 面，则该圆柱面的侧面投影积聚为圆，相贯线的侧面投影必重合在大圆柱侧面投影的一段圆弧上。因此，相贯线的三面投影中，只有正面投影需要求作。

1．求作特殊点

相贯线的特殊点为最前、最后、最左、最右、最高、最低点。如图 3-28(b) 所示，最左、最右点（也是最高点）的水平投影为 1、2，侧面投影为 1″、(2″)；最前、最后点（也

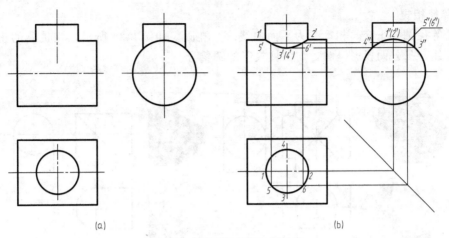

图 3-28 两圆柱正交的相贯线

是最低点）的水平投影为 3、4，侧面投影为 3″、4″。因此，只需作出最左点、最右点和最前点、最后点的正面投影 1′、2′、3′（4′与 3′重合）即可。

2. 求作一般点

为了准确地确定相贯线的形状，还应再求出适当数量的一般位置的点。如图 3-28（b）所示，在相贯线侧面投影的最高和最低点之间确定 5″（6″），根据"三等"规律先在俯视图中求出 5、6，再在主视图中求出 5′、6′。必要时可用同样的方法多求几个点。

3. 连线

在主视图中，将各点光滑连接成曲线，即得到相贯线的正面投影。

（二）相贯线的近似画法

从图 3-28（b）中可以看出，相贯线的投影接近圆弧。为了简化作图，允许采用圆弧代替相贯线投影。即先作出相贯线上三个特殊点的正面投影，然后过三点作圆弧，如图 3-29（a）所示。

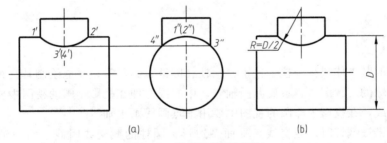

图 3-29 相贯线的近似画法

事实上，此圆弧的半径等于大圆柱的半径，所以作图时，可直接利用大圆柱的半径过 1′、2′两点画出圆弧，如图 3-29（b）所示。

这种近似画法大大简化了作图过程，但是，当两圆柱的直径相等或接近时，不能采用这种方法。

（三）相贯线的特殊情况

两回转体相贯时，相贯线一般是空间曲线，但在特殊情况下，也可能是平面曲线或直线。

1. 等径相贯

两个等径圆柱正交，相贯线为平面曲线——椭圆。如图 3-30 所示，相贯线的正面投影积聚为直线，另外两投影是圆，与圆柱投影的圆重合。

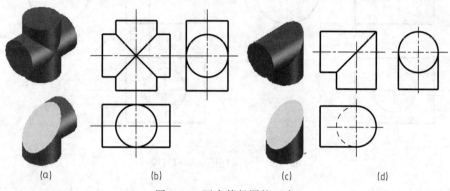

图 3-30　两个等径圆柱正交

2. 共轴相贯

当两个相交的回转体具有公共轴线时，称为共轴相贯，其相贯线为圆，该圆所在的平面与公共轴线垂直。如图 3-31 所示，其正面投影积聚为直线。显然，任何回转体与圆球相贯，该回转体的轴线通过球心，即属于共轴相贯。

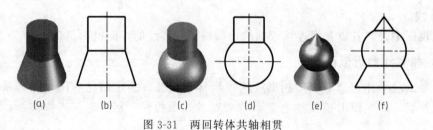

图 3-31　两回转体共轴相贯

【归纳总结】

本节介绍的基本体包括棱柱、棱锥、圆柱、圆锥、圆球等，要能绘制其三视图。在画圆柱、圆锥、圆球的三视图时，不要漏画轴线、中心线。即在投影是圆的视图中要用细点画线画出圆的中心线，在投影为非圆的视图中要用细点画线画出轴线。

棱柱、棱锥被截切时，截交线是平面多边形；圆柱的截交线因截平面与轴线的位置不同，可能是圆、矩形、椭圆曲线；截平面截切圆锥时，截交线有椭圆曲线、双曲线、抛物线、圆、三角形五种形状；截平面截切圆球时，截交线是圆。

正交两圆柱（或圆孔）的相贯线一般为空间曲线，若两圆柱（或圆孔）等径时，相贯线为特殊情况——椭圆曲线。

要借助实物模型或立体图，正确理解基本体被截切后截交线的形状，正确理解两相贯体相贯线的形状，能识读截交线、相贯线的投影图，能用 AutoCAD 绘制其三视图。

【巩固练习】

完成图 3-32～图 3-35 形体的三视图。

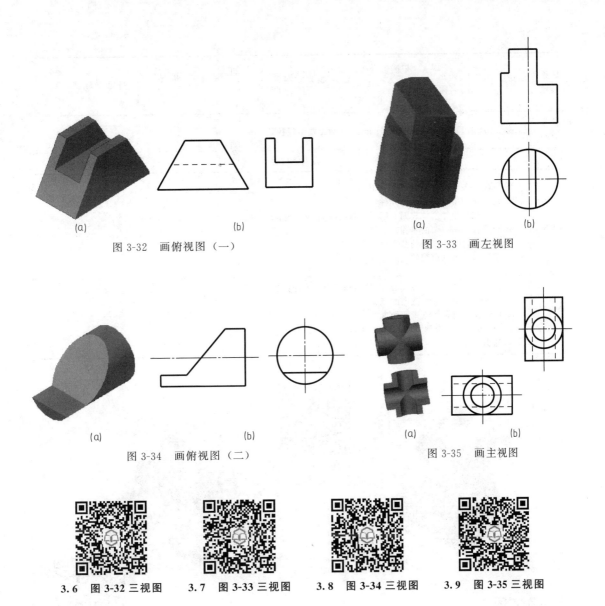

图 3-32 画俯视图（一）

图 3-33 画左视图

图 3-34 画俯视图（二）

图 3-35 画主视图

3.6 图 3-32 三视图　　3.7 图 3-33 三视图　　3.8 图 3-34 三视图　　3.9 图 3-35 三视图

第三节　组合体三视图

【任务书 3-3】

任务编号	任务 3-3	任务名称	识读组合体三视图，并用 AutoCAD 绘制组合体三视图	完成形式	学生在教师指导下完成	时间	180 分钟
能力目标	1. 能根据实物模型或立体图绘制组合体三视图 2. 能用形体分析法和线面分析法识读组合体的三视图						
相关知识	1. 组合体的形体分析 2. 组合体三视图的画法 3. 组合体三视图的识读						

第三单元　投影作图基础

任务编号	任务 3-3	任务名称	识读组合体三视图,并用 AutoCAD 绘制组合体三视图	完成形式	学生在教师指导下完成	时间	180 分钟
参考资料	孙安荣. 化工识图与 CAD 技术. 北京:化学工业出版社							
能力训练过程							
课前准备	预习第三单元第三节,熟悉以下内容: 1. 组合体的组合方式有哪几种; 2. 组合体中相邻形体表面有哪些连接关系,在视图中如何表达; 3. 画组合体三视图的步骤; 4. 识读组合体三视图的基本要领; 5. 识读组合体三视图的读图方法						
课堂训练	1. 讨论组合体的组合方式、组合体中相邻形体表面的连接关系 2. 讨论绘制组合体三视图的步骤 3. 讨论识读组合体三视图的方法 4. 用 AutoCAD 绘制图 3-36 所示组合体的三视图 5. 知识总结						

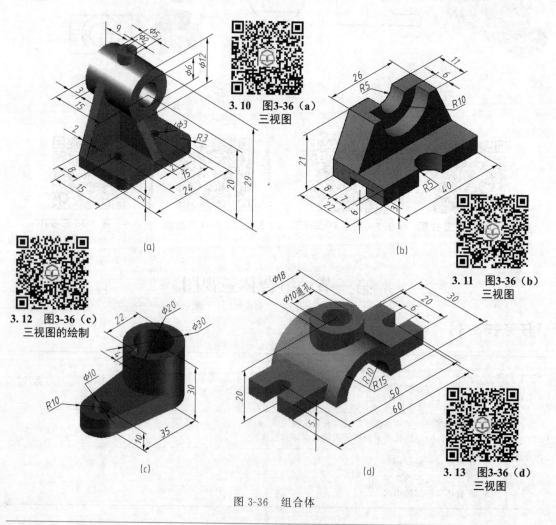

3.10 图3-36(a)三视图
3.11 图3-36(b)三视图
3.12 图3-36(c)三视图的绘制
3.13 图3-36(d)三视图

图 3-36 组合体

【相关知识】

一、组合体的形体分析

(一) 组合体的概念

任何复杂的形体,都可以看成是由一些基本形体按照一定的连接方式组合而成的。这些基本形体包括第一节所介绍的棱柱、棱锥、圆柱、圆锥和球等。由基本形体组成的复杂形体称为组合体。

(二) 组合体的组合方式

组合体的组合方式有切割和叠加两种基本形式。常见的组合体则是这两种方式的综合,如图 3-37 所示。

(a) 叠加型　　　(b) 切割型　　　(c) 综合型

图 3-37　组合体的组合方式

(三) 形体的表面连接关系

组合体中的基本形体经过叠加、切割或穿孔后,相邻形体的表面之间可能形成平齐、不平齐、相切和相交四种连接关系,如图 3-38 所示。

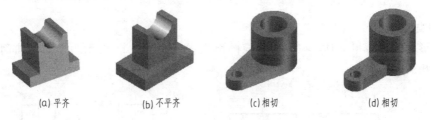

(a) 平齐　　　(b) 不平齐　　　(c) 相切　　　(d) 相切

图 3-38　形体的表面连接关系

在画组合体视图时,必须注意组合体各部分表面间的连接关系,才能做到不多线,不漏线。在看图时,必须看懂形体之间的表面连接关系,才能想清楚组合体的整体结构形状。

1. 平齐

当两形体的表面平齐时,中间没有线隔开,如图 3-39(a) 所示。如图 3-39(b) 所示是多线的错误。

2. 不平齐

当两形体的表面不平齐时,两形体之间应有线隔开,如图 3-40(a) 所示。如图 3-40(b) 所示是漏线的错误。

3. 相切

两形体的表面相切时,在相切处两表面为光滑过渡,不存在分界轮廓线。如图 3-41 所示为平面与曲面相切,如图 3-42 所示为曲面与曲面相切。

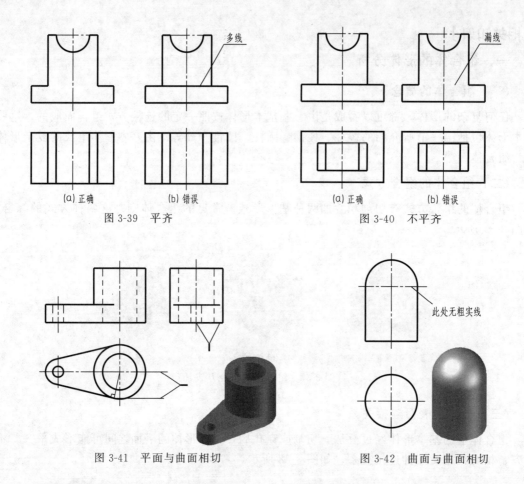

图 3-39 平齐   图 3-40 不平齐

图 3-41 平面与曲面相切   图 3-42 曲面与曲面相切

4. 相交

当两形体的表面相交时，在相交处应画出交线。如图 3-43 所示为平面与曲面相交、曲面与曲面相交。

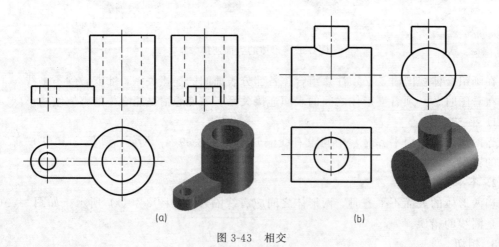

图 3-43 相交

（四）形体分析法

所谓形体分析法就是将组合体按照其组成方式分解为若干个基本形体或简单形体，并弄清楚各基本形体的形状、相对位置以及表面连接关系的方法。形体分析法提供了一个研究组合体，尤其是较复杂组合体的分析思路，是组合体读图、画图及尺寸标注的基本方法。

二、组合体三视图的画法

形体分析法是使复杂形体简单化的一种分析方法，因此画组合体三视图时，常采用形体分析法，根据三视图的"三等"关系，按步骤画图。下面以图3-44所示的轴承座为例，来介绍画组合体三视图的一般方法和步骤。

（一）形体分析

首先对组合体进行形体分析，了解该组合体由哪些基本形体组成，它们之间的相对位置、组合方式以及相邻形体表面间的连接关系是怎样的，对该组合体的结构特点有清楚的认识，为画三视图做好准备。

如图3-44(b)所示，轴承座由直立空心圆柱、水平空心圆柱、支承板、底板及肋板组成。两个空心圆柱体的轴线垂直相交，在外表面和内表面上都有相贯线。支承板、肋板和底板分别是不同形状的平板。支承板的左、右侧面与水平空心圆柱的外圆柱面相切，肋板的左、右侧面与水平空心圆柱的外表面相交，底板的顶面与支承板、肋板的底面相互重合叠加。

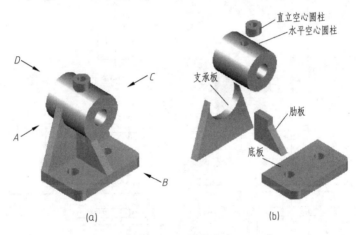

图3-44 轴承座

（二）选择主视图

主视图是三视图中最重要的一个视图，画图和读图通常都是从主视图开始的。确定主视图时，应主要解决组合体如何放置和选择向哪个方向投射两个问题。

1. 选放置位置

将组合体自然放正，尽可能使组合体的主要平面（或轴线）平行或垂直于投影面，以便使较多的面、线的投影具有真实性或积聚性。同时还应考虑到其他视图表达的清晰性，使其他两个视图尽量避免虚线。

2. 选投射方向

以最能反映该组合体各部分形状和位置特征的方向作为主视图的投射方向。

如图3-44(a)所示的轴承座，沿B向观察，所得视图满足上述要求，可以作为主视图。主视图方向确定后，其他两视图的方向则随之确定。

（三）确定比例，选定图幅

根据组合体的大小和复杂程度，选择适当的比例和图幅。一般优先选用 1∶1 的比例，图幅则要根据视图所占空间并留出标注尺寸和画标题栏的位置来确定。

（四）绘制三视图

1. 手工绘图步骤

（1）布置视图，画基准线　布置视图位置时，应根据每个视图的最大尺寸，并在视图之间留出标注尺寸的空间，将各视图均匀地布置在图框内。视图位置确定后，画出各视图的作图基准线。一般情况下，当形体在某一方向上对称时，以对称面为基准，不对称时选较大底面或端面或回转体轴线为作图基准线，如图 3-45(a) 所示。

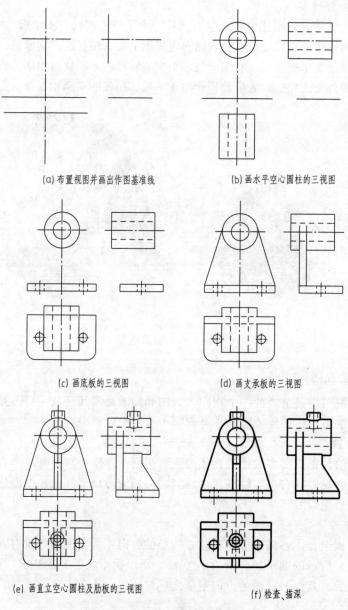

图 3-45　组合体三视图的画图步骤

（2）绘制底稿　画底稿的步骤如图 3-45（b）～（e）所示。画底稿时，应注意以下问题。

① 用形体分析法逐个画出每个基本形体，画基本形体时，应从形状特征明显的视图画起，再按投影规律画另外两个视图。要三个视图一起画，以保证正确的投影关系，提高绘图效率。

② 画图的先后顺序是，先画主要形体，后画次要形体；先画主体，后画细节；先画可见的部分，后画不可见的部分。

（3）检查描深　检查时，要注意组合体的组合方式和表面连接关系，避免漏线和多线；描深时，一般按先粗后细、先曲后直、先横后竖的顺序描绘，如图 3-45(f) 所示。

2. AutoCAD 画组合体三视图

绘图步骤同本单元第一节中的"AutoCAD 画形体三视图参考步骤"。

三、组合体视图的识读

画图是运用投影规律把空间形体表达成平面图形，而读图则是根据平面图形想象空间形体的形状。要想正确、迅速地读懂视图，必须掌握读图的基本要领和基本方法。

（一）读图的基本要领

1. 要把几个视图联系起来进行分析

在没有标注尺寸的情况下，一个视图一般不能完全确定物体的空间形状。如图 3-46(a) 所示形体的主视图都相同，图 3-46(b) 所示的俯视图都相同，但它们表达了不同的形体。如图 3-47 所示形体的主视图、左视图都相同，但也表达了不同的形体。

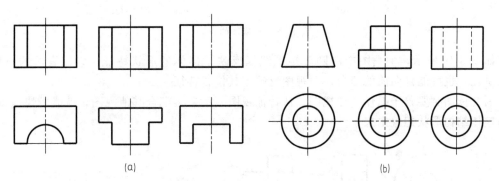

图 3-46　一个视图不能完全确定物体的形状

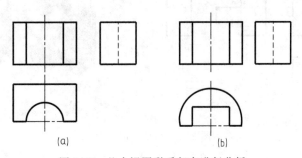

图 3-47　几个视图联系起来进行分析

因此读图时，一般要将几个视图联系起来，互相对照分析，才能正确地想象出物体的形状。

2. 要善于抓住特征视图

能充分表达形体形状特征的视图，称为形状特征视图。能充分表达各形体之间相互位置关系的视图，称为位置特征视图。

一般主视图能较多地反映组合体的整体特征，所以读图时常从主视图入手。但是，由于组合体的组成方式不同，形体不同部分的形状特征及相对位置特征并非均集中在主视图或某一个视图上，有时分散于各个视图。

如图 3-48 所示，支架由四个基本形体叠加而成，主视图反映形体 A、B 的形状特征，俯视图反映形体 D 的形状特征，左视图反映形体 C 的形状特征。

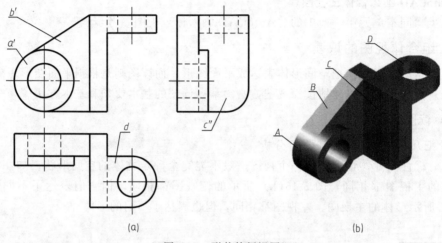

图 3-48　形状特征视图

如图 3-49 所示，主视图中的圆和矩形线框反映了形体的形状特征，它们表示的结构，可能是孔，也可能是向前的凸台，左视图反映了其位置特征。

因此读图时要善于抓住特征视图，从特征视图入手，再配合其他视图，就能较快地将物体的整体结构形状想象出来了。

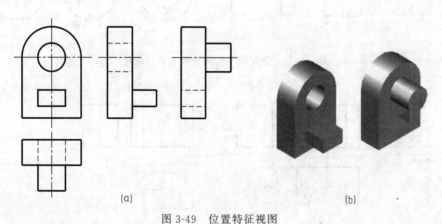

图 3-49　位置特征视图

3. 要注意分析可见性

读图时，遇到组合体视图中有虚线，要对照投影关系，分析可见性，判断形体表面之间的相互位置。

如图 3-50(a) 所示的主视图中，三角肋板与底板及侧立板的连接线是实线，说明它们的前面不平齐，因此，三角肋板是在底板的中间。而图 3-50(b) 的主视图中，三角肋板与底板及侧立板的连接线是虚线，说明它们的前面平齐，因此，依据俯视图和左视图，可以断定三角肋板前后各有一块。

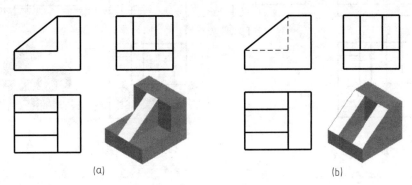

图 3-50　可见性分析

4. 要善于从线框入手分析形体的表面

视图中的一个封闭线框，一般是形体上的一个面（平面或曲面）的投影。如图 3-51 中的 a'、b' 和 d' 线框为平面的投影，c' 线框为曲面的投影。

相邻的两个封闭线框，表示形体上位置不同的两个面的投影。这两个面可能直接相交（如图 3-51 中的 a' 和 b'、b' 和 c' 都是相交两表面的投影），这时两个线框的公共边是两个面的交线；也可能是错开的两个面（如 b' 和 d' 则是前后平行的两平面的投影），这时两个线框的公共边是另外第三个面的投影。

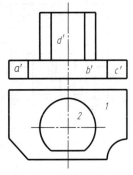

图 3-51　分析线框的含义

大封闭线框内包含着小线框，表示在一个面上向外叠加而凸出或向内挖切而凹下的结构。如图 3-51 所示的俯视图，线框 1 包含线框 2，线框 2 表示在底板上表面上凸起的柱体的投影。

（二）组合体的读图方法

1. 形体分析法

形体分析法是读组合体视图的基本方法。用形体分析法读图，首先从特征视图入手，把形体的视图分解为几个部分；再运用投影规律分析每一部分的空间形状、各部分的相互位置及组合关系；最后综合起来想象整体形状。下面以图 3-52 为例来说明具体的读图步骤与方法。

（1）看视图，分线框　先从反映组合体形状特征较多的主视图入手，将组合体分为四个线框。其中线框 $2'$ 为左右两个完全相同的三角形，因此可归纳为三个线框，分别代表Ⅰ、Ⅱ、Ⅲ三个基本形体，如图 3-52(a) 所示。

（2）对投影，想形状　根据投影关系分别找到 $1'$、$2'$、$3'$ 在俯、左视图上的对应投影，分析、确定各线框所表示形体的形状。

组合体主视图反映了形体Ⅰ的特征，从主视图出发，结合俯、左视图可知，形体Ⅰ是一个上部带半圆槽的长方体。同样，主视图也反映了形体Ⅱ的特征，从主视图出发，结合俯、左视图可知，形体Ⅱ是两个三角形肋板。形体Ⅲ的特征在左视图上得到了反映，结合主、俯

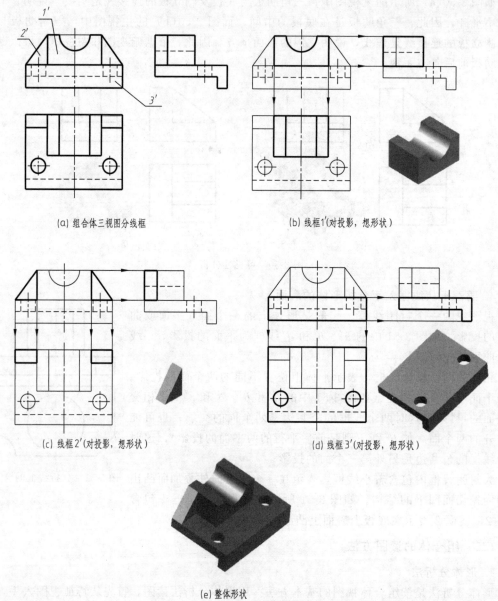

图 3-52 形体分析法读图

视图可知形体Ⅲ为一块直角弯板,板上有两个圆孔。

(3)综合起来想整体 确定了各线框所表示形体的形状后,再分析各形体的相对位置和组合形式,便可综合想象出整体形状了。

2. 线面分析法

形体分析法是从"体"的角度,将组合体分解为若干个基本形体,以此为出发点进行读图。而组合体也可以看成是由若干个"面"围成的,构成形体的各个表面,不论其形状如何,它们的投影如果不具有积聚性,则是一个封闭线框。

线面分析法是从"面"的角度出发,将视图中的一个线框看作是物体上的一个面(平面或曲面)的投影,利用投影规律,分析各个面的形状及位置,从而想象出物体的整体形状。

下面以图 3-53 所示的压块为例,来说明线面分析法的读图方法与步骤。

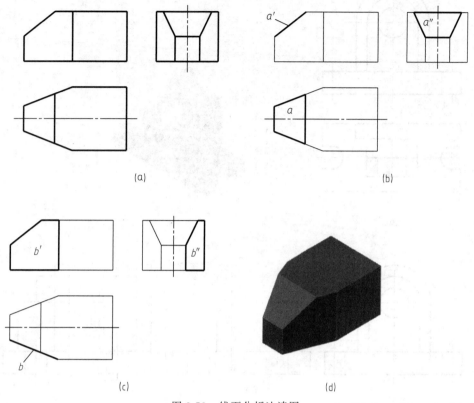

图 3-53　线面分析法读图

(1) 分析基本形体　根据图 3-53(a),压块三视图的最外轮廓均是有缺角的矩形,可初步认定该形体是由长方体切割而成。

(2) 分析各表面的形状及位置　如图 3-53(b) 所示,在俯视图中有梯形线框 a,对照投影,在主视图中可找出与它对应的斜线 a',在左视图中可找出与它对应的梯形 a'',由此可见 A 面是梯形面。其正面投影积聚为直线,平面 A 对 W 面和 H 面都处于倾斜位置,所以它的侧面投影 a'' 和水平投影 a 是类似图形,比 A 面的实形缩小。

如图 3-53(c) 所示,在主视图中有五边形线框 b',对照投影,在俯视图中可找出与它对应的斜线 b,在左视图中可找出与它对应的五边形 b'',可见长方体的左端由前后两个面切割而成。平面 B 对 H 面垂直,对 V 面和 W 面都处于倾斜位置,因而侧面投影 b'' 也是与 b' 类似的五边形线框。

(3) 综合想象整体形状　弄清楚了各截断面的形状和空间位置后,结合基本形体形状,并进一步分析视图中其他线框的含义,就可以综合想象出整体形状了,如图 3-53(d) 所示。

例 3-3-1　已知组合体的主视图和俯视图,如图 3-54(a) 所示,补画左视图。

1. 分析

补画视图将读图与画图结合了起来,是培养和检验读图能力的一种有效方法,可分两步进行:

① 根据已知视图运用形体分析法或线面分析法基本分析出形体的形状;
② 根据想象的形状并依据"三等"关系进行作图,同时进一步完善形体的形象。

第三单元　投影作图基础

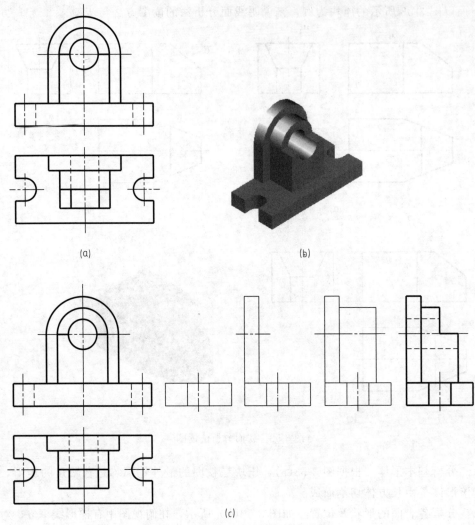

图 3-54　由已知两视图补画第三视图

运用形体分析法分析主、俯视图,可知该组合体由底板和两块立板叠加而成,底板和两块立板又各有挖切,如图 3-54(b)所示。

2. 作图

补画左视图的步骤如图 3-54(c)所示。按照形体分析法,逐一画出每一部分,最后检查描深,完成左视图。

【归纳总结】

组合体的组合方式有叠加、切割、综合(既有叠加又有切割),组合体中相邻形体的表面之间有平齐、不平齐、相切、相交四种连接关系,要弄清不同连接关系时在投影图中的画法,做到不多线、不漏线。

画组合体视图时,对叠加型组合体,可分别画出各形体的投影,综合起来就得到了组合体的视图,但要注意形体表面的关系,尤其是表面相切及表面相交处的画法;对切割型组合体,可先画出基本形体的投影,再依次切去若干部分,即画截断面或截交线的投影,这时要充分利用平面、直线的投影性质作图。

读图时，形体分析法一般适用于以叠加为主要组合方式的组合体，线面分析法适用于切割型组合体。对于综合型组合体，当一些局部结构较复杂时，常常两种方法并用，以形体分析法为主明确主体，以线面分析法为辅辨别细节，综合起来想象出整体结构的形状。

看图和画图是相辅相成的，要把投影图和立体图（或实物模型）对应起来，理解空间形状；把三视图相对应，理解各视图之间的关系；多看、多想、多画，通过由简单到复杂、由易到难的看图、画图练习，提高空间思维能力。

【巩固练习】

在图 3-55 中，根据已知的两视图补画第三视图。

(a) 补画左视图　　(b) 补画俯视图

(c) 补画左视图　　3.14 图3-55 的第三视图　　(d) 补画左视图

图 3-55　根据两视图补画第三视图

第四单元 尺寸标注

【学习指导】

形体的三视图，只能表达形体的结构和形状，而形体的大小和各组成部分的相对位置关系要通过图样上的尺寸来表达。本单元将学习国家标准对尺寸注法的有关规定、AutoCAD标注尺寸的方法、组合体的尺寸注法等。在本单元中，学习者要完成两个学习任务：任务4-1 标注扳手的尺寸、任务4-2 标注轴承座的尺寸，从中学习尺寸标注的相关知识，达到正确识读和标注图样尺寸的目的。

【能力目标】

能按照国家标准《技术制图》《机械制图》的有关规定标注图样的尺寸；
能用 AutoCAD 软件标注组合体的尺寸。

【知识目标】

熟悉国家标准《技术制图》《机械制图》对尺寸注法的有关规定；
掌握组合体尺寸标注的基本要求；
熟悉 AutoCAD 中创建标注样式的方法，掌握常用标注命令的使用，掌握修改尺寸的方法。

第一节 尺寸标注的基本方法

【任务书4-1】

任务编号	任务4-1	任务名称	标注扳手的尺寸	完成形式	学生在教师指导下完成	时间	90分钟
能力目标	1. 能理解国家标准对尺寸注法的有关规定 2. 能用 AutoCAD 注写文字 3. 能使用 AutoCAD 软件标注尺寸							
相关知识	1. 尺寸标注的基本规则、尺寸组成及常见尺寸的标注 2. AutoCAD 中创建文字样式，常用的注写文字命令，修改文字的方法 3. AutoCAD 中创建标注样式，常用的标注命令，修改尺寸的方法							
参考资料	孙安荣.化工识图与CAD技术.北京：化学工业出版社							

任务编号	任务 4-1	任务名称	标注扳手的尺寸	完成形式	学生在教师指导下完成	时间	90 分钟
能力训练过程							
课前准备	预习本单元第一节,熟悉以下内容: 1. 尺寸标注的基本规则; 2. 一个完整的尺寸由哪几部分组成; 3. 尺寸界线、尺寸线、箭头的画法; 4. 标注线性尺寸时,尺寸数字的注写方法; 5. 圆的直径、圆弧半径尺寸的标注方法; 6. 小尺寸的注法; 7. 角度尺寸的标注方法; 8. 在 AutoCAD 中创建符合国标的文字样式和标注样式;<win>9. 常用的注写文字,标注尺寸命令; 10. AutoCAD 中修改文字、尺寸的方法						
课堂训练	1. 以提问方式检查课前准备情况 2. 讲解知识点 3. 新建尺寸标注样式,标注图 4-1 的尺寸(扳手的平面图形已在第二单元完成) 4. 知识总结 5. 标注第二单元图 2-75 和图 2-76 的尺寸						

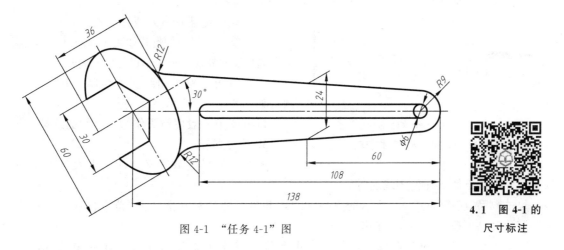

图 4-1 "任务 4-1"图

4.1 图 4-1 的尺寸标注

【相关知识】

一、国家标准对尺寸注法的有关规定

(一) 基本规则

① 机件的真实大小应以图样上所注的尺寸数值为依据,与图形的大小及绘图的准确度无关。

② 图样中的尺寸以毫米为单位时,不需要标注单位符号(或名称),如采用其他单位,则应注明相应的单位符号。

③ 图样中所注的尺寸为该图样所示机件的最后完工尺寸,否则应另加说明。

④ 机件的每一尺寸,一般只标注一次,并应标注在反映该结构最清晰的图形上。

(二) 尺寸的组成及线性尺寸的注法

一个完整的尺寸由尺寸界线、尺寸线及终端和尺寸数字组成,如图 4-2 所示。

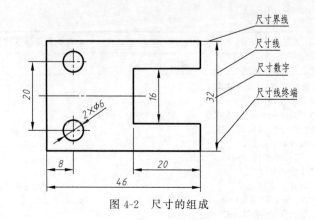

图 4-2 尺寸的组成

1. 尺寸界线

尺寸界线用细实线绘制，并应由图形的轮廓线、轴线或对称中心线处引出，也可利用轮廓线、轴线或对称中心线作尺寸界线，如图 4-2 所示。

2. 尺寸线

尺寸线必须用细实线单独绘制，不能用其他图线代替，一般也不得与其他图线重合或画在其延长线上。标注线性尺寸时，尺寸线应与所标注的线段平行。

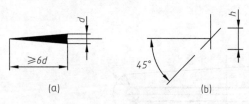

图 4-3 尺寸线终端画法

d—粗实线宽度；h—字体高度

尺寸线的终端有下列两种形式。

（1）箭头 箭头的形式如图 4-3(a) 所示，箭头尖端与尺寸界线接触，不得超出或离开。

（2）斜线 斜线用细实线绘制，其方向和画法如图 4-3(b) 所示。

机械图中一般用箭头作为尺寸线的终端。

3. 尺寸数字

图样中的尺寸数字必须清晰无误且大小一致。尺寸数字不能被任何图线通过。

尺寸数字应按图 4-4(a) 所示的方向注写，并尽可能避免在图示 30°范围内注尺寸；当无法避免时，可按图 4-4(b) 注出。

对于非水平方向的线性尺寸，其数字也允许一律水平地注写在尺寸线的中断处，如图 4-4(c) 所示。但在同一图样中，尽可能采用同一种方法。

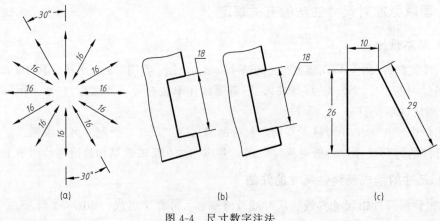

图 4-4 尺寸数字注法

(三) 常见的尺寸注法

常见的尺寸标注方法见表 4-1。

表 4-1　尺寸标注示例

尺寸类型	图　例	说　明
直径和半径	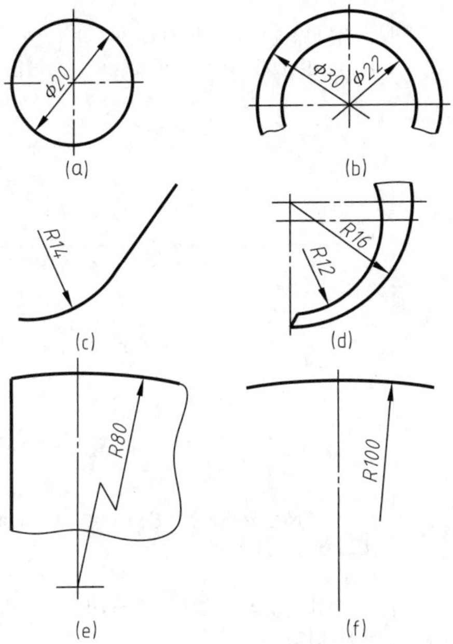 (a) φ20　(b) φ30 φ22　(c) R14　(d) R12 R16　(e) R80　(f) R100	(1) 圆或大于半圆的圆弧标注直径,尺寸数字前加注符号"φ",如图(a)、(b)所示;半圆或小于半圆的圆弧标注半径,尺寸数字前加注符号"R",如图(c)、(d)所示 (2) 当圆弧的半径过大或在图纸范围内无法注出其圆心位置时,可用折线表示圆心在此线上,如图(e)所示;若不需要标出其圆心位置时,可按图(f)的形式标注,但尺寸线应指向圆心
角度	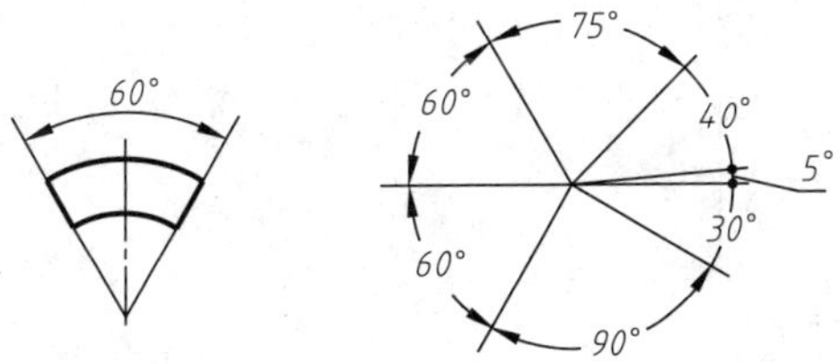 60°　75° 60° 40° 5° 30° 60° 90°	(1) 角度的尺寸界线沿径向引出,以角顶为圆心的圆弧作为尺寸线 (2) 角度的尺寸数字一律水平书写,一般注在尺寸线的中断处,必要时也可注写在外面、上方或引出标注
球面	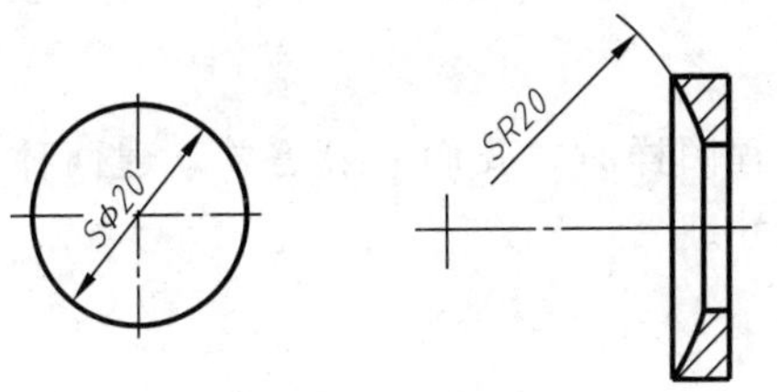 Sφ20　SR20	球面的尺寸,应在 φ 或 R 前加注"S"
光滑过渡处	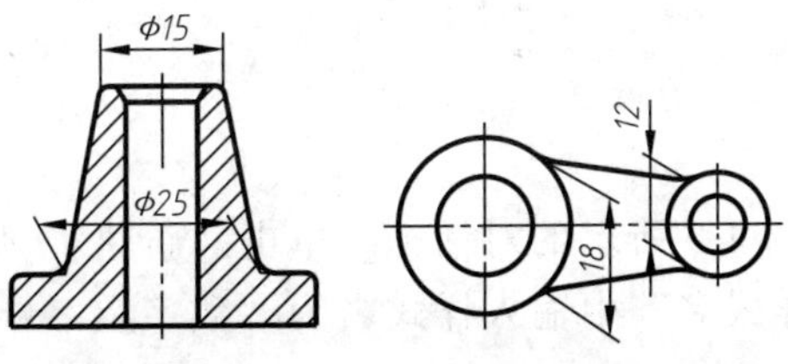 φ15　φ25　12　18	在光滑过渡处标注尺寸时,应用细实线将轮廓线延长,从它们的交点处引出尺寸线。当尺寸界线过于贴近轮廓线时,允许倾斜画出

续表

尺寸类型	图 例	说 明
对称机件	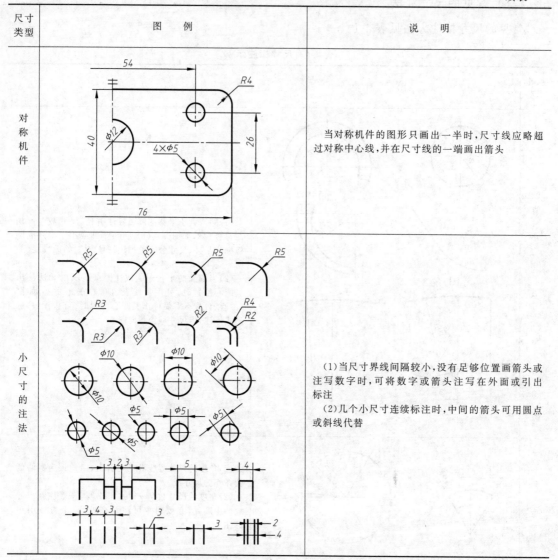	当对称机件的图形只画出一半时,尺寸线应略超过对称中心线,并在尺寸线的一端画出箭头
小尺寸的注法		(1)当尺寸界线间隔较小,没有足够位置画箭头或注写数字时,可将数字或箭头注写在外面或引出标注 (2)几个小尺寸连续标注时,中间的箭头可用圆点或斜线代替

二、AutoCAD 文字注写

尺寸数字包含数字、字母,因此在绘制工程图样时,我们一般需要新建两种文字样式,一种专门用来写汉字,另一种专门用来标注尺寸。

(一)新建文字样式

下拉菜单:格式→文字样式。

注释面板:A,。

命令名:style 或 st。

1. 新建"数字及字母"文字样式

选择上述任一方式输入命令,即弹出如图 4-5 所示的对话框。单击"新建",弹出"新建文字样式"对话框,如图 4-6 所示。在"样式名"中输入样式名为"数字及字母",即创建用于注写数字及字母的文字样式。

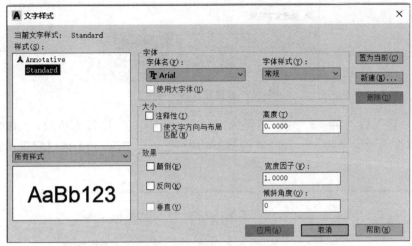

图 4-5 "文字样式"对话框

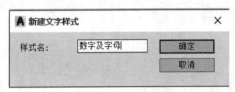

图 4-6 新建样式名"数字及字母"

单击"确定"后,在"文字样式"对话框中将"字体名"设置为 iso.shx,"高度"设置为 0.0000,"宽度因子"设置为 0.7000,"倾斜角度"设置为 15,如图 4-7 所示。单击"应用",即可完成"数字及字母"文字样式的创建。

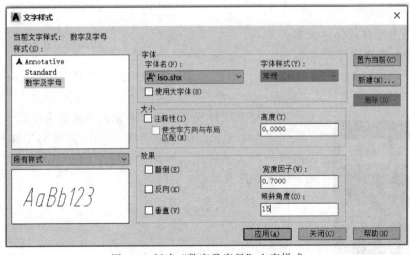

图 4-7 新建"数字及字母"文字样式

4.2 文字样式的创建

2. 新建"汉字"文字样式

在图 4-7 所示的"文字样式"对话框中单击"新建",即弹出"新建文字样式"对话框,如图 4-8 所示。在"样式名"中输入样式名为"汉字",即创建用于书写汉字的文字样式。

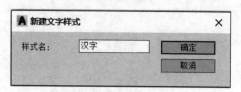

图 4-8　新建样式名"汉字"

单击"确定"后,在"文字样式"对话框中将"字体名"设置为仿宋,"高度"设置为 0.0000,"宽度因子"设置为 0.7000,如图 4-9 所示。单击"应用",即可完成"汉字"文字样式的创建。

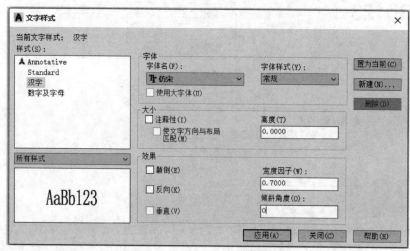

图 4-9　新建"汉字"文字样式

4.3 "汉字"文字样式的创建

(二) 设置当前文字样式

AutoCAD 按当前文字样式输入文本。

1. 注释面板设置当前文字样式

打开注释面板文字样式的下拉列表,从中可以选择并设置为当前文字样式。如图 4-10 所示,设置"数字及字母"为当前文字样式。

图 4-10　文字样式下拉列表

2. 在"文字样式"对话框中设置当前文字样式

如图 4-9 所示,在"文字样式"对话框的"样式"区选择一种文字样式,并单击"置为当前",即可把该文字样式设置为当前文字样式。

(三) 注写文字

1. 多行文字

多行文字对象包含一个或多个文字段落,可作为单一对象处理。

菜单:绘图→文字→多行文字。

注释面板:

命令名:mtext 或 t。

输入命令，命令行提示如下：

当前文字样式：当前样式　　当前文字高度：当前高度　　注释性：否

A▼MTEXT 指定第一角点：输入第一角点。

A▼MTEXT 指定对角点或［高度（H）对正（J）行距（L）旋转（R）样式（S）宽度（W）栏（C）］：两个角点确定的矩形区域作为文字的输入区域，同时弹出一个"文本编辑框"和"文字编辑器"选项卡，如图 4-11 所示。

图 4-11　"文本编辑框"及"文字编辑器"选项卡

在"文字编辑器"选项卡中可以选择文字样式、字体、字高、加粗、倾斜、加下划线，还可以方便地在标注文字中插入字段和符号，控制段落格式，导入文字等。

在"文本编辑框"中可输入文本。单击右键时显示快捷菜单，可以对文本进行编辑。单击"关闭文字编辑器"，完成多行文字的输入。

高度（H）：指定用于多行文字字符的文字高度。

对正（J）：确定文本的排列方式。

行距（L）：指定多行文字对象的行距。

旋转（R）：指定文字边界的旋转角度。

样式（S）：指定用于多行文字的文字样式。

宽度（W）：指定文字边界的宽度。

栏（C）：指定多行文字的栏选项。

2. 单行文字

注写单行文字时，按回车键结束每行。每行文字都是独立的对象，可以重新定位、调整格式或进行其他修改。

菜单：绘图→文字→单行文字。

注释面板：A。

命令名：text 或 dt。

在命令行输入单行文字命令名，命令行提示如下：

当前文字样式：当前样式名　　文字高度：当前高度值　　注释性：否　　对正：左

A▼TEXT 指定文字的起点或［对证（J）样式（S）］：指定第一个字符的插入点［如果按回车键，AutoCAD 将紧接最后创建的文字对象（如果有）定位新的文字］。

若在菜单栏或者注释面板输入单行文字命令，命令行则直接提示：

A▼TEXT 指定文字的起点或［对证（J）样式（S）］：指定第一个字符的插入点。

A▼TEXT 指定高度＜默认值＞：输入文字高度。此提示只有文字高度在当前文字样式中设置为 0 时才显示。

第四单元　尺寸标注

TEXT 指定文字旋转角度<0>：输入文字旋转角度。

输入文字：按照需要输入文字，按回车键另起一行。如果指定另一个点，光标将移到该点上，可以继续输入文字。每次按回车键或指定点时，都创建了新的文字对象。在空行处按回车键结束命令。

对证（J）：用于确定文字的对正方式。

样式（S）：用于改变当前文字样式。

3. 特殊字符

特殊字符指不能从键盘上直接输入的符号。在多行文字中输入特殊字符较为简单，单击"文字编辑器"中的@按钮，在弹出的下拉列表中选择所需的符号即可；或在"文本编辑框"中单击右键，用右键菜单中的"符号"子菜单，也可以输入需要的特殊字符。

如果还未找到所需字符，可选择"符号"子菜单中的"其他"选项，在打开的"字符影射表"窗口中选择所需的特殊字符，如图4-12所示。

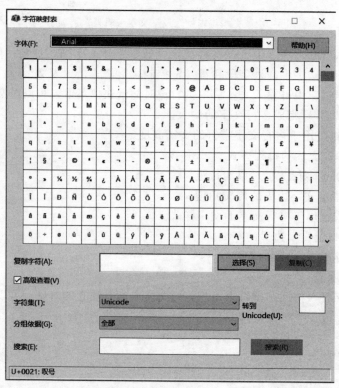

图 4-12 "字符影射表"窗口

此外，AutoCAD 还提供了控制码来标注特殊字符。常见的控制码有：

%%C：生成直径符号"φ"。

%%D：生成角度符号"°"。

%%P：生成上下偏差符号"±"。

三、AutoCAD 尺寸标注

AutoCAD 提供了强大的尺寸标注功能，并能自动测量标注对象的大小，也可以修改尺寸值，重新输入尺寸数字、代号和其他文字说明。

与其他的 AutoCAD 命令相似，标注尺寸也可选择执行菜单命令、在命令行中输入命令和单击选项面板按钮等方式来完成，但建议用户使用"注释"面板，如图 4-13 所示，这种方式效率更高。

（一）尺寸标注类型

常见的尺寸标注类型如图 4-14 所示。

图 4-13 "注释"面板

（二）标注样式

AutoCAD 中的尺寸按对象的测量和标注样式进行标注。标注样式控制尺寸界线、尺寸线、箭头、尺寸数字的外观和形式。标注样式是一组系统变量的集合，可以用对话框的方式直观地设置这些变量，也可以在命令行设置。

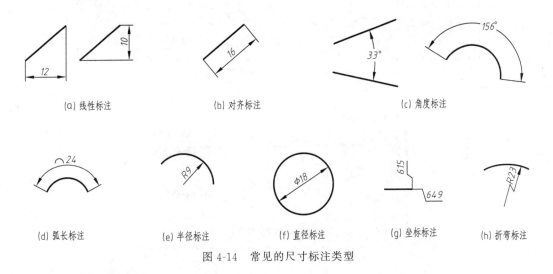

图 4-14 常见的尺寸标注类型

AutoCAD 没有直接提供符合我国国标的样式，它提供的是一种名为 ISO-25 的样式，因而需要建立符合我国制图标准的标注样式。

1. 创建标注样式

下拉菜单：格式→标注样式。

注释面板：。

命令名：dimstyle 或 d。

选择上述任一方式输入命令，即弹出图 4-15 所示的"标注样式管理器"对话框。单击"新建"，弹出"创建新标注样式"对话框，如图 4-16 所示，在"新样式名"中输入样式名。

（1）创建"线性尺寸"样式 用于标注直线尺寸、直径或半径尺寸。

在图 4-16 的"新样式名"中输入"线性尺寸"，"基础样式"选"ISO-25"，"用于"选"所有标注"，单击"继续"，即弹出"新建标注样式"对话框，如图 4-17 所示。单击"线"选项，设尺寸界线的"起点偏移量"为 0，如图 4-17（a）所示；单击"文字"选项，选择"文字样式"为"数字及字母"，如图 4-17（b）所示；单击"主单位"选项，设置"线性标注"的"精度"为 0，如图 4-17（c）所示；其他参数不必修改，单击"确定"，即完成"线性尺寸"样式的创建。

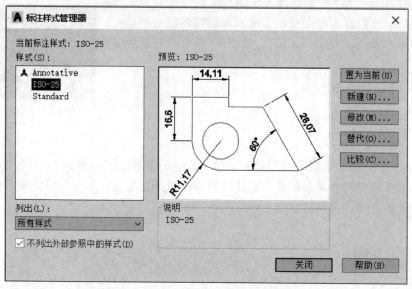

图 4-15 "标注样式管理器"对话框

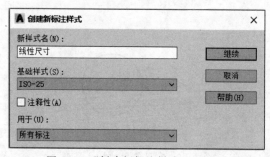

图 4-16 "创建新标注样式"对话框

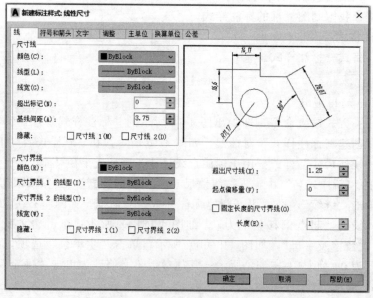

(a)

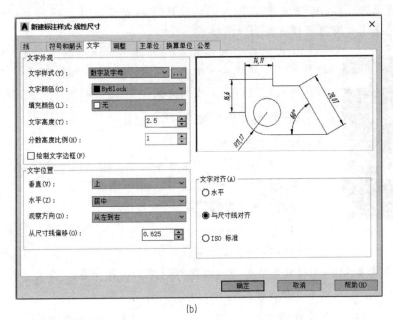

(b)

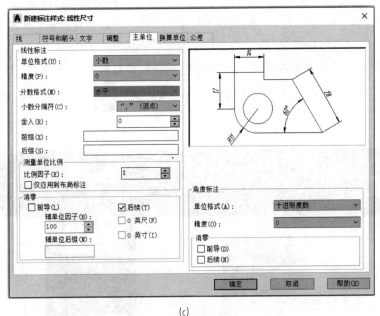

(c)

图 4-17 "新建标注样式"对话框

4.4 "线性尺寸"
样式的创建

(2) 创建"角度"样式 用于标注角度尺寸。

在图 4-16 的"新样式名"中输入"角度尺寸","基础样式"选"线性尺寸","用于"选"所有标注",单击"继续";在图 4-17(b) 的"文字"选项中,"文字对齐"选"水平",单击"确定"。

2. 设置当前标注样式

AutoCAD 的每一个尺寸都依赖它现在所用的标注样式——当前标注样式。当前标注样式显示在"注释"面板中。

单击"注释"面板里的标注样式控制栏,即弹出标注样式列表,如图 4-18 所示。用鼠标左键选择所需的标注样式,即将该样式设为当前样式。

也可以在"标注样式管理器"对话框的"样式"区选择某一种标注样式,单击"置为当前",关闭对话框,则该标注样式就被设为了当前样式。

(三) 尺寸标注命令

1. 标注直线尺寸

(1) 线性标注　用于水平尺寸、垂直尺寸的标注。

菜单:标注→线性。

注释面板：线性。

命令名:dimlinear。

输入命令,命令行提示如下:

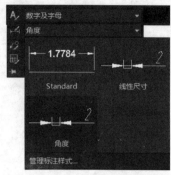

图 4-18　设置当前标注样式

DIMLINEAR 指定第一个尺寸界线原点或＜选择对象＞:指定第一条尺寸界线的引出点(或按回车键选择要标注的对象)。

DIMLINEA 指定第二条尺寸界线原点:指定第二条尺寸界线的引出点。

指定尺寸线位置或 DIMLINEA [多行文字(M) 文字(T) 角度(A) 水平(H) 垂直(V) 旋转(R)]:指定点以确定尺寸线的位置,完成尺寸标注。

多行文字(M):用多行文字编辑器修改尺寸数字,可以修改尺寸值,或在尺寸数字前后添加符号。如图 4-19 所示,要在尺寸值前添加直径符号 φ,单击 @ 符号 按钮,在弹出的列表中选择"直径"即可。

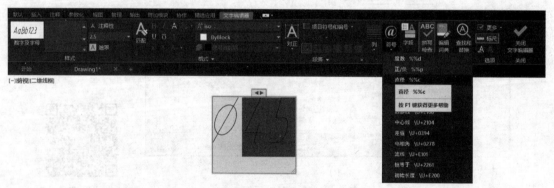

图 4-19　用"多行文字(M)"修改尺寸

文字(T):在命令行提示下,自定义标注文字。

角度(A):设置尺寸数字的旋转角度。与制图国标不相符,工程图中一般不使用该项。

水平(H):使尺寸线水平标注。

垂直(V):使尺寸线垂直标注。

旋转(R):使尺寸线旋转指定的角度标注。

(2) 对齐标注　对斜线进行尺寸标注。

菜单:标注→对齐。

注释面板：[对齐]。

命令名：dimaligned。

输入命令，命令行提示如下：

▼DIMALIGNED 指定第一个尺寸界线原点或＜选择对象＞：指定第一条尺寸界线的引出点（或按回车键选择要标注的对象）。

▼DIMALIGNED 指定第二条尺寸界线原点：指定第二条尺寸界线的引出点。

指定尺寸线位置或 ▼DIMALIGNED［多行文字（M）文字（T）角度（A）］：指定点以确定尺寸线的位置，完成尺寸标注。

多行文字（M）、文字（T）、角度（A）选项同"线性标注"。

2. 标注直径、半径尺寸

（1）直径标注　标注圆或圆弧的直径。

菜单：标注→直径。

注释面板：[直径]。

命令名：dimdiameter。

输入命令，命令行提示如下：

▼DIMDIAMETER 选择圆弧或圆：选择需要标注直径的圆弧和圆。

标注文字＝当前直径

▼DIMDIAMETER 指定尺寸线位置或［多行文字（M）文字（T）角度（A）］：指定点以确定尺寸线的位置，完成尺寸标注。

多行文字（M）、文字（T）、角度（A）选项同"线性标注"。

（2）半径标注　标注圆或圆弧的半径。

菜单：标注→半径。

注释面板：[半径]。

命令名：dimradius。

输入命令，命令行提示如下：

▼DIMRADIUS 选择圆弧或圆：选择需要标注半径的的圆弧和圆。

标注文字＝当前半径

▼DIMRADIUS 指定尺寸线位置或［多行文字（M）文字（T）角度（A）］：指定点以确定尺寸线的位置，完成尺寸标注。

多行文字（M）、文字（T）、角度（A）选项同"线性标注"。

3. 标注角度尺寸

用于标注圆弧的圆心角、圆周上一段弧的圆心角、两条不平行直线之间的夹角或指定三点标注角度。

菜单：标注→角度。

注释面板：[角度]。

命令名：dimangular。

输入命令，命令行提示如下：

⌔▼DIMANGULAR 选择圆弧、圆、直线或＜指定顶点＞：选择圆弧、圆或直线（或按回车键，通过指定三点创建角度标注）。

定义要标注的对象之后，显示下列提示：

⌔▼DIMANGULAR 指定标注弧线位置或 [多行文字（M）文字（T）角度（A）象限点（Q）]：指定点以确定尺寸线的位置，完成角度标注。

多行文字（M）、文字（T）、角度（A）选项同"线性标注"。

象限点（Q）：用于设置角度数字的位置。

4. 智能标注尺寸

用于识别对象，自动生成合适的标注类型。

注释面板：[标注]。

命令名：dim。

输入命令，命令行提示如下：

▼DIM 选择对象或指定第一个尺寸界线原点或 [角度（A）基线（B）连续（C）坐标（O）对齐（G）分发（D）图层（L）放弃（U）]：可以选择对象、点创建标注。当光标悬停在对象上时，将自动生成标注类型的预览。支持标注的类型有线性标注、坐标标注、角度标注、半径标注、直径标注、弧长标注。

第一个尺寸界线原点：在指定两个点时创建线性标注。

角度（A）：创建一个角度标注来显示三个点或两条直线之间的角度。

基线（B）：从上一个或选定的第一条界线创建线性、角度或坐标标注，使之有共同的尺寸界线。

继续（C）：从选定标注的第二条尺寸界线创建线性、角度或坐标标注。

坐标（O）：创建坐标标注。

对齐（G）：将多个平行、同心或同基准标注对齐到选定的基准标注。

放弃（U）：返回上一个标注操作。

（四）修改尺寸标注

1. 修改尺寸位置

（1）用夹点进行修改。将鼠标放在箭头尖端的夹点上，可以根据选项调整箭头及尺寸线的位置，如图 4-20(a) 所示；将箭头放在尺寸数字的夹点上，可以根据选项调整文字及尺寸线的位置，如图 4-20(b) 所示；将鼠标放在尺寸界线原点处的夹点上，单击左键，移动鼠标可以调整尺寸界线的位置，见图 4-20(c)。

（2）用"对齐文字"命令进行修改。选择"标注"菜单中的"对齐文字"，可以修改文字在尺寸中的位置，如图 4-21 所示。

2. 修改文字内容

菜单：修改→对象→文字→编辑。

命令名：textedit。

快捷键：双击要编辑的文本。

在命令行输入命令，命令行提示如下：

当前设置：编辑模式＝Multiple

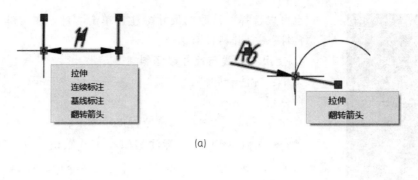

(a)

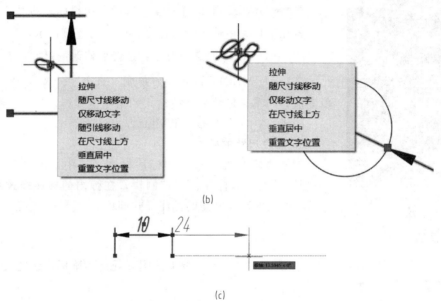

(b)

(c)

图 4-20 利用夹点修改尺寸位置

TEXTEDIT 选择注释对象 [放弃（U）模式（M）]：

若使用菜单栏方式输入命令，命令行则提示：

TEXTEDIT 选择注释对象 [放弃（U）模式（M）]：选择要修改的尺寸数字，弹出"文字编辑器"选项卡，可以编辑文字内容。

我们用双击方式修改文字居多，同样的也可以弹出"文字编辑器"选项卡，修改文字内容。

3. 利用特性对话框修改尺寸特性

菜单：修改→对象特性。

特性面板：。

命令行：properties。

输入命令，即可打开特性对话框。选择一个尺寸标注，从特性对话框中可以修改该尺寸标注的各个属性，可对标注样式、尺寸线、尺寸界线、尺寸文本、公差等进行编辑，如图 4-22 所示。

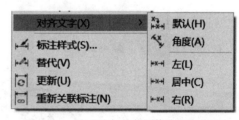

图 4-21 用"对齐文字"修改文字位置

图 4-22 "特性"对话框

也可以选择要修改的尺寸标注,单击右键,在右键菜单中选择"特性",打开特性对话框。

4. 使尺寸界线与尺寸线倾斜

菜单:标注→倾斜。

命令行:dimedit。

在命令行输入命令名,命令行提示如下:

⊢⊣▼ DIMEDIT 输入标注编辑类型［默认(H) 新建(N) 旋转(R) 倾斜(O)］＜默认＞:键入字母 O,回车。

⊢⊣▼ DIMEDIT 选择对象:选择要倾斜标注的尺寸。

若在下拉菜单输入倾斜命令,命令行直接提示:

⊢⊣▼ DIMEDIT 选择对象:选择要修改的尺寸,回车。

⊢⊣▼ DIMEDIT 输入倾斜角度(按 ENTER 表示无):输入角度值,回车,尺寸界线按输入的角度值旋转,与尺寸线倾斜。

图 4-1 中的尺寸 24 可以用此方式修改。

5. 修改尺寸的标注样式

如果要修改某一尺寸的标注样式,选中该尺寸,左键单击"注释"面板里的标注样式控制栏,在弹出的标注样式列表(图 4-18)中左键选择所需的标注样式即可。

【归纳总结】

本节学习了国家标准对尺寸注法的有关规定,要能按国标规定正确标注线性尺寸、直径尺寸、半径尺寸、角度尺寸等。

用 AutoCAD 标注尺寸的一般步骤:①建立尺寸标注图层;②创建用于尺寸标注的文字样式;③创建尺寸标注样式;④用标注命令标注尺寸。

【巩固练习】

1. 标注图 4-23、图 4-24 的尺寸。

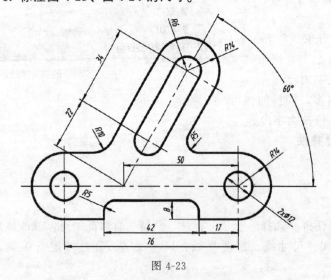

图 4-23

4.5 图 4-23 的尺寸标注

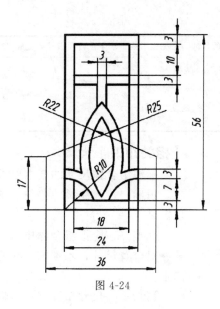

图 4-24

4.6 图 4-24 的尺寸标注

2. 绘制图 4-25 所示的简化标题栏，填写文字，不用标注尺寸。

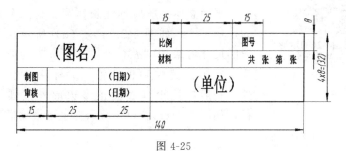

图 4-25

4.7 图 4-25 的简化标题栏及文字填写

第二节 组合体的尺寸标注

【任务书 4-2】

任务编号	任务 4-2	任务名称	标注轴承座的尺寸	完成形式	学生在教师指导下完成	时间	90 分钟
能力目标	1. 能标注基本体的尺寸 2. 能选择尺寸基准 3. 能使用 AutoCAD 软件标注组合体的尺寸							
相关知识	1. 基本体的尺寸标注 2. 尺寸基准的选择 3. 组合体尺寸标注的方法步骤							
参考资料	孙安荣.化工识图与 CAD 技术.北京：化学工业出版社							
能力训练过程								
课前准备	预习本单元第二节，熟悉以下内容： 1. 基本体应标注哪些尺寸； 2. 组合体的尺寸包括哪几类； 3. 什么是尺寸基准，如何选择尺寸基准； 4. 如何清晰标注组合体的尺寸； 5. 标注组合体尺寸的步骤							

续表

任务编号	任务 4-2	任务名称	标注轴承座的尺寸	完成形式	学生在教师指导下完成	时间	90 分钟
课堂训练	1. 以提问方式检查课前准备情况 2. 讲解知识点 3. 形体分析（图 4-26），选择尺寸基准 4. 使用 AutoCAD 软件标注图 4-26 的定形、定位、总体尺寸 5. 对所注尺寸进行必要的调整和补充						

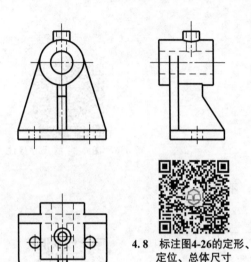

图 4-26 "任务 4-2" 图

4.8 标注图 4-26 的定形、定位、总体尺寸

【相关知识】

标注组合体尺寸的基本要求如下。

正确——标注尺寸要符合制图国家标准的规定。

完整——应把组合体中各基本形体的大小及相对位置尺寸，不遗漏、不重复地标注在视图上。

清晰——尺寸布置整齐清晰，便于读图。

一、基本体的尺寸标注

平面立体一般应标注长、宽、高三个方向的定形尺寸。如图 4-27(a)～(d) 所示，正方形的尺寸可采用 "$a \times a$" 或 "$\square a$" 的形式标注。对于正棱柱和正棱锥，除标注高度尺寸外，一般应注出其底面正多边形外接圆的直径，如图 4-27(e)、(f) 所示；也可根据需要注成其他形式，如图 4-27(g)、(h) 所示。

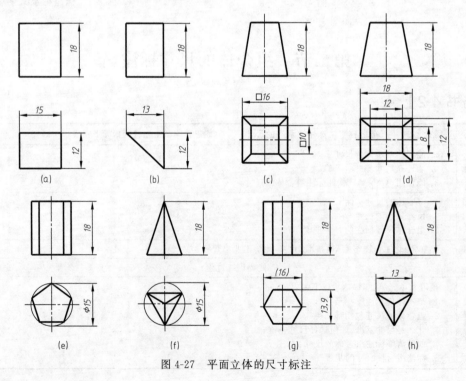

图 4-27 平面立体的尺寸标注

圆柱和圆锥应注出底圆直径和高度尺寸，圆台还应加注顶圆直径。直径尺寸数字前加"ϕ"，一般注在非圆视图中，球的直径尺寸数字前加"$S\phi$"，如图 4-28 所示。

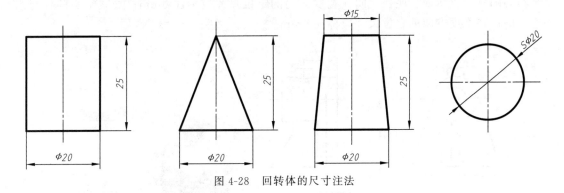

图 4-28 回转体的尺寸注法

二、组合体的尺寸标注

（一）组合体尺寸的完整性

要达到完整标注尺寸的要求，首先应用形体分析法将组合体分解为若干个基本体，然后注出表示基本体大小的尺寸及确定基本体间相对位置的尺寸。下面以"任务 4-2"的轴承座为例说明完整标注尺寸的分析方法。

1. 定形尺寸

确定组合体各组成部分形状大小的尺寸称为定形尺寸。

如图 4-29 所示，为确定水平空心圆柱的大小，应标注外径 $\phi12$mm、孔径 $\phi6$mm 和高度 15mm 三个定形尺寸。直立空心圆柱、底板、肋板、支承板的定形尺寸如图 4-29 所示。

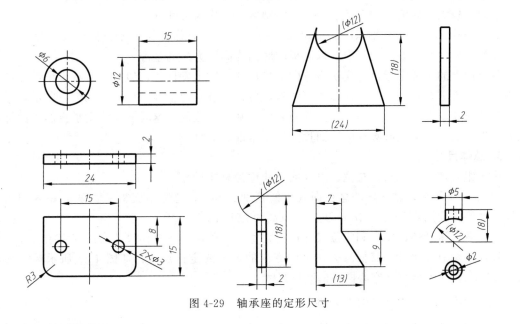

图 4-29 轴承座的定形尺寸

2. 定位尺寸

确定组合体各组成部分之间相对位置的尺寸称为定位尺寸。

第四单元 尺寸标注   113

如图 4-30(a) 所示，水平空心圆柱与底板之间在高度方向的定位尺寸应标注 20mm；底板上的两个圆孔在长度方向的定位尺寸应标注 15mm，宽度方向的定位尺寸应标注 8mm；水平空心圆柱与支承板、底板之间在宽度方向的定位尺寸应标注 3mm；直立空心圆柱与水平空心圆柱在宽度方向的定位尺寸应标注 9mm。

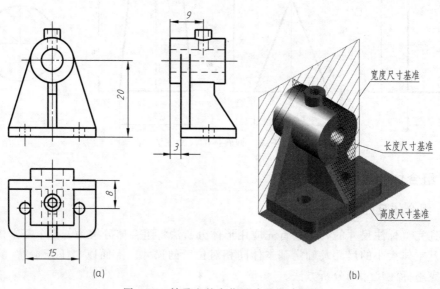

图 4-30　轴承座的定位尺寸及尺寸基准

标注定位尺寸时，需要选取尺寸基准。所谓尺寸基准，就是标注定位尺寸的起点。由于组合体有长、宽、高三个方向的尺寸，每个方向至少要有一个尺寸基准，以便从基准出发确定各部分形体间的定位尺寸。关于基准的确定，一般与作图时的基准一致，即选择组合体的对称平面、较大的底面、端面以及回转体的轴线等，作为尺寸基准。

如图 4-30(b) 所示，轴承座的尺寸基准是：以左右对称面为长度方向的尺寸基准；以支承板的后面为宽度方向的基准；以底板的底面为高度方向的基准。

各方向上的主要定位尺寸应从该方向上的尺寸基准出发标注，但并非所有定位尺寸都必须以同一基准进行标注。为了使标注更清晰，可以另选其他基准。如图 4-30(a) 所示，直立空心圆柱在宽度方向是以水平空心圆柱的后面为基准标注的，这时通常将支承板的后面称为主要基准，而将水平空心圆柱的后面称为辅助基准。

3. 总体尺寸

确定组合体外形总长、总宽、总高的尺寸称为总体尺寸。

如图 4-31 所示，轴承座的总长即底板的长度 24mm，总宽由底板的宽度 15mm 和水平圆柱在宽度方向的定位尺寸 3mm 决定，总高为 29mm。

应注意：组合体的定形和定位尺寸标注完整后，若再加注总体尺寸会出现多余尺寸，因此，加注一个总体尺寸，就要减去一个同方向的定形或定位尺寸，如图 4-31 所示标注总高尺寸 29mm，应省略直立空心圆柱的高度尺寸。

（二）组合体尺寸标注的清晰性

为了保证所标注的尺寸清晰，除应严格按照国家标准的规定外，还需注意以下几点。

① 各形体的定形尺寸和定位尺寸，要尽量集中标注在表达该形体特征最明显的视图上，以方便看图时查找。图 4-31 中，底板的尺寸多数集中在俯视图上。

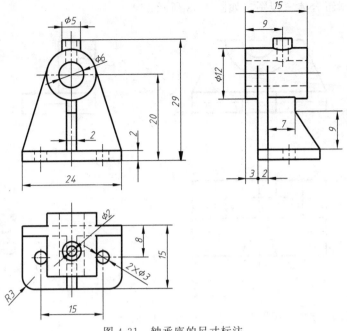

图 4-31 轴承座的尺寸标注

② 回转体的直径尺寸,特别是多个同圆心的直径尺寸,一般应注在非圆视图上,如图 4-31 所示的圆柱直径 ϕ12mm、ϕ5mm。但半径尺寸必须标注在投影为圆弧的视图上,如图 4-31 所示的 R3mm。

③ 应将多数尺寸布置在视图外面,个别较小的尺寸宜注在视图内部。与两视图有关的尺寸,最好注在两视图之间。

④ 尽量避免在虚线上标注尺寸。

【归纳总结】

在图样中,视图表示物体的形状,尺寸则表示其大小,两者同等重要。标注组合体的尺寸时,要遵循国家标准对尺寸注法的规定,才能做到标注尺寸正确。

若要完整标注尺寸,必须遵循一定的方法步骤。首先在形体分析的基础上,确定各基本体的定形尺寸,选择尺寸基准并确定各形体的定位尺寸;然后再逐一标注各形体的定形尺寸及定位尺寸;注全定形、定位尺寸后,总体尺寸是已知的(等于某一尺寸或是几个尺寸之和),如果要标注总体尺寸,则需去掉某一定形或定位尺寸,避免重复标注。

所注尺寸要便于查找,方便看图,即标注尺寸清晰。

【巩固练习】

参考图 4-32,绘制组合体三视图,并标注尺寸。

绘图步骤:

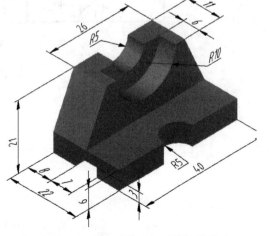

图 4-32 绘制组合体三视图并标注尺寸

第一步，绘制组合体三视图，如图 4-33 所示。

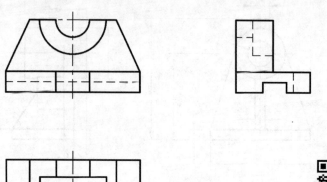

图 4-33　绘制组合体三视图

4.9　图 4-33 的三视图绘制

第二步，标注组合体三视图的尺寸，如图 4-34 所示。

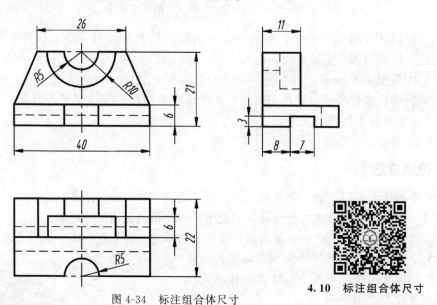

图 4-34　标注组合体尺寸

4.10　标注组合体尺寸

第五单元
机件的表达方法

【学习指导】

在实际生产中机件的结构形状是多种多样的，如果只用三视图则难以将它们的内、外形状完整、清晰地表达出来。为此，国家标准《技术制图》和《机械制图》中的"图样画法"和"简化表示法"规定了机件的各种表达方法，包括视图、剖视图、断面图、局部放大图和简化画法。

在本单元中，学习者将完成四个学习任务：任务5-1 识读和绘制机件的视图；任务5-2 识读和绘制机件的剖视图；任务5-3 识读轴、连杆、角铁、肋板的断面图；任务5-4 识读机件的局部放大图、识读简化画法，从中学习机件表达方法的主要内容，为识读和绘制机械图样打下基础。

【能力目标】

能识读机件的视图、剖视图、断面图、简化画法等；
能用AutoCAD绘制机件的视图、剖视图、断面图等。

【知识目标】

掌握基本视图、向视图的画法、标注和识读，熟悉局部视图、斜视图的画法、标注和识读；
掌握剖视的概念，全剖、半剖、局部剖视图的画法和识读；
熟悉剖切面的种类，熟悉剖视图中肋板、轮辐等结构的规定画法；
熟悉断面图的画法、应用和标注；
了解局部放大图和简化画法。

第一节 视 图

【任务书5-1】

任务编号	任务5-1	任务名称	识读和绘制机件的视图	完成形式	学生在教师指导下完成	时间	90分钟
能力目标	\multicolumn{7}{l}{1. 能识读和绘制机件的基本视图 2. 能标注机件的向视图 3. 能识读和绘制机件的局部视图和斜视图}

续表

任务编号	任务 5-1	任务名称	识读和绘制机件的视图	完成形式	学生在教师指导下完成	时间	90 分钟
相关知识	\multicolumn{7}{l}{1. 基本视图形成及投影关系 2. 向视图的概念、标注 3. 局部视图的概念、画法、标注 4. 斜视图的概念、画法、标注}
参考资料	孙安荣. 化工识图与 CAD 技术. 北京:化学工业出版社						
\multicolumn{8}{c}{能力训练过程}
课前准备	预习本单元第一节,熟悉以下内容: 1. 什么是基本投影面,什么是基本视图; 2. 基本视图的配置及投影关系; 3. 什么是向视图,向视图与基本视图有何区别,如何标注向视图; 4. 什么是局部视图,说明局部视图中波浪线的含义; 5. 局部视图如何标注,什么情况可省略标注; 6. 什么是斜视图,斜视图如何标注						
课堂训练	1. 提问、检查课前准备情况 2. 讲解知识点 3. 识读机件的视图并标注,如图 5-1 所示 4. 知识总结 5. 绘制图 5-9 的局部视图、斜视图						

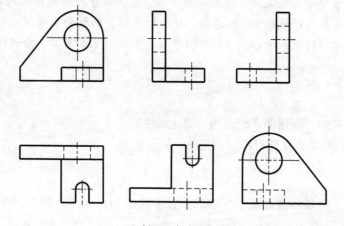

(a) 识读视图,对向视图进行标注

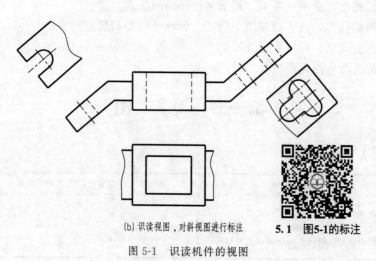

(b) 识读视图,对斜视图进行标注

5.1 图5-1的标注

图 5-1 识读机件的视图

【相关知识】

视图（GB/T 4458.1—2002）用于表达机件的外部结构形状。视图有基本视图、向视图、局部视图和斜视图。

一、基本视图

机件向基本投影面投射所得的视图称为基本视图。

在原有三个投影面 V、H、W 面的基础上再增加三个互相垂直的投影面，构成一个正六面体，正六面体的六个侧面即为基本投影面。将机件置于六面体中，分别向六个基本投影面投射，得到六个基本视图，如图 5-2 所示。

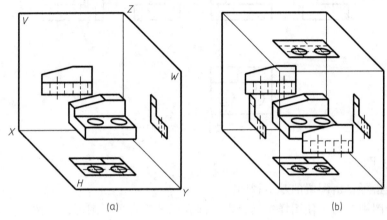

图 5-2 基本投影面

六个基本视图中，除主、俯、左视图外，还有后视图（自后向前投射所得）、仰视图（自下向上投射所得）、右视图（自右向左投射所得）。

基本投影面的展开方法如图 5-3 所示。展开后的六个基本视图，其配置关系如图 5-4 所示。六个基本视图仍遵循"三等"规律，即：主、俯、仰、后视图等长，主、左、右、后视图等高，俯、左、仰、右视图等宽。

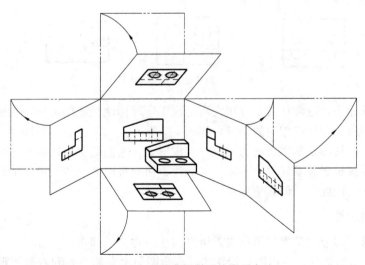

图 5-3 六个基本投影面的展开方法

对于方位关系,要注意仰、右视图也反映形体的前后关系,远离主视图的一侧为形体的前面,靠近主视图的一侧为形体的后面;后视图反映左右关系,但其左边为形体的右面,右边为形体的左面。

当基本视图按图 5-4 的形式配置时,称为按投影关系配置,不注视图的名称。

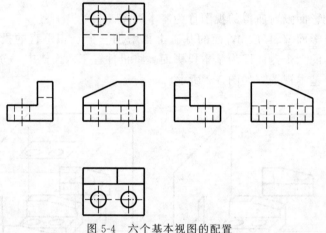

图 5-4　六个基本视图的配置

二、向视图

向视图是指可自由配置的基本视图。

在实际绘图中,为了使图样布局合理,国家标准规定了视图可以不按图 5-4 配置,即可自由配置。如图 5-5 所示,机件的右视图、仰视图和后视图没有按投影关系配置而成为向视图。

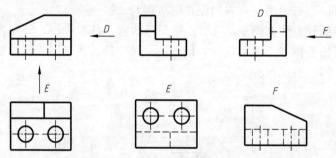

图 5-5　向视图的配置和标注

向视图必须标注,通常在其上方用大写的拉丁字母标注视图的名称,在相应视图附近用箭头指明投射方向,并标注相同的字母,如图 5-5 所示。

由此可见,向视图是基本视图的另一种表现形式,它们的主要区别在于视图的配置与标注。基本视图要按投影关系配置,不需任何标注;而向视图的配置是随意的,可根据图样中的图形布置情况灵活配置,但必须标注。

三、局部视图

将机件的某一部分向基本投影面投射所得的视图称为局部视图。

如图 5-6 所示的机件,主视图和俯视图没有把圆筒上左侧凸台和右侧拱形槽的形状表达清楚,若为此画出左视图和右视图,则大部分表达内容是重复的。因此,可只将凸台及开槽处的局部结构分别向基本投影面投射，即画出两个局部视图。

机件的断裂边界在局部视图中以波浪线（或双折线）表示，如图 5-6 所示右侧凹槽的局部视图。波浪线表示实体自然断裂的边界投影，不能穿过孔洞，不能画至轮廓线以外。当局部结构完整、外轮廓线呈封闭状态时，波浪线可省略，如图 5-6 所示左侧凸台的局部视图。

局部视图可按照向视图的配置形式配置并标注，如图 5-6 所示的局部视图 A。当局部视图按基本视图的配置形式配置，中间又没有其他图形隔开时，可省略标注，如图 5-6 表示左侧凸台的局部视图。

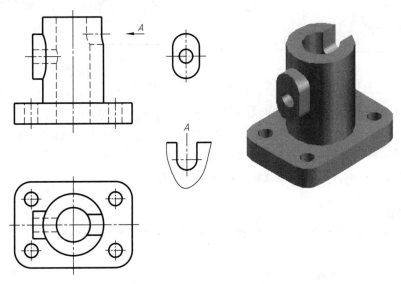

图 5-6 局部视图的画法和标注

四、斜视图

机件向不平行于基本投影面的平面投射所得的视图称为斜视图。

如图 5-7 所示，机件右侧的倾斜结构在各基本投影面上都不能反映其实形，为此，增设了一个与该倾斜部分平行的平面作为辅助投影面，将倾斜结构向辅助投影面投射，即可得到反映该部分实形的视图，即斜视图。

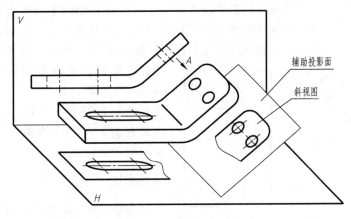

图 5-7 斜视图的形成

如图 5-8(a) 所示为该机件的一组视图。在主视图的基础上，采用斜视图清楚地表达出了其倾斜部分的实形，同时，采用局部视图代替俯视图，避免了结构在视图上的复杂投影。

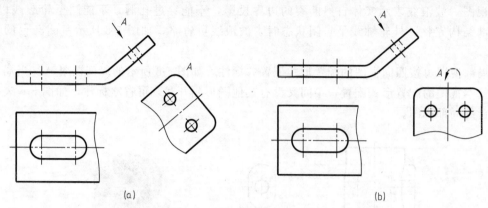

图 5-8　斜视图的画法和标注

斜视图中机件断裂边界的画法与局部视图相同。斜视图通常按向视图的配置形式配置并标注，如图 5-8(a) 所示。必要时，允许将斜视图旋转配置（将图形转正），但必须标上旋转符号，且视图名称的大写字母应靠近旋转符号的箭头端，箭头所指方向应与实际旋转方向一致，如图 5-8(b) 所示。也允许将旋转角度标注在字母之后。

【归纳总结】

视图用于表达机件的外部结构形状，一般只画机件的可见部分，必要时才画不可见部分。

基本视图按投影关系配置，不标注。

向视图是可以自由配置的基本视图。向视图必须标注，通常在其上方用大写字母标注视图的名称，在相应视图附近用箭头指明投射方向，并标注相同的字母。

局部视图是将机件的某一部分向基本投影面投射所得的视图。局部视图中机件的断裂边界应以波浪线（或双折线）表示，当所表示的局部结构的外形轮廓呈封闭状态时，则不必画出其断裂边界线。局部视图应按照向视图的配置形式配置并标注。当局部视图按基本视图的配置形式配置，中间又没有其他图形隔开时，可省略标注。

5.2　图 5-9 练习答案

斜视图是机件向不平行于基本投影面的平面投射所得的视图。斜视图中机件的断裂边界应以波浪线（或双折线）表示，当所表示的结构的外形轮廓呈封闭状态时，则不必画出其断裂边界线。斜视图按向视图的配置形式配置并标注。必要时，允许将斜视图旋转配置（将图形转正），但必须标上旋转符号，且视图名称的大写字母应靠近旋转符号的箭头端，箭头所指方向应与实际旋转方向一致。

【巩固练习】

如图 5-9 所示按箭头所指绘制局部视图和斜视图，并标注。

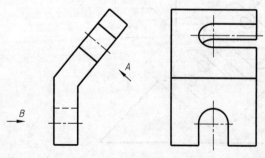

图 5-9　绘制局部视图、斜视图

第二节 剖 视 图

【任务书 5-2】

任务编号	任务 5-2	任务名称	识读和绘制机件的剖视图	完成形式	学生在教师指导下完成	时间	180 分钟
能力目标	1. 能识读机件的各种剖视图 2. 能绘制简单机件的剖视图						
相关知识	1. 剖视的概念 2. 剖切面的分类:单一剖切面、几个平行的剖切面、几个相交的剖切面 3. 剖视图的种类:全剖视图、半剖视图、局部剖视图 4. 剖视图中的规定画法						
参考资料	孙安荣.化工识图与 CAD 技术.北京:化学工业出版社						
能力训练过程							
课前准备	预习本单元第二节,熟悉以下内容: 1. 什么是剖视图,画剖视图时在剖面区域内如何绘制剖面线; 2. 在剖视图中如何标注剖视图的名称、剖切面的位置、投射方向; 3. 国家标准规定剖切面有哪几种,按剖切范围不同剖视图分为哪几种; 4. 剖视图中,对肋、轮辐等有哪些规定画法; 5. 识读图 5-10 轴承座的剖视图,主视图是_____剖视图,指出剖切面的位置,俯视图是_____剖视图,能否省略剖视图的标注,左视图是_____剖视图,指出剖切面的位置,左视图中未画剖面线的空白处是_____结构; 6. 识读图 5-11 机件的剖视图,图 5-11(a)的主视图是_____剖视图,采用了_____个剖切面剖开机件,识读机件的结构形状,图 5-11(b)的主视图是_____剖视图,采用了_____个剖切面剖开机件,识读机件的结构形状						
课堂训练	1. 提问、检查课前准备情况 2. 讲解知识点 3. 课堂训练:绘制图 5-12 机件的剖视图 4. 知识总结 5. 绘制图 5-28 的剖视图,识读图 5-29 的剖视图						

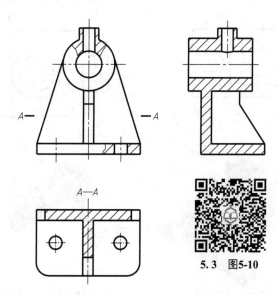

图 5-10 识读轴承座的剖视图

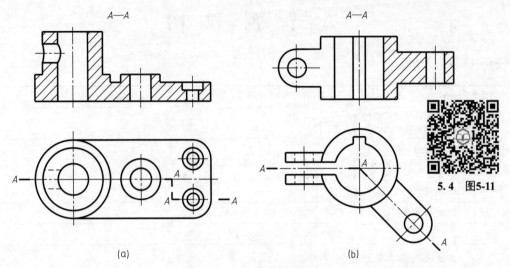

图 5-11　识读机件的剖视图

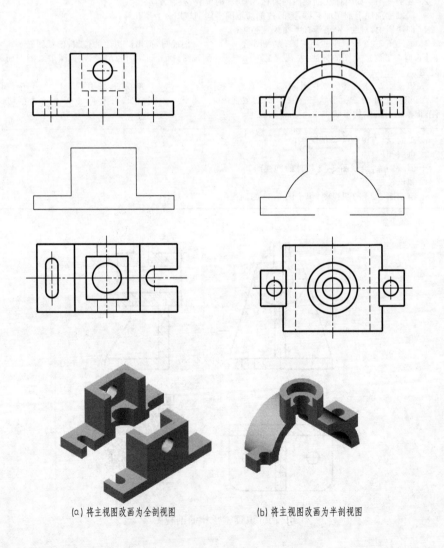

(a) 将主视图改画为全剖视图　　(b) 将主视图改画为半剖视图

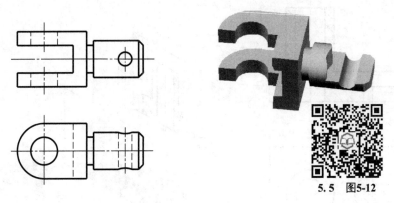

(c) 将主、俯视图改画为局部剖视图

图 5-12 绘制机件的剖视图

【相关知识】

机件的内部结构在视图中一般为虚线。当内部结构较复杂时，视图上就会出现很多虚线，这给读图、画图及标注尺寸带来了不便。为了清晰地表达机件的内部结构形状，国家标准 GB/T 4458.6—2002 规定了剖视图的画法。

一、剖视图的概念

（一）剖视图的形成

假想用剖切面剖开机件，将处于观察者和剖切面之间的部分移去，而将其余部分向投影面投射所得的图形称为剖视图，简称为剖视。

如图 5-13 所示的机件，若采用视图表达，则其上的孔、槽结构在主视图中均为虚线；而采用剖视的方法，如图 5-14 所示，孔和槽由不可见变为可见，视图中的虚线在剖视图中变为实线，表达更清晰。

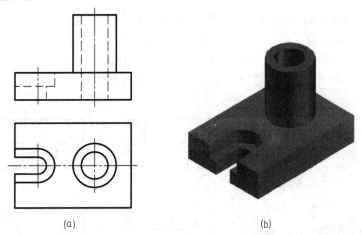

(a)　　　　　　　　　　(b)

图 5-13 机件的视图表达

（二）剖面区域表示法

假想用剖切面剖开机件时，剖切面与机件的接触部分，称为剖面区域。画剖视图时，为

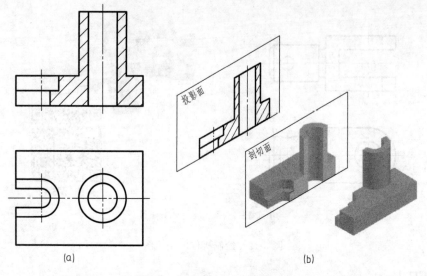

图 5-14　机件的剖视图表达

区分机件上的实体与空腔部分，通常在剖面区域内画出剖面符号。机件材料不同，剖面符号也不同。

金属材料的剖面符号称为剖面线。当不需要表示材料类别时，可采用剖面线表示剖面区域。剖面线是一组等间隔的平行细实线，一般与主要轮廓或剖面区域的对称线成 45°。同一机件的各个剖面区域，其剖面线的方向与间隔必须一致。

(三) 画剖视图要注意的问题

① 剖切是假想的，当一个视图画成剖视后，其他视图仍应完整画。

② 选择剖切面的位置时，应通过要表达的内部结构的轴线或对称平面。剖切面可以是平面，也可以是曲面（圆柱面），还可以是多个面的组合，但应用最多的是平行于基本投影面的剖切面。

③ 作图时需分清机件的移去部分和剩余部分，仅画剩余部分；还需分清机件被剖切部位的实体部分和空腔部分，剖面线仅画在实体部分，即剖面区域内。

④ 剖视图是机件被剖切后剩余部分的完整投影，剖切面后的可见轮廓线应全部画出，不得遗漏，如图 5-15 所示。剖切面后的不可见轮廓，若已在其他视图中表达清楚，应省略虚线。

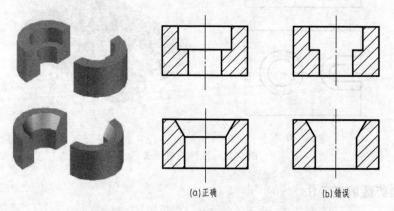

图 5-15　不要漏画剖切面后的可见轮廓线

（四）剖视图的标注

画剖视图时，应标注剖视图的名称、剖切面的剖切位置、剖切后的投射方向。

剖视图的名称用大写拉丁字母"×—×"注写在剖视图上方。在相应视图上用剖切符号（粗短画，长度约为 6d，d 为粗实线宽度）表示剖切位置，并在剖切符号附近注写与剖视图名称相同的大写拉丁字母，在剖切符号的起、止处垂直于剖切符号画出箭头表示投射方向，如图 5-16 所示。

当剖视图按投影关系配置，中间又没有其他图形隔开时，可省略箭头。

单一剖切平面通过机件的对称面或基本对称面，且剖视图按投影关系配置，中间又没有其他图形隔开时，不必标注，如图 5-14 所示。

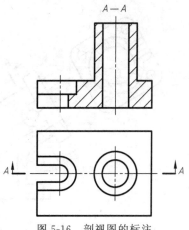

图 5-16　剖视图的标注

二、剖切面

机件的内部结构多种多样，为了在一个剖视图中表达尽量多的内部结构，国家标准规定了三种剖切面形式：单一剖切面、几个平行的剖切平面、几个相交的剖切平面。

（一）单一剖切面

用单一剖切面剖切机件时，可用平面剖切，也可用柱面剖切。一般单一剖切平面使用较多，按平面位置不同可分为两种情况。

1. 平行于基本投影面的单一剖切平面

前面所介绍的剖视图都是用平行于基本投影面的单一剖切平面剖切机件得到的。

2. 不平行于基本投影面的单一剖切平面

如图 5-17 所示的机件，采用了不平行于任何基本投影面的单一剖切平面，得到 A—A 剖视图，如图 5-18 所示。该剖视图既能将倾斜凸台上圆孔的内部结构表达清楚，又能反映顶部方法兰的实形。

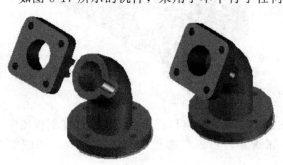

图 5-17　机件

当机件有倾斜的内部结构要表达时，宜采用不平行于任何基本投影面的单一剖切平面。

画这种剖视图时，必须标注剖视图名称、剖切位置、投射方向。

采用不平行于任何基本投影面的剖切平面剖切得到的剖视图，其配置与斜视图相同。应尽量配置在投射方向上，如图 5-18（a）所示；也可配置在其他位置，如图 5-18（b）所示；还可将剖视图转正，但应标注旋转符号，如图 5-18（c）所示。

（二）几个平行的剖切平面

如图 5-19 所示机件的内部结构，如果用单一剖切平面在机件的对称面处剖开，只能剖到中间的沉孔。若采用三个互相平行的剖切平面将其剖开，则可同时剖到方槽、沉孔、圆孔。

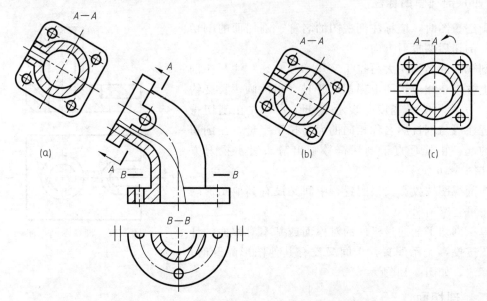

图 5-18 不平行于任何基本投影面的单一剖切平面

当机件的内部结构处在几个相互平行的平面上时,可采用几个互相平行的剖切面。

采用几个平行的剖切平面时,必须标注剖视图名称和剖切位置。若剖视图按投影关系配置,中间又没有其他图形隔开时,允许省略箭头,如图 5-19 所示。

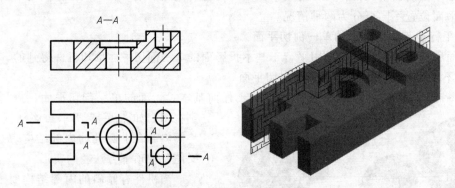

图 5-19 几个平行的剖切面

对于几个平行的剖切平面的转折,应注意:转折平面应与剖切平面垂直;在剖视图中不应画出转折平面的投影;不应在图形的轮廓线处转折;应避免不完整的要素,如图 5-20 所示。

(三) 几个相交的剖切平面

当机件上的内部结构不在同一平面,且机件整体或局部具有较明显的回转轴线时,可采用几个相交的剖切面剖开机件。剖切面的交线应与机件的回转轴线重合并垂直于某一基本投影面。

采用这种方法画剖视图时,先假想按剖切位置剖开机件,然后将被倾斜剖切平面剖开的结构及其有关部分绕轴线旋转到与选定的投影面平行再进行投射,即"先剖、后转、再投射"。

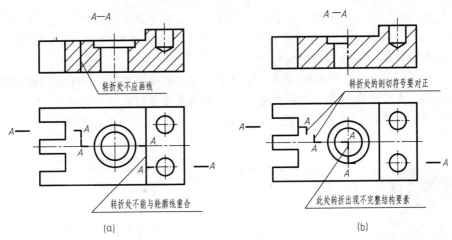

图 5-20 几个平行剖切面转折处的错误画法

如图 5-21 所示的机件,需剖切的内部结构有两组孔。剖开机件时,采用了相交的两个剖切平面,两剖切平面相交于大圆柱孔的轴线。剖开后将倾斜部分绕轴线旋转至与侧面平行后再投射,得到剖视图。

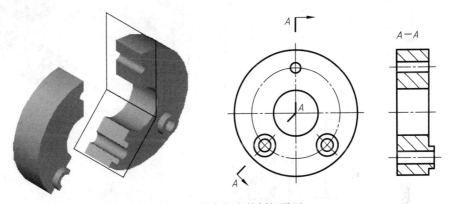

图 5-21 几个相交的剖切平面

画这种剖视图时必须标注剖视图名称、剖切位置及投射方向,如图 5-21 所示。若剖视图按投影关系配置,中间又没有其他图形隔开时,允许省略箭头。

三、剖视图的种类

按剖切面剖开机件的范围不同,剖视图可分为全剖视图、半剖视图和局部剖视图。

(一) 全剖视图

用剖切面完全地剖开机件所得的剖视图称为全剖视图。前面各例中的剖视图,均为全剖视图。

全剖视图主要用于表达机件的内部结构形状。当机件的外部形状简单,内部形状相对复杂,或者其外部形状已通过其他视图表达清楚时,可采用全剖视图。

(二) 半剖视图

当机件具有对称平面时,在对称平面所垂直的投影面上投射所得的图形,可以对称中心线为界，一半画成剖视图，另一半画成视图，这种剖视图称为半剖视图。

半剖视图适用于内、外形状均需表达的对称机件或基本对称的机件。

如图 5-22(a) 所示，由于机件左右对称，主视图可画成半剖视图，即以左右对称线为界，一半画成剖视图（表达内部结构），另一半画成视图（表达外形）。这样用一个图形可同时将这一方向上机件的内、外结构形状表达清楚，减少了视图数量，便于画图和读图。由于机件前后也基本对称，俯视图以前后对称线为界也画成了半剖视图，如图 5-22(b) 所示。

半剖视图的画法可以认为是把同一投影面上的基本视图和全剖视图各取一半拼合而成，如图 5-22(a) 所示。

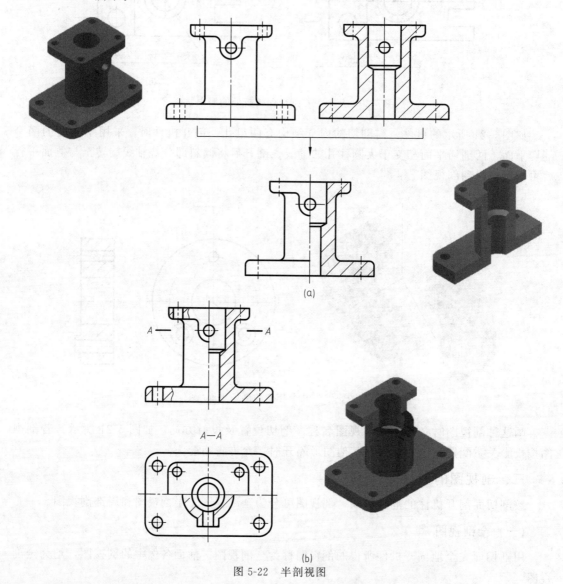

图 5-22 半剖视图

半剖视图的标注方法与全剖视图相同。

画半剖视图需注意下面几点。

① 半剖视图中，视图与剖视图的分界线应为细点画线而不应画成粗实线。

② 由于图形对称，剖视图中已表达清楚的内部结构的虚线在视图中不应再画出。

（三）局部剖视图

用剖切面局部地剖开机件所得的剖视图称为局部剖视图，如图 5-23 所示。

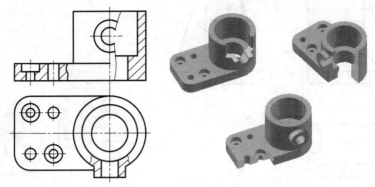

图 5-23　局部剖视图

采用单一剖切平面，剖切位置明显的局部剖视图，一般不予标注。必要时，可按全剖视图的标注方法标注。

局部剖视图也是一种内、外结构形状兼顾的剖视图，但它不受机件是否对称的限制，其剖切位置和剖切范围可根据表达需要确定，是一种比较灵活的表达方法。

局部剖视与视图用波浪线（或双折线）分界，波浪线表示机件实体断裂面的投影，不能超出图形轮廓线；不能穿越剖切平面和观察者之间的通孔、通槽；不能和图形上其他图线重合，如图 5-24 波浪线画法正误对比示例。当被剖切的局部结构为回转体时，允许将该结构的轴线作为局部剖视与视图的分界线，如图 5-25 所示的主视图。

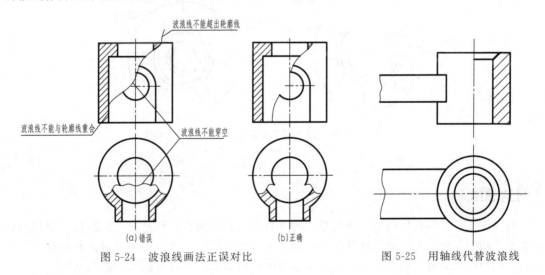

图 5-24　波浪线画法正误对比　　　　图 5-25　用轴线代替波浪线

四、画剖视图的其他规定

① 对于机件的肋板、轮辐及薄壁等结构，如按纵向剖切，这些结构的剖面区域内不画剖面线，而用粗实线将它和相邻部分分开，如图 5-26 所示的主视图。但当这些结构被横向剖切时，仍应按正常画法绘制，如图 5-26 所示的 $A—A$ 剖视图。

② 对于回转体机件上均匀分布的肋板、轮辐、孔等结构，若其不处于剖切平面上时，

第五单元　机件的表达方法

可将这些结构旋转到剖切平面上画出，如图 5-27 所示。

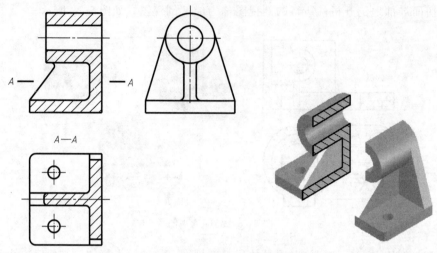

图 5-26　肋板的剖切画法

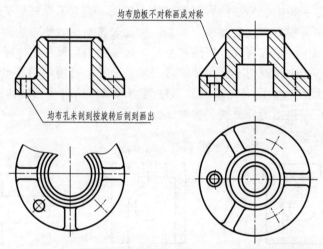

图 5-27　回转体机件上规则分布结构要素的规定画法

【归纳总结】

剖视图主要表达机件内形。画剖视图时，首先选剖切面将机件剖开；然后移去剖切面和观察者之间的部分，画出剩余部分向投影面投射所得的图形，并在剖面区域内画剖面线；最后标注剖视图的名称、剖切面的位置、画剖视图的投射方向等（有时可省略标注）。

根据机件内部结构的不同，画剖视图时，可选用的剖切面有：单一剖切面、几个平行剖切面、几个相交剖切面。

用各种剖切面剖开机件时，按剖开机件的范围不同，剖视图分为全剖视图、半剖视图、局部剖视图。

在剖视图中，对于机件上的肋板、轮辐、薄壁等结构，以及回转体机件上均匀分布的肋板、轮辐、孔等结构，有其规定画法。

【巩固练习】

1. 绘制剖视图，如图 5-28 所示。

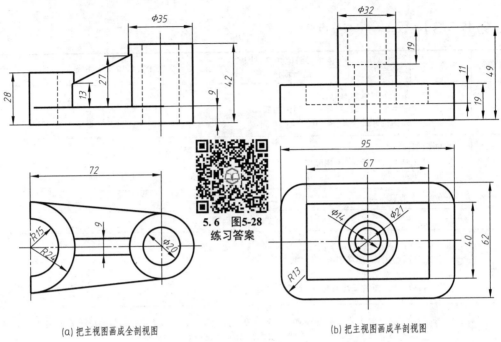

(a) 把主视图画成全剖视图　　(b) 把主视图画成半剖视图

图 5-28　绘制剖视图

2. 识读剖视图，如图 5-29 所示。

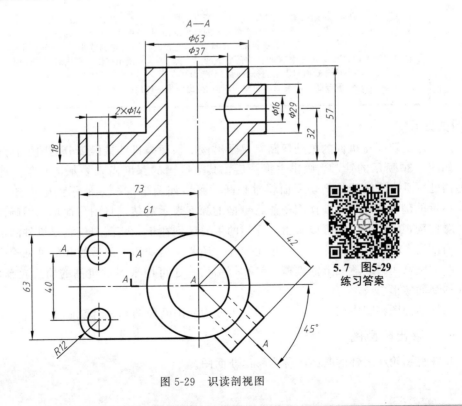

图 5-29　识读剖视图

第三节 断 面 图

【任务书 5-3】

任务编号	任务 5-3	任务名称	识读轴、连杆、角铁、肋板的断面图	完成形式	学生在教师指导下完成	时间	45 分钟
能力目标	1. 能理解断面图的概念及画法 2. 能识读轴类零件上键槽、钻孔等部位的断面图 3. 能识读其他机件的断面图						
相关知识	1. 断面图的概念 2. 移出断面图的画法、标注和应用 3. 重合断面图的画法、标注和应用						
参考资料	孙安荣.化工识图与CAD技术.北京:化学工业出版社						
能力训练过程							
课前准备	预习本单元第三节,熟悉以下内容: 1. 什么是断面图,与剖视图有何区别; 2. 断面图分为哪两种; 3. 说明移出断面图的画法及标注,重合断面图的画法及标注						
课堂训练	1. 图 5-31(c)表示轴上普通平键键槽处的断面图,指出图 5-31(c)与主视图相等的尺寸关系,未标注断面图名称的字母是因为_____,能否省略剖切位置及投射方向的标注 2. 图 5-31(b)表示轴上半圆键键槽处的断面图,指出图 5-31(b)与主视图相等的尺寸关系,画该断面图时,用细点画线表示剖切位置是因为_____ 3. 图 5-31(a)、(d)表示轴上钻孔处的断面图,该图没有仅画断面形状,而是将孔口画成封闭,是因为_____ 4. 如图 5-32 所示,将断面图画在视图中断处,断开线用_____表示 5. 图 5-34 是用_____剖切平面剖切所得的移出断面图,试由主视图和断面图分析想象肋板的形状 6. 如图 5-35(a)所示是角铁的主视图和重合断面图,重合断面图的轮廓线用_____绘制,当重合断面图形与主视图的轮廓线重叠时,主视图中的轮廓线应_____,试用移出断面表示其断面 7. 图 5-35(b)中重合断面图表示连杆的断面形状为_____ 8. 图 5-35(c)中重合断面图表示了肋板的断面,指出肋板的厚度						

【相关知识】

假想用剖切面将机件的某处切断,仅画出该剖切面与机件接触部分的图形称为断面图。

如图 5-30 所示的轴,当画出主视图后,其上键槽的深度尚未表示清楚。为此,可假想在键槽处用垂直于轴线的剖切平面将轴切断,画出如图 5-30(a) 所示的断面图。与图 5-30(b) 所示的剖视图比较,断面图既能将键槽的深度表示清楚,且图形简单、清晰。

对比剖视图和断面图可以看出,它们的主要区别在于:断面图仅画出机件的剖面区域轮廓,而剖视图除画出机件的剖面区域轮廓外,还要画出剖切平面后的其他可见轮廓。

断面图常用来表达轴上的键槽、销孔等结构,还可用来表达机件的肋、轮辐以及型材、杆件的断面实形。

根据断面图在图中放置位置的不同,可分为移出断面图和重合断面图。

一、移出断面图

画在视图轮廓之外的断面图称为移出断面图。

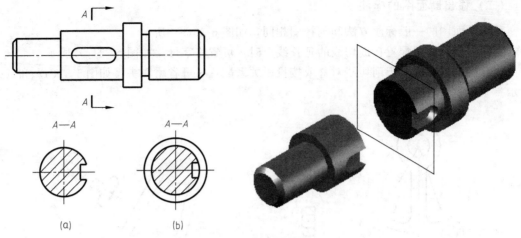

图 5-30　断面图的概念

(一) 移出断面图的画法

移出断面图的轮廓线用粗实线绘制。应尽量配置在剖切线的延长线上,如图 5-31(b)、(c) 所示;也可配置在其他适当的位置,如图 5-31(a)、(d) 所示;当断面图形对称时,也可画在视图的中断处,如图 5-32 所示。

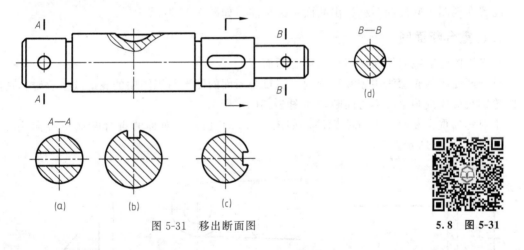

图 5-31　移出断面图

画移出断面图时要注意以下几个问题。

① 当剖切平面通过回转面形成的孔或凹坑的轴线时,则这些结构按剖视图要求绘制,如图 5-31(a)、(d) 所示。图中应将孔(或坑)口画成封闭。

② 当剖切平面通过非圆孔,会导致出现完全分离的两个断面时,这些结构应按剖视图要求绘制,如图 5-33 所示。

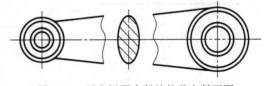

图 5-32　画在视图中断处的移出断面图

③ 剖切面一般垂直于被剖切部分的可见轮廓线。对图 5-34 中的肋板结构,可采用两个相交的剖切平面剖切得出移出断面,这时断面图中间一般应断开。

（二）移出断面图的标注

移出断面图的一般标注方法和剖视图相同，如图 5-30(a) 所示。

但当移出断面图配置在剖切线的延长线上时，可省略字母，如图 5-31(c) 所示。

当移出断面图形对于剖切线对称或按投影关系配置时可省略箭头，如图 5-31(a) 和 (d) 所示。

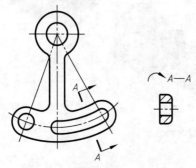

图 5-33　按剖视绘制的断面图

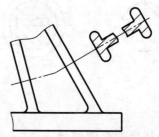

图 5-34　两相交平面切得的断面图

对称的移出断面画在剖切线的延长线上时，只需用细点画线画出剖切线表示剖切位置，如图 5-31(b) 所示。

配置在视图中断处的对称移出断面不必标注，如图 5-32 所示。

二、重合断面图

画在视图轮廓线内的断面图称为重合断面图。

重合断面图的轮廓线用细实线绘制。当重合断面的图形与视图中的轮廓线重叠时，视图中的轮廓线应连续画出，不可间断，如图 5-35(a) 所示。

不对称的重合断面，可省略标注，如图 5-35(a) 所示。对称的重合断面不必标注，如图 5-35(b)、(c) 所示。

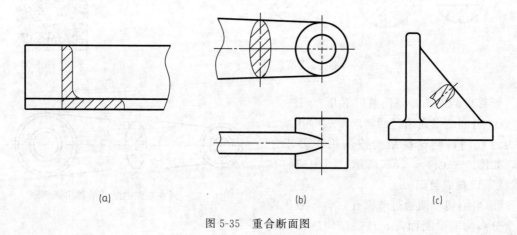

图 5-35　重合断面图

【归纳总结】

断面图是假想用剖切面将机件的某处切断，仅画出该剖切面与机件接触部分的图形，常用来表达轴上的键槽、销孔等结构，还可用来表达机件的肋、轮辐以及型材、杆件的断面实形。

画移出断面图时，首先用剖切面将机件切断；然后将断面轮廓向投影面投射，用粗实线画出断面的图形（需注意：当剖切平面通过回转面形成的孔或凹坑的轴线时，则这些结构按剖视图要求绘制；当剖切平面通过非圆孔，会导致出现完全分离的两个断面时，这些结构应按剖视图要求绘制）；最后标注断面图的名称、剖切面的位置、画断面图的投射方向等（有时可省略标注）。

重合断面图用细实线画在视图轮廓内，适用于视图轮廓线较少的简单机件。

【巩固练习】

绘制图 5-36 所示轴的断面图，右侧键槽深度 3.5mm。

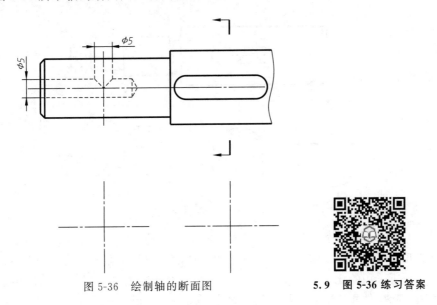

图 5-36　绘制轴的断面图　　　　5.9　图 5-36 练习答案

第四节　其他表达方法

【任务书 5-4】

任务编号	任务 5-4	任务名称	识读机件的局部放大图、识读简化画法	完成形式	学生在教师指导下完成	时间	45 分钟
能力目标	1. 能理解局部放大图的画法和标注，能分析局部放大图，识读机件上的细小结构 2. 能识读机件的视图、剖视图、断面图中的简化表达方法						
相关知识	1. 局部放大图的画法及应用 2. 机件的视图、剖视图、断面图的简化画法						
参考资料	孙安荣. 化工识图与 CAD 技术. 北京：化学工业出版社						
能力训练过程							
课前准备	预习本单元第四节，熟悉以下内容： 1. 什么是局部放大图，局部放大图的比例是_____与_____之比； 2. 表达机件时，常采用哪些简化画法						
课堂训练	1. 分析图 5-37 所示轴的主视图、断面图、局部放大图，识读轴的结构形状 2. 分析图 5-38～图 5-48 中的简化画法，识读机件的结构形状						

【相关知识】

一、局部放大图

将机件的部分结构，用大于原图形所采用的比例画出的图形称为局部放大图。

画局部放大图时，用细实线圈出被放大部位，把局部放大图画在被放大部位的附近。局部放大图可以画成视图、剖视图或断面图，它与被放大部分在原图所采用的表达方法无关，如图 5-37 所示。

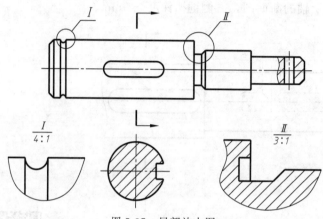

图 5-37 局部放大图

当机件上只有一处被放大的部位时，在局部放大图的上方只需注明所采用的比例。当同一机件上有几处被放大时，需用罗马数字按顺序依次注明，并在局部放大图上方标注出相应的罗马数字和所采用的比例，如图 5-37 所示。局部放大图的比例是指该图形中机件要素的线性尺寸与实际机件相应要素的线性尺寸之比，而与原图形所采用的比例无关。

二、简化画法

为方便读图和绘图，GB/T 4458.1—2002 规定了视图、剖视图、断面图及局部放大图中的简化画法，常用的几种如下。

① 机件上对称结构的局部视图，可按图 5-38 所示的方法绘制。

② 当回转体机件上的平面在图形中不能充分表达时，可用两条相交的细实线表示这些平面，如图 5-39 所示。

③ 当机件具有若干相同的结构（齿、槽等），并按一定规律分布时，只需画出几个完整的结构，其余用细实线连接，在图中必须注明该结构的总数，如图 5-40 所示。

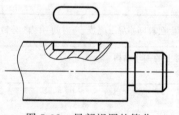

图 5-38 局部视图的简化

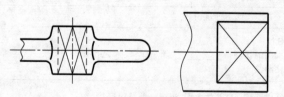

图 5-39 平面表示法

5.10 图 5-39

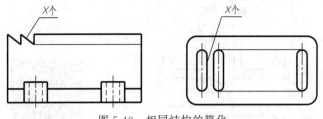

图 5-40 相同结构的简化

④ 较长的机件（轴、杆、型材、连杆等）沿长度方向的形状一致或按一定规律变化时，可断开后缩短绘制，如图 5-41 所示。

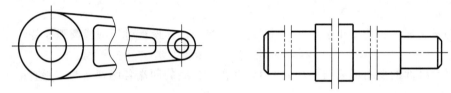

图 5-41 较长机件的断开画法

⑤ 当机件上较小的结构及斜度等已在一个图形中表达清楚时，其他图形可简化或省略，如图 5-42 所示。

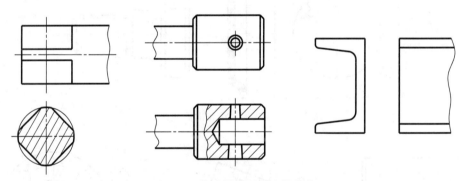

图 5-42 较小结构及斜度的简化

⑥ 若干直径相同且呈规律分布的孔（圆孔、螺孔、沉孔等），可以仅画出一个或少量几个，其余只需用细点画线表示其中心位置，如图 5-43 所示。

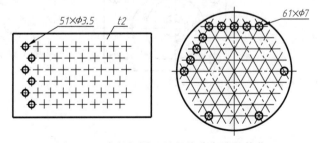

图 5-43 直径相同且呈规律分布孔的简化

⑦ 圆柱法兰和类似零件上均匀分布的孔，可按图 5-44 所示的方法表示其分布情况。

⑧ 网状物、编织物或机件上的滚花部分，一般可在轮廓线附近用细实线局部示意画出，也可省略不画，在零件图上或技术要求中应注明这些结构的具体要求，如图 5-45 所示。

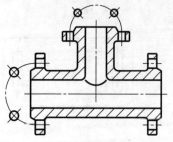
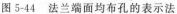

图 5-44　法兰端面均布孔的表示法　　5.11　图 5-44

⑨ 在局部放大图表达完整的前提下，允许在原视图中简化被放大部位的图形，如图 5-46 所示。

⑩ 与投影面倾斜角度小于或等于 30°的圆或圆弧，其投影可用圆或圆弧代替，如图 5-47 所示。

⑪ 对称机件的视图可只画一半或 1/4，并在对称线的两端各画两条与其垂直的平行细实线，如图 5-48 所示。

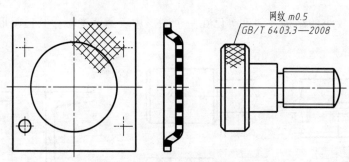

图 5-45　网状物及滚花的简化画法

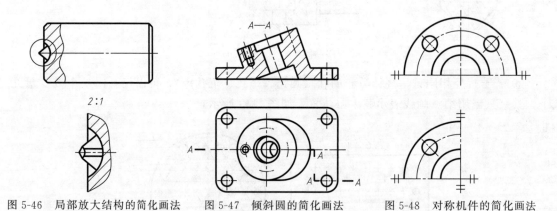

图 5-46　局部放大结构的简化画法　　图 5-47　倾斜圆的简化画法　　图 5-48　对称机件的简化画法

【归纳总结】

当机件的细小结构在图中表达不清楚或不便于标注尺寸时，常画局部放大图，要能借助局部放大图识读机件的细小结构。

为便于绘图和读图，常采用简化画法表达机件。要熟悉国标规定的简化画法，能正确识读用简化画法表达的机件的结构形状。

第六单元
零件图和装配图

【学习指导】

零件是具有一定形状、大小、质量，由一定材料、按预定要求制造而成的单元实体。零件按其获得方式可分为标准件和非标准件。标准件如螺栓、螺母、螺钉、键、销等，其结构、大小、材料等均已标准化，可通过外购方式获得；非标准件则需要自行设计、绘图和加工。

任何机器、设备都是由许多零件按一定装配关系连接起来的。由零件装配成机器、设备时，往往根据不同的组装要求和工艺条件分成若干个装配单元，称为部件。机器、设备或部件又称为装配体。

表示零件的结构、大小和技术要求的图样称为零件图。

表示机器、设备及其组成部分的连接、装配关系的图样称为装配图。

本单元中，学习者要完成三个学习任务：任务 6-1 识读旋塞阀的零件图；任务 6-2 识读螺纹及螺纹连接图，键、销连接图，齿轮及啮合图；任务 6-3 识读旋塞阀的装配图。从中学习零件图、标准件及标准结构、装配图的知识，提高识图能力。在此基础上，通过"巩固练习"，巩固本单元的知识，提高计算机绘图技能。

【能力目标】

能识读一般复杂程度的零件图和简单装配图；

能查阅标准件与标准结构的规格尺寸，能识读标准件与标准结构的视图表达及标注；

能使用绘图软件绘制零件图和装配图。

【知识目标】

了解零件图、装配图的作用与内容；

熟悉零件图、装配图的视图表达、尺寸标注、技术要求标注；

熟悉螺纹的规定画法及标注、螺纹连接件连接图的画法，了解键连接、销连接、齿轮、滚动轴承的规定画法；

掌握识读零件图、装配图的方法步骤；

熟悉用 AutoCAD 绘制零件图、装配图的方法。

第一节 零 件 图

【任务书 6-1】

任务编号	任务 6-1	任务名称	识读旋塞阀的零件图	完成形式	学生在教师指导下完成	时间	180 分钟
能力目标	1. 能看懂一般复杂程度的零件图 2. 能用绘图软件绘制零件图						
相关知识	1. 零件图的作用与内容 2. 零件的视图选择方法、尺寸标注方法 3. 零件的表面结构、尺寸公差、几何公差的标注方法 4. 识读零件图的方法						
参考资料	孙安荣.化工识图与CAD技术.北京:化学工业出版社						
能力训练过程							
课前准备	预习本单元第一节,熟悉以下内容: 1. 一张完整的零件图应包括哪些内容; 2. 选择零件的主视图应遵循哪些原则,如何选择其他视图; 3. 在零件图上标注尺寸有哪些要求; 4. 如何合理标注零件的尺寸; 5. 如何标注零件上的倒角、圆角、退刀槽、沉孔等结构的尺寸; 6. 什么是锥度,在零件图上如何标注锥度						
课堂训练	1. 提问、检查课前预习情况 2. 本次课知识点讲解 3. 识读零件图训练 4. 知识总结						

旋塞阀简介:旋塞阀(图 6-1)主要供开启和关闭管道及设备介质之用,由阀体(图 6-2)、阀杆(图 6-3)、垫圈、填料、填料压盖(图 6-4)、螺栓、手柄(图 6-5)等零件组成。旋塞阀中的运动零件为手柄与阀杆,转动手柄时带动阀杆转动,改变阀杆上的孔与阀体左右侧孔的位置,调节流量,控制阀门的开启与关闭。

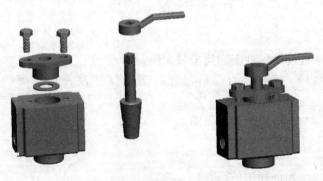

图 6-1 旋塞阀

【相关知识】

一、零件图的作用和内容

表示零件结构、大小和技术要求的图样称为零件图。零件图用于指导零件的加工制造和检验,是生产中的重要技术文件之一。如图 6-2 所示是旋塞阀中阀体的零件图,它表示了阀体的结构形状、大小和要达到的技术要求。一张完整的零件图应包括如下内容。

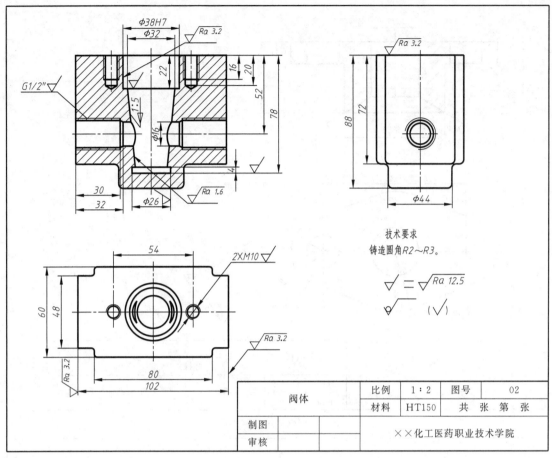

图 6-2 阀体零件图

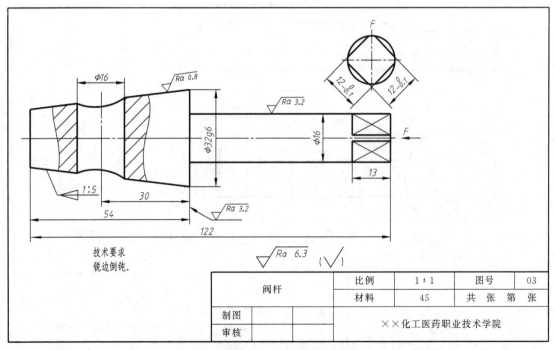

图 6-3 阀杆零件图

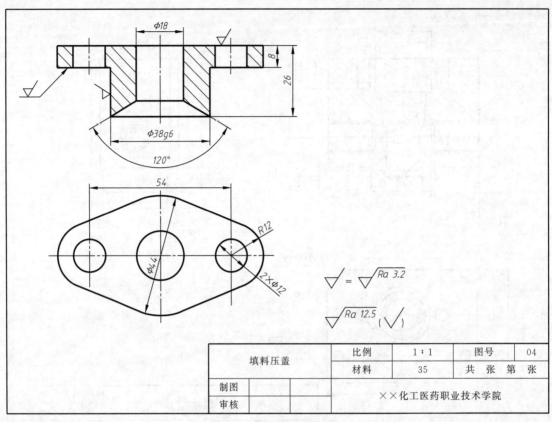

图 6-4　填料压盖零件图

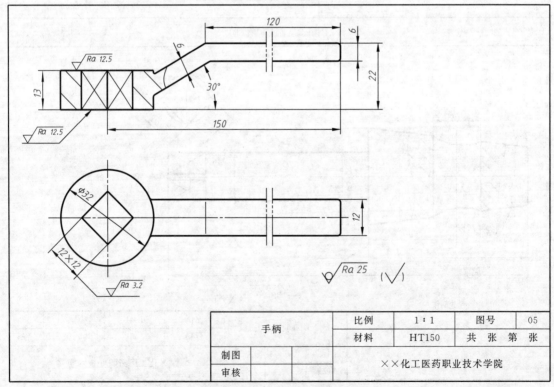

图 6-5　手柄零件图

① 一组视图　用一定数量的视图、剖视图、断面图等完整、清晰、简便地表达出零件的结构和形状。

② 足够的尺寸　正确、完整、清晰、合理地标注出零件在制造、检验中所需的全部尺寸。

③ 必要的技术要求　标注或说明零件在制造和检验中要达到的各项质量要求，如表面结构、尺寸公差、形位公差及热处理等。

④ 标题栏　说明零件的名称、材料、数量、比例及责任人签字等。

二、零件的视图选择

零件的视图选择，应首先考虑看图方便。根据零件的结构特点，选用适当的表示方法。在完整、清晰的前提下，力求制图简便。确定表达方案时，首先应合理地选择主视图，然后根据零件的结构特点和复杂程度恰当地选择其他视图。

（一）主视图的选择

选择主视图包括选择主视图的投射方向和确定零件的安放位置，应遵循以下几个原则。

1. 形状特征原则

主视图是零件表达的核心，应把能较多地反映零件结构形状特征的方向作为主视图的投射方向。

2. 加工位置原则

在确定零件安放位置时，应使主视图尽量符合零件的加工位置，以便于加工时看图。如轴套类零件主要在车床上进行加工，故其主视图应按轴线水平位置绘制，如图 6-6 所示。

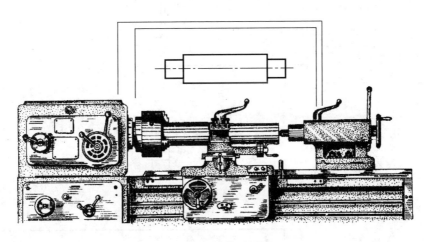

图 6-6　加工位置原则

3. 工作位置原则

主视图中零件的安放位置，应尽量符合零件在机器或设备上的安装位置，以便于读图时想象其功用及工作情况，如图 6-2 所示的阀体。

在确定主视图中零件的放置位置时，应根据零件的实际加工位置和工作位置综合考虑。加工位置单一的零件应优先考虑加工位置；当零件具有多种加工位置时，则主要考虑工作位置；对于某些安装位置倾斜或工作位置不确定的零件，应选择自然放正的位置。

选择主视图时，还应考虑便于选择其他视图，便于图面布局。

（二）其他视图的选择

主视图确定后，要分析该零件还有哪些形状和位置没有表达完全，还需要增加哪些视图。对每一视图，还要根据其表达的重点，确定是否采用剖视或其他表达方法。

视图数量以及表达方法的选择，应根据零件的具体结构特点和复杂程度而定。选择其他视图的原则是：在完整、清晰地表达零件内、外结构形状的前提下，尽量简洁，以方便画图和看图。

如图 6-7 所示传动轴的零件图，该轴主要由五段直径不同的圆柱体组成，画出主视图，并结合所注的直径尺寸，就反映了其基本形状。但轴上键槽、螺孔等局部结构尚未表达清楚，因而在主视图的基础上采用了两个移出断面图表达键槽的深度及螺孔。

如图 6-8 所示带轮的零件图，主视图按轴线水平画出，符合带轮的主要加工位置和工作位置，也反映了形状特征。主视图采用全剖视，基本上把带轮的结构形状表达完整了，只有轴孔上的键槽未表达清楚，故用局部视图表达键槽的形状。

如图 6-9 所示轴承座的零件图，主视图按工作位置放置，采用半剖视图，视图表达轴承座外形，剖视图表达轴承座孔、螺栓孔、底板上的安装孔等内形。选用俯视图表达轴承座的外形，全剖的左视图主要表达轴承座孔的内形。

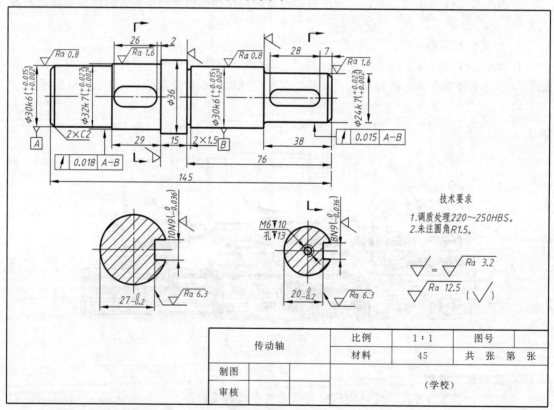

图 6-7 传动轴的零件图

三、零件图的尺寸标注

零件图上的尺寸是零件加工、检验时的重要依据，是零件图的主要内容之一。在零件图上标注尺寸的基本要求是：正确、完整、清晰、合理。尺寸的正确性、完整性、清晰性要求在前面章节已作了介绍，以下主要介绍合理标注尺寸的有关知识。

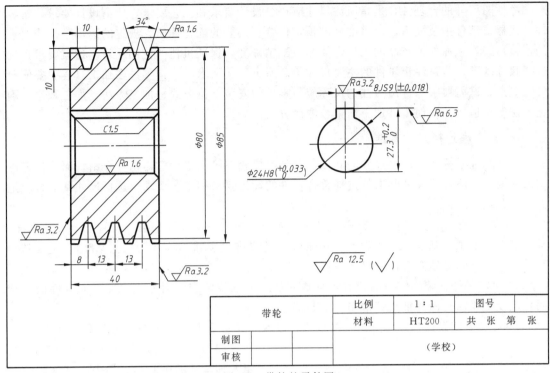

图 6-8 带轮的零件图

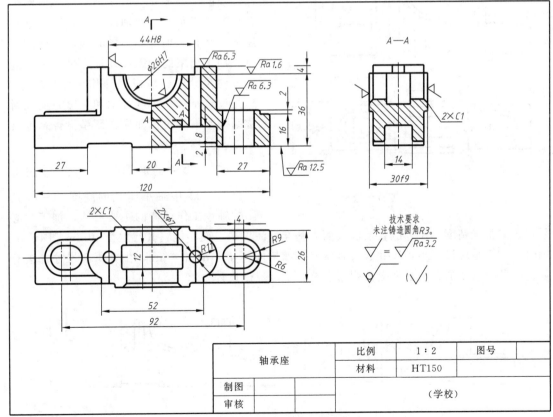

图 6-9 轴承座的零件图

零件图尺寸的合理性，是指所注尺寸应符合设计要求和工艺要求。所谓设计要求，指零件在机器或部件中装配后，获得准确的预定位置、必要的配合性质、规定的运动条件或要求的连接形式，从而保证产品的工作性能和装配精确度，保证机器的使用质量。这就要求正确选择尺寸基准，直接注出零件的主要尺寸等。所谓工艺要求，是指零件在加工过程中要便于加工制造。这就要求零件图所注的尺寸应与零件的安装定位方式、加工方法、加工顺序、测量方法等相适应，以使零件加工简单、测量方便。

（一）合理选择尺寸基准

尺寸基准是标注、度量尺寸的起点，其基本概念在第四单元已作初步介绍。而标注零件图尺寸时，还应使得尺寸基准的选择符合零件的设计要求和工艺要求。选择尺寸基准，应把握以下几点。

① 零件的长、宽、高三个方向，每一方向至少应有一个尺寸基准。若有几个尺寸基准，其中必有一个主要基准（一般为设计基准），其余为辅助基准（一般为工艺基准）。主要基准和辅助基准之间必须有直接的尺寸联系。

② 决定零件在装配体中的位置，且首先加工或画线确定的对称面、装配面（底面、端面）以及主要回转面的轴线等常作为主要基准。

③ 应尽量使设计基准与工艺基准重合，以减少因基准不一致而产生的误差。

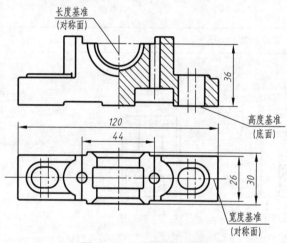

图 6-10　尺寸基准的选择

如图 6-10 所示的轴承座，其底面决定着轴承孔的中心高，而中心高是影响工作性能的主要尺寸。由于轴一般是由两个轴承座来支承，为使轴线水平，两个轴承座的支承孔必须等高。同时轴承座底面是首先加工出来的，因此在标注轴承座的高度方向尺寸时，应以底面作为主要基准，也是设计基准。长度方向和宽度方向以对称面为基准，对称面通常既是设计基准又是工艺基准。

（二）零件的重要尺寸必须直接注出

图 6-11 中轴承座孔的高度 36mm 是影响轴承工作性能的主要尺寸，加工时必须保证其加工精度，所以应直接以底面为基准标注出来，而不能将其代之为 40mm 和 4mm。因为在加工零件过程中，尺寸总会有误差，如果注写 40mm 和 4mm，由于每个尺寸都会有误差，两个尺寸加在一起就会有积累误差，不能保证设计要求。

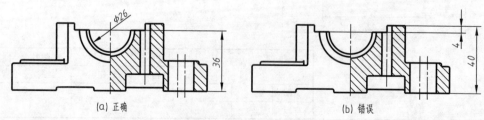

图 6-11　重要尺寸直接注出

（三）标注尺寸要符合工艺要求

1. 符合加工顺序

如图 6-12(a) 所示的轴，其加工方法主要是在车床上车外圆，轴向尺寸按车床的加工顺序标注，如图 6-12(b) 所示。

2. 考虑加工方法

如图 6-11(a) 所示，轴承座和轴承盖上的半圆孔是两者合起来共同加工的，因此其尺寸应注 ϕ 而不注 R。

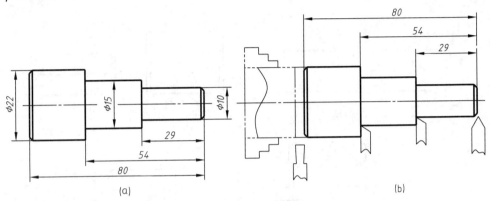

图 6-12　按加工顺序标注尺寸

轴上的退刀槽应直接注出槽宽，以便选择车刀，如图 6-13 所示。

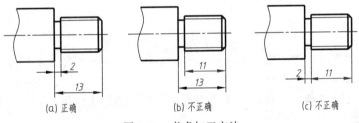

图 6-13　考虑加工方法

3. 便于测量

在没有功能要求或其他重要要求时，标注尺寸应尽量考虑使用普通量具，以方便测量。如图 6-14 所示的阶梯孔，图 6-14(b) 测量不方便，按图 6-14(a) 标注。又如图 6-15 所示的轴上键槽，为表示其深度，图 6-15(a) 无法测量，而图 6-15(b) 则便于测量。

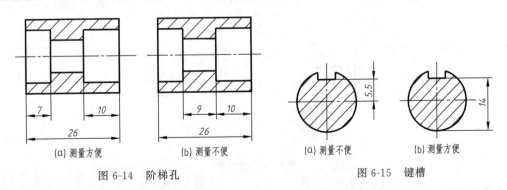

图 6-14　阶梯孔　　　　　　　　　图 6-15　键槽

（四）零件上常见结构的尺寸注法

1. 倒角和倒圆

为了去除零件的毛刺、锐边和便于装配，在轴或孔的端部一般都加工成倒角。倒角通常为 45°，必要时可采用 30°或 60°。45°倒角采用"宽度×角度"的形式标注，如图 6-16(a)～(c) 所示；也可用符号"C"表示，如图 6-16(d) 所示，"C2"表示 2mm×45°倒角。但非 45°倒角必须分别直接注出角度和宽度，如图 6-16(e) 所示。

为了避免应力集中而产生裂纹，在轴肩处往往加工成圆角过渡的形式，称为倒圆，如图 6-16(f) 所示。

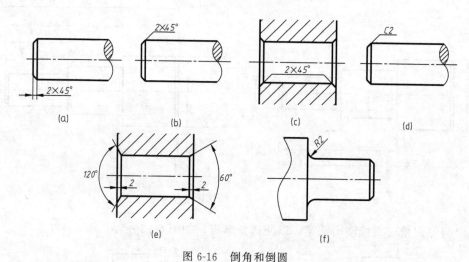

图 6-16　倒角和倒圆

2. 退刀槽

在进行切削加工时，为了便于退出刀具并为了在装配时能与相关零件靠紧，常在待加工表面的台肩处预先加工出退刀槽。

退刀槽一般可按"槽宽×直径"或"槽宽×槽深"的形式标注，如图 6-17 所示。

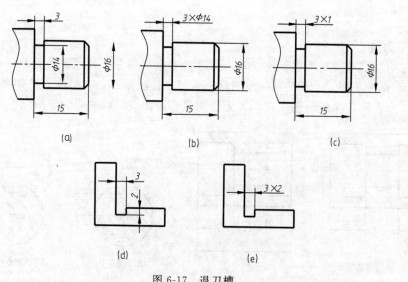

图 6-17　退刀槽

3. 光孔和沉孔

光孔和沉孔在零件图上的尺寸标注分为直接注法和旁注法两种。孔深、沉孔、锪平孔及埋头孔用规定的符号来表示，见表 6-1。

表 6-1 光孔、沉孔的尺寸注法

类型		普通注法	旁 注 法		说 明
光孔		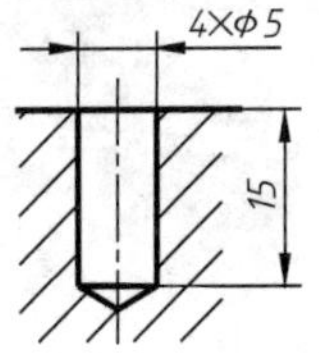 4×φ5，15	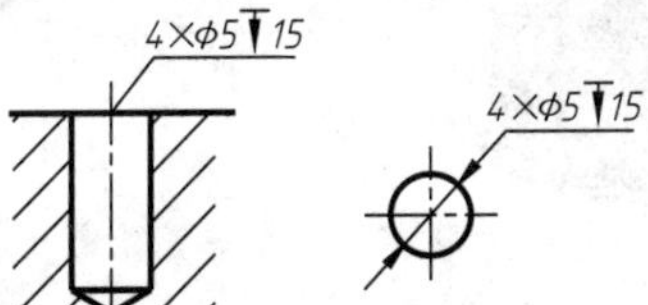 4×φ5↧15	4×φ5↧15	孔底部圆锥角不用注出，"4×φ5"表示 4 个相同的孔均匀分布（下同），"↧"为孔深符号
	埋头孔	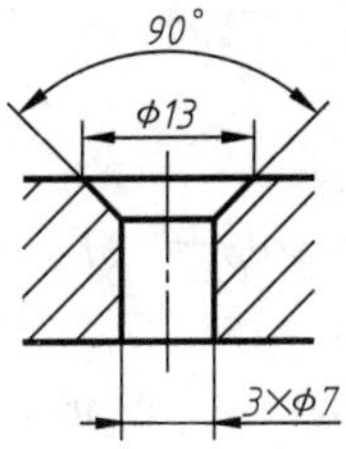 90°，φ13，3×φ7	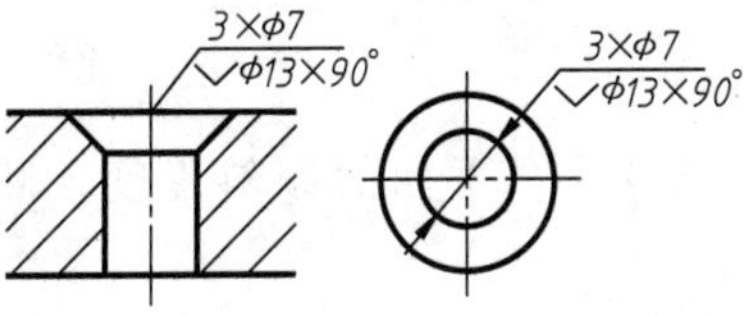 3×φ7，∨φ13×90°	3×φ7，∨φ13×90°	"∨"为埋头孔符号
沉孔	沉孔	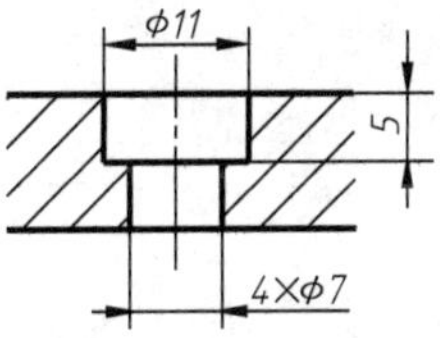 φ11，5，4×φ7	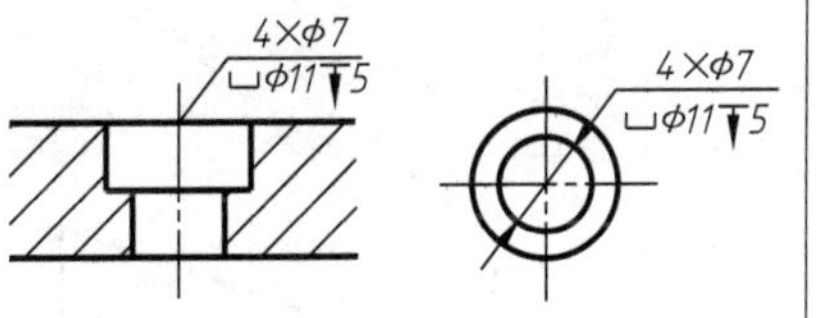 4×φ7，⊔φ11↧5	4×φ7，⊔φ11↧5	"⊔"为沉孔或锪平符号
	锪平孔	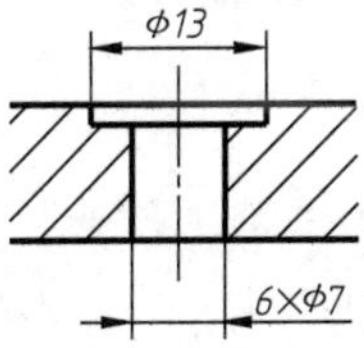 φ13，6×φ7	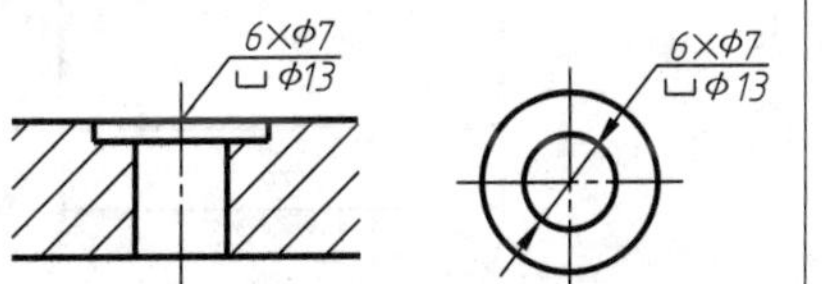 6×φ7，⊔φ13	6×φ7，⊔φ13	锪平深度不需注出，加工时锪平到不存在毛面即可

4. 铸造圆角和过渡线

为了满足铸造工艺的要求，在铸件表面转角处应做成圆角过渡，称为铸造圆角，如图 6-18 所示。铸造圆角用以防止转角处型砂脱落，以及铸件在冷却收缩时产生缩孔或因应力集中而产生裂纹，同时还可增加零件的强度。

圆角尺寸通常较小，一般为 $R2\sim 5$mm，尺规作图时可徒手勾画，也可省略不画。圆角尺寸常在技术要求中统一说明，如"铸造圆角 $R2\sim 3$""未注圆角 $R3$"等，而不必一一注出，如图 6-2 和图 6-9 所示。

由于铸造圆角的存在，使零件上两表面的交线不太明显。为了区分不同表面，规定在相交处画出理论上的交线，且两端不与轮廓线接触，此线称为过渡线。

如图 6-18(a) 所示为两圆柱面相交的过渡线画法。图 6-18(b) 中包括了平面与曲面、平面与平面相交以及平面与曲面相切时过渡线的画法。

铸件经机械加工后，加工表面处铸造圆角即被切除，因此，画图时必须注意，只有两个不加工的铸造表面相交处才有铸造圆角。

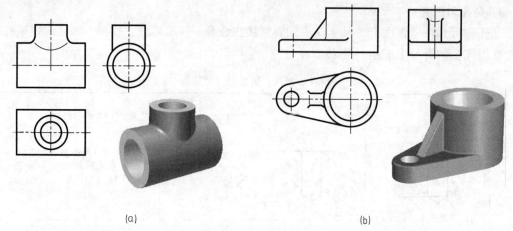

图 6-18 铸造圆角与过渡线

5. 斜度和锥度

斜度（S）指一个平面相对于另一个平面的倾斜程度，即 $S=\tan\beta=(H-h)/L$，如图 6-19(a) 所示。

斜度在图样上的标注形式为"$\angle 1:n$"，如图 6-19(b) 所示。符号"$\angle$"的指向应与实际倾斜方向一致，其画法如图 6-19(c) 所示。

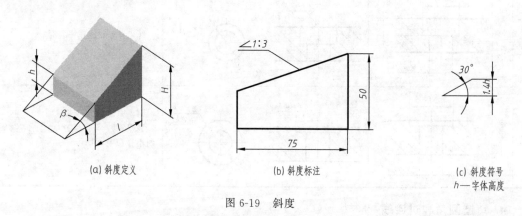

(a) 斜度定义　　　(b) 斜度标注　　　(c) 斜度符号
　　　　　　　　　　　　　　　　　　　　h—字体高度

图 6-19 斜度

锥度（C）是指正圆锥体的底圆直径与高度之比，即 $C=D/L=(D-d)/l$，如图 6-20(a) 所示。

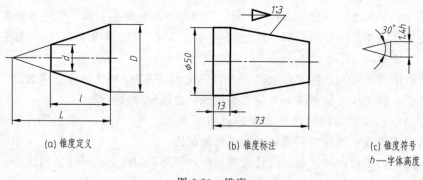

(a) 锥度定义　　　(b) 锥度标注　　　(c) 锥度符号
　　　　　　　　　　　　　　　　　　　　h—字体高度

图 6-20 锥度

锥度的标注形式为"◁1∶n",注在与引出线相连的基准线上,基准线应与圆锥的轴线平行,符号方向与所标注图形的锥度方向应一致,如图 6-20(b)所示。锥度符号的画法如图 6-20(c)所示。

四、零件图的技术要求

零件图除了表达零件结构形状与大小的一组视图和尺寸外,还必须标注和说明零件在制造和检验中的技术要求,主要包括表面结构、极限与配合、几何公差等。这些内容用规定的符号、代号标注在图中,有的可用文字分条注写在图纸下方的空白处。

(一)表面结构要求

表面结构要求是表示零件表面质量的重要技术指标,它对零件的耐磨性、抗腐蚀性、密封性、抗疲劳性能等都有影响。表面结构要求的评定参数有轮廓算术平均偏差 Ra 和轮廓最大高度 Rz,其中应用最多的是 Ra。

1. 符号和代号

表面结构代号包括表面结构符号、表面结构参数值及其他有关规定。表面结构符号、代号及其意义见表 6-2。

表 6-2　表面结构符号、代号及其意义

符号	意　义	代号	意　义
√	表示可用任何方法获得的表面,单独使用无意义,仅适用于简化代号标注	√Ra 3.2	用任何方法获得的表面,Ra 的上限值为 3.2μm
∇	表示用去除材料的方法获得的表面。例如:车、铣、钻、磨、剪切、抛光、腐蚀、电火花加工等方法	∇Ra 3.2	用去除材料的方法获得的表面,Ra 的上限值为 3.2μm
∘√	表示用不去除材料的方法获得的表面。例如:铸、锻、冲压变形、热轧、冷轧、粉末冶金等,或者是用于保持原供应状况的表面	∘√Ra 3.2	用不去除材料的方法获得的表面,Ra 的上限值为 3.2μm

2. 标注方法

在零件图中,标注表面结构代号的原则是根据 GB/T 131—2006 的规定,对每一表面一般只标注一次,标注在可见轮廓线或延长线上,其符号从材料外指向并接触表面,注写和读取方向与尺寸的注写及读取方向一致。表 6-3 列举了表面结构标注示例。

表 6-3　标注表面结构的一般方法

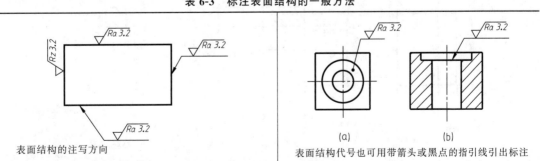

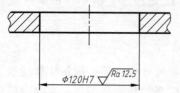 在不致引起误解时,表面结构可以标注在给定的尺寸线上	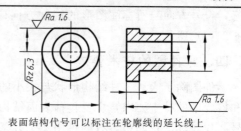 表面结构代号可以标注在轮廓线的延长线上
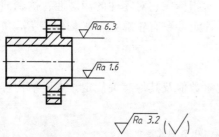 如果零件的多数表面(或全部表面)有相同的表面结构,则可统一标注在图样的标题栏附近	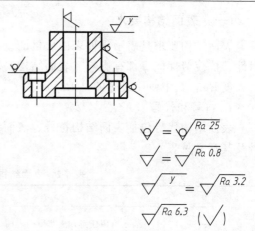 当多个表面具有相同的表面结构要求,或图纸空间有限时,可采用简化标注

(二) 极限与配合

同一类型的产品在尺寸、功能上能够彼此互相替换的性能称为互换性。零件具有互换性,对于现代化协作生产、专业化生产、提高劳动生产率,提供了重要条件。零件的尺寸是保证零件互换性的重要几何参数,为了使零件具有互换性,并不要求零件的尺寸绝对准确,而是在保证零件的力学性能和互换性的前提下,把零件的尺寸限制在一定的范围。

1. 基本概念

如图 6-21 所示。

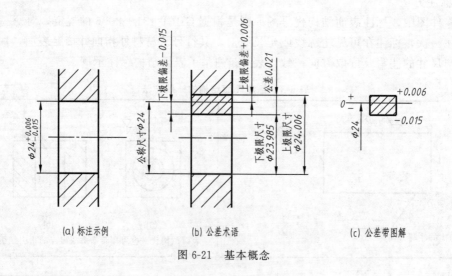

图 6-21 基本概念

(1) 公称尺寸 由图样规范确定的理想形状要素的尺寸 $\phi 24$mm。

(2) 极限尺寸 尺寸要素允许的两个极端。较大的一个称为上极限尺寸 $\phi 24.006$mm，较小的一个称为下极限尺寸 $\phi 23.985$mm。实际尺寸应位于其中，也可达到极限尺寸。

(3) 极限偏差 极限尺寸减去公称尺寸所得的代数差，分为上极限偏差和下极限偏差。

上极限偏差＝上极限尺寸－公称尺寸＝24.006－24＝0.006(mm)

下极限偏差＝下极限尺寸－公称尺寸＝23.985－24＝－0.015(mm)

(4) 公差 允许尺寸的变动量。

公差＝上极限尺寸－下极限尺寸＝24.006－23.985＝0.021(mm)

公差＝上极限偏差－下极限偏差＝0.006－(－0.015)＝0.021(mm)

(5) 公差带 为了简化起见，常不画出孔或轴，而只画出表示公称尺寸的零线和上下极限偏差，称为公差带图解，如图 6-21(c) 所示。在公差带图解中，由代表上、下极限偏差的两条直线所限定的一个区域称为公差带。公差带包含两个要素：公差带大小和公差带位置。

2. 标准公差与基本偏差

国家标准规定，公差带由标准公差和基本偏差组成。标准公差确定公差带的大小；基本偏差确定公差带的位置。

(1) 标准公差 用于确定公差带大小的公差数值。标准公差分 20 个等级，即 IT01、IT0、IT1、IT2、…、IT18。IT01 公差值最小，尺寸精度最高；IT18 公差值最大，尺寸精度最低。

公差值大小还与尺寸大小有关，同一公差等级下，尺寸越大，公差值越大。表 6-4 为摘自 GB/T 1800.1—2009 的标准公差数值。从中可查出某一尺寸、某一公差等级下的标准公差值，如公称尺寸为 24mm、公差等级为 IT7 的公差值为 0.021mm。

表 6-4 标准公差数值（摘自 GB/T 1800.1—2020）

公称尺寸 /mm		标准公差等级																
		IT1	IT2	IT3	IT4	IT5	IT6	IT7	IT8	IT9	IT10	IT11	IT12	IT13	IT14	IT15	IT16	IT17	IT18
大于	至	μm											mm						
—	3	0.8	1.2	2	3	4	6	10	14	25	40	60	0.1	0.14	0.25	0.4	0.6	1	1.4
3	6	1	1.5	2.5	4	5	8	12	18	30	48	75	0.12	0.18	0.3	0.45	0.75	1.2	1.8
6	10	1	1.5	2.5	4	6	9	15	22	36	58	90	0.15	0.22	0.36	0.58	0.9	1.5	2.2
10	18	1.2	2	3	5	8	11	18	27	43	70	110	0.18	0.27	0.43	0.7	1.1	1.8	2.7
18	30	1.5	2.5	4	6	9	13	21	33	52	84	130	0.21	0.33	0.52	0.84	1.3	2.1	3.3
30	50	1.5	2.5	4	7	11	16	25	39	62	100	160	0.25	0.39	0.62	1	1.6	2.5	3.9
50	80	2	3	5	8	13	19	30	46	74	120	190	0.3	0.46	0.74	1.2	1.9	3	4.6
80	120	2.5	4	6	10	15	22	35	54	87	140	220	0.35	0.54	0.87	1.4	2.2	3.5	5.4
120	180	3.5	5	8	12	18	25	40	63	100	160	250	0.4	0.63	1	1.6	2.5	4	6.3
180	250	4.5	7	10	14	20	29	46	72	115	185	290	0.46	0.72	1.15	1.85	2.6	4.6	7.2
250	315	6	8	12	16	23	32	52	81	130	210	320	0.52	0.81	1.3	2.1	3.2	5.2	8.1
315	400	7	9	13	18	25	36	57	89	140	230	360	0.57	0.89	1.4	2.3	3.6	5.7	8.9
400	500	8	10	15	20	27	40	63	97	155	250	400	0.63	0.97	1.55	2.5	4	6.3	9.7

(2) 基本偏差 确定公差带相对于零线位置的那个极限偏差。一般为靠近零线的极限偏差。当公差带位于零线上方时，基本偏差为下极限偏差；当公差带位于零线下方时，基本偏差为上极限偏差。如图 6-22 所示，孔和轴的基本偏差系列共有 28 种，它的代号用拉丁字母表示，大写为孔，小写为轴。

(3) 公差带代号及极限偏差的确定 公差带代号由基本偏差代号（字母）和标准公差等级（数字）组成，如 H8、f7。

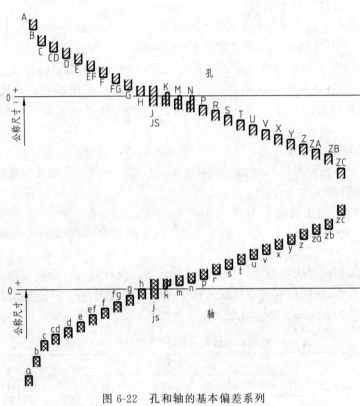

图 6-22 孔和轴的基本偏差系列

由公称尺寸和公差带代号可查表确定其极限偏差。本书中附表 13、附表 14 摘录了优先及常用轴和孔公差带的极限偏差。

例如，由 $\phi 20H8$ 查孔极限偏差表可得，其上偏差为 $+0.033$mm，下偏差为 0；由 $\phi 20f7$ 查轴极限偏差表，其上偏差为 -0.020mm，下偏差为 -0.041mm。

3. 配合

公称尺寸相同、相互结合的孔和轴公差带之间的关系，称为配合。

(1) 配合种类 根据使用要求不同，国标规定配合分三类，即间隙配合、过盈配合和过渡配合。

① 间隙配合 具有间隙（包括最小间隙等于零）的配合。间隙配合中孔的最小极限尺寸大于或等于轴的最大极限尺寸，孔的公差带在轴的公差带之上，如图 6-23(a) 所示。

② 过盈配合 具有过盈（包括最小过盈等于零）的配合。过盈配合中孔的最大极限尺寸小于或等于轴的最小极限尺寸，孔的公差带在轴的公差带之下，如图 6-23(b) 所示。

③ 过渡配合 可能具有间隙或过盈的配合。过渡配合中孔的公差带与轴的公差带相互交叠，如图 6-23(c) 所示。

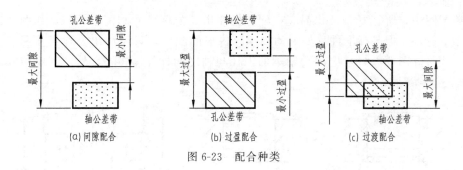

图 6-23 配合种类

(2) 配合制度 为了便于选择配合，减少零件加工的专用刀具和量具，国标对配合规定了两种基准制。

① 基孔制 基本偏差为一定的孔的公差带，与不同基本偏差的轴的公差带形成各种配合的一种制度。基孔制中选择基本偏差为 H，即下偏差为 0 的孔为基准孔。

② 基轴制 基本偏差为一定的轴的公差带，与不同基本偏差的孔的公差带形成各种配合的一种制度。基轴制中选择基本偏差为 h，即上偏差为 0 的轴为基准轴。

在两种基准制中，一般情况下优先选用基孔制。又由于加工孔难于加工轴，因此常把孔的公差等级选得比轴低一级。

(3) 配合代号及其识读 配合代号用分数形式表示，分子为孔的公差带代号，分母为轴的公差带代号。标注时，将配合代号注在公称尺寸之后，如 $\phi 20 \frac{H8}{f7}$、$\phi 20 \frac{H7}{s6}$、$\phi 20 \frac{K7}{h6}$，也可以写作 $\phi 20H8/f7$、$\phi 20H7/s6$、$\phi 20K7/h6$。

如果配合代号的分子上孔的基本偏差代号为 H，说明孔为基准孔，则为基孔制配合；如果配合代号的分母上轴的基本偏差代号为 h，说明轴为基准轴，则为基轴制配合。根据配合代号中孔和轴的公差带代号，分别查出并比较孔和轴的极限偏差，画出公差带图，则可判断配合种类。如上例中 $\phi 20H8/f7$ 为基孔制间隙配合，$\phi 20H7/s6$ 为基孔制过盈配合，$\phi 20K7/h6$ 为基轴制过渡配合。

4. 极限与配合的标注

在零件图中标注尺寸公差有三种形式：①标注公差带代号，如图 6-24(a) 所示；②标注极限偏差，如图 6-24(b) 所示；③公差带代号和极限偏差一起标注，如图 6-24(c) 所示。

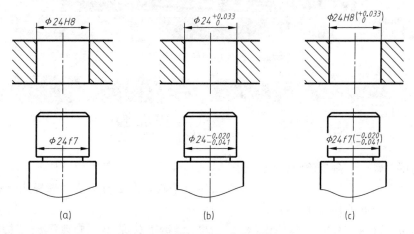

图 6-24 零件图中尺寸公差的标注

在装配图中,所有配合尺寸都应在配合处注出其公称尺寸和配合代号,如图 6-25(a)、(b)所示的标注。但与标准件(如滚动轴承)构成的配合,只需注出公称尺寸和非标准件的公差带代号。图 6-25(c)中滚动轴承的内径与轴之间标注 $\phi 20k6$,外径与座体孔之间标注 $\phi 52K7$。

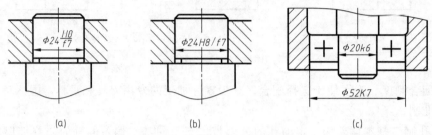

图 6-25 装配图中配合代号的标注

5. 用 AutoCAD 标注极限与配合

(1) 用多行文字标注极限与配合　标注图 6-24(b)的尺寸,命令行提示如图 6-26(a)所示,选择"多行文字(M)",鼠标左键点击图 6-26(b)中的"@符号"按钮 ![@], 在弹出的下拉菜单中选择"直径",则在公称尺寸 24 前加 ϕ;然后在公称尺寸 $\phi 24$ 后输入极限偏差 -0.020^-0.041,用左键选中 -0.020^-0.041,单击右键,在右键菜单中选择"堆叠",使极限偏差堆叠,如图 6-26(c)所示。如果要标注图 6-24(a)的公差带代号或图 6-25(b)的配合代号,则在公称尺寸后输入即可。如果要标注图 6-25(a)的配合代号,应先按图 6-25(b)的形式输入,再用左键选中配合代号 H8/f7,单击右键,在右键菜单中选择"堆叠",如图 6-25(c)所示。

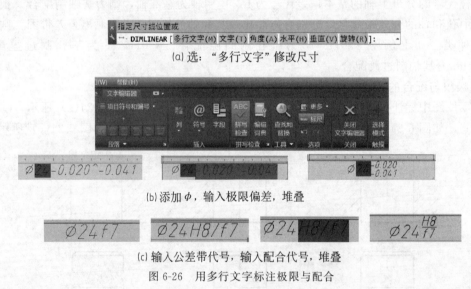

图 6-26 用多行文字标注极限与配合

(2) 利用"修改"命令添加极限与配合　已标注的尺寸,可以用"修改"命令添加极限偏差。单击"修改"下拉菜单,选择对象→文字→编辑,命令行提示"选择注释对象:",选择要添加极限偏差的公称尺寸,方法同图 6-26。

(3) 利用"特性"对话框添加极限与配合　单击下拉菜单"修改"→"特性",打开"特性"对话框,如图 6-27 所示。选择要添加极限偏差的公称尺寸,在"特性"对话框中展开公差项,在"显示公差"中选择"极限偏差",在"公差下偏差"中输入下极限偏差值,在"公差上偏差"中输入上极限偏差值。需注意的是,AutoCAD默认的下极限偏差为负,上极限偏差为正,所以对下极限偏差,输入正值则显示为负值,输入负值显示为正值。还可以在"特性"对话框中输入"公差文字高度"、"公差位置"(分上、中、下三种位置)、"前导""后续"是否消零等。如果要标注公差带代号或配合代号,可以在"文字替代"中输入。

图 6-27 用"特性"对话框添加极限与配合

(三) 几何公差简介

与尺寸误差一样,零件也有几何误差。对精度要求较高的零件,除了保证尺寸公差外,还要控制其几何误差。几何误差是采用几何公差加以限制的,分为形状公差、方向公差、位置公差、跳动公差。

1. 几何公差框格和基准符号

GB/T 17852—2018 规定用公差框格标注几何公差。图 6-28 表示了几何公差框格、基准符号的内容。

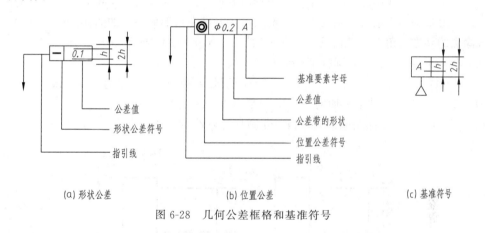

图 6-28 几何公差框格和基准符号

几何公差类型、几何特征、符号见表 6-5。

表 6-5 几何公差类型、几何特征、符号

公差类型	几何特征	符号	有无基准	公差类型	几何特征	符号	有无基准
形状公差	直线度	⎯	无	方向公差	平行度	∥	有
	平面度	▱	无		垂直度	⊥	有
	圆度	○	无		倾斜度	∠	有
	圆柱度	⌭	无				
	线轮廓度	⌒	无		线轮廓度	⌒	有
	面轮廓度	⌓	无		面轮廓度	⌓	有

续表

公差类型	几何特征	符号	有无基准	公差类型	几何特征	符号	有无基准
位置公差	位置度	⊕	有或无	位置公差	线轮廓度	⌒	有
	同心度	◎	有		面轮廓度	⌒	有
	同轴度	◎	有	跳动公差	圆跳动	↗	有
	对称度	═	有		全跳动	↗↗	有

2. 标注示例

标注几何公差时，当被测要素是轮廓线或轮廓面时，指引线的箭头要指向该要素的轮廓线或其延长线，如图 6-29(a)、(c)、(d) 所示；当被测要素是中心线、中心面或中心点时，指引线的箭头应位于相应尺寸线的延长线上，如图 6-29(b) 所示。当基准要素是轮廓线或轮廓面时，基准三角形放置在要素的轮廓线或其延长线上，如图 6-29(c) 所示；当基准是尺寸要素确定的轴线、中心平面或中心点时，基准三角形应放置在该尺寸线的延长线上，如果没有足够位置标注尺寸要素的两个箭头，则其中一个箭头可用基准三角形代替，如图 6-29(b)、(d) 所示。空白或涂黑的基准三角形含义相同，如图 6-29（b)、(c)、(d) 所示。

图 6-29(a) 中，$\phi24$mm 圆柱面的圆柱度公差为 0.01mm。

图 6-29(b) 中，$\phi36$mm 的轴线对 $\phi24$mm 的轴线的同轴度公差为 $\phi0.1$mm。

图 6-29(c) 中，零件上表面对下表面的平行度公差为 0.02mm。

图 6-29(d) 中，零件左端面对 $\phi14$mm 圆柱孔轴线的垂直度公差为 0.01mm。

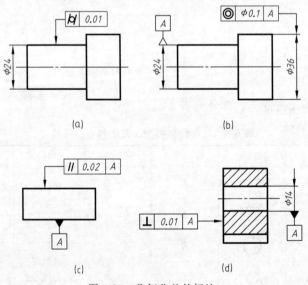

图 6-29 几何公差的标注

3. 用 AutoCAD 标注几何公差

菜单：标注→公差。

工具栏：▣。

命令名：tolerance。

输入命令，即弹出图 6-30 所示的"形位公差"对话框。在对话框中选择公差符号，输入公差值和基准符号，单击"确定"。命令行提示"输入公差位置："，单击左键指定公差框格的位置，完成标注。这时，需要再画出指引线和箭头。

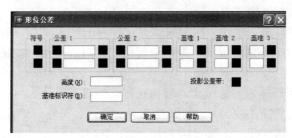

图 6-30 "形位公差"对话框

（四）其他技术要求

制造零件的材料，应填写在零件图的标题栏中。常用的金属材料和非金属材料及用途参见本书附录中的附表 15。

热处理是对金属零件按一定要求进行加热、保温及冷却，从而改变金属的内部组织，提高材料力学性能的工艺，如淬火、退火、回火、正火、调质等。表面处理是为了改善零件表面材料性能，提高零件表面硬度、耐磨性、抗蚀性等而采用的加工工艺，如渗碳、表面淬火、表面涂层等。常见热处理及表面处理的方法和应用参见本书附录中的附表 16。对零件的热处理及表面处理方法和要求一般用文字注写在技术要求中。

五、读零件图

（一）读零件图的方法和步骤

1. 概括了解

读图时首先从标题栏了解零件的名称、材料、画图比例等，并粗看视图，大致了解该零件的结构特点和大小。

2. 分析表达方案，弄清视图间的关系

要看懂一组视图中选用了几个视图，哪个是主视图，哪些是基本视图。对于局部视图、斜视图、断面图及局部放大图等非基本视图，要根据其标注找出它们的表达部位和投射方向。对于剖视图要弄清楚其剖切位置、剖切面形式和剖开后的投射方向。

3. 分析零件结构，想象整体形状

在看懂视图关系的基础上，运用形体分析法和线面分析法分析零件的结构形状，并注意分析零件各部分的功用。

4. 分析尺寸

先分析零件长、宽、高三个方向上的尺寸基准，弄清哪些是主要基准和功能尺寸，然后从基准出发，找出各组成部分的定位尺寸和定形尺寸。

5. 分析技术要求

对零件图上标注的表面结构、尺寸公差、几何公差等要逐项识读，明确主要加工面，以便确定合理的加工方法。

6. 综合归纳

在以上分析的基础上，对零件的形状、大小和技术要求进行综合归纳，形成一个清晰的认识。有条件时还应参考有关资料和图样，如产品说明书、装配图和相关零件图等，以对零件的作用、工作情况及加工工艺作进一步了解。

（二）零件读图举例

识读如图 6-2 所示阀体的零件图。

从图 6-2 的标题栏可知，零件名称为阀体，材料为 HT150，绘图比例 1∶2。

阀体的主视图按照工作位置放置，采用全剖视表达内部结构；左视图与俯视图表达了阀体的外形。

对照投影关系分析阀体的结构形状，可知阀体外形以长方体为主，底部叠加一个圆柱形凸台；内腔形状为自上而下有 ϕ38H7 的圆柱孔及锥度 1∶5 的圆锥孔，以容纳阀杆、填料等；左右侧有 G1/2″的螺纹孔，上部有两个 M10 的螺纹孔。

阀体长度方向的尺寸基准为左右对称面，由此注出定位尺寸 54 等；宽度方向的尺寸基准为前后对称面；高度方向的尺寸基准是上底面，由此注出定位尺寸 52 等；分析定形、定位尺寸可知阀体各部分的大小及相对位置。

分析技术要求可知，锥孔表面的 Ra 上限值为 1.6μm，表面质量要求最高；ϕ38H7 圆柱孔表面是配合面，Ra 的上限值为 3.2μm；其他孔表面的 Ra 上限值为 12.5μm；阀体的顶面及左右侧面，Ra 的上限值为 3.2μm；图中未注粗糙度代号的表面均为铸造毛坯面。

通过以上分析，可对阀体的结构形状、尺寸、技术要求等有比较清楚的了解。阀体的整体结构如图 6-31 所示。

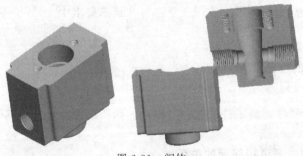

图 6-31 阀体

学习者可自行分析阀杆、填料压盖、手柄的零件图。

六、用 AutoCAD 绘制零件图

以图 6-3 所示阀杆的零件图为例，绘图步骤如下。

（1）选用 A4 图幅，比例 1∶1。

（2）创建绘图环境。

① 新建文件。新建空白文件 acadiso.dwt，用绘图命令画出 A4 图幅的大小、图框和标题栏。

② 创建图层、创建文字样式及标注样式。

（3）绘制图形。

（4）标注尺寸及技术要求，填写标题栏。

【归纳总结】

零件图包括一组视图、完整的尺寸、技术要求、标题栏。零件的"一组视图"以主视图为核心,其他视图则视零件的结构特点而定。看图时,要弄清各视图之间的关系,才能对照投影分析零件的结构形状。零件图的尺寸要求正确、完整、清晰、合理,识读零件图时,要通过分析尺寸,弄清零件各部分的大小及相对位置。识读零件图的技术要求时,对标注公差的尺寸,通过查阅标准弄清其尺寸精度要求;通过识读表面结构代号,弄清零件各表面的加工质量要求;分析零件图的几何公差,了解零件上重要的面、线或点的形状、位置、方向等公差要求。

【巩固练习】

用AutoCAD绘制图6-2~图6-4所示的零件图。

第二节 标准件与标准结构

【任务书6-2】

任务编号	任务6-2	任务名称	识读螺纹及螺纹连接图、键、销连接图,齿轮及啮合图	完成形式	学生在教师指导下完成	时间	180分钟
能力目标	1. 能查阅标准选择螺栓、螺柱、螺钉、螺母、垫圈、键、销等标准件的规格尺寸 2. 能识读螺纹及螺纹连接图、键连接图、销连接图、齿轮及齿轮啮合图等						
相关知识	1. 螺纹的规定画法和标注方法 2. 螺纹及螺纹连接图的画法 3. 键连接图、销连接图、齿轮及齿轮啮合图的画法						
参考资料	化工识图与CAD技术. 孙安荣. 北京:化学工业出版社						
能力训练过程							
课前准备	预习本单元第二节熟悉以下内容: 1. 螺纹有哪些要素,标准螺纹的哪些要素已标准化; 2. 国家标准对螺纹的规定画法; 3. 标准螺纹按用途分为哪几种,分别说明其特征代号、标注形式; 4. 螺栓连接图、螺柱连接图、螺钉连接图各有哪些画法规定; 5. 键连接图中,说明键与键槽的尺寸关系; 6. 键连接图的画法,销连接图的画法; 7. 齿轮的模数与轮齿部分的尺寸关系,齿轮的规定画法; 8. 轴承的结构、类型、画法。						
课堂训练	1. 提问、检查课前预习情况 2. 本次课知识点讲解 3. 识图训练 (1)表6-6外螺纹图(a)中,螺纹大径是____mm,螺纹长度是____mm,倒角是____,左视图中省略了____的投影,螺纹小径画约____圈;图(b)中,主视图是____剖视图,螺纹大径是____mm,螺纹长度是____mm (2)表6-6内螺纹图(a)中,螺纹大径是____mm,倒角是____,主视图是____剖视图,剖面线画至螺纹牙顶的____(粗、细)实线处;左视图中螺纹__(大、小)径画约3/4圈;图(b)中,不可见螺纹的所有线用____绘制;图(c)中,螺纹孔的相贯线画在____(粗、细)实线处 (3)表6-6盲孔内螺纹图(a)中,螺纹大径是____mm,螺纹孔深度是____mm,钻孔深度是____mm,底部锥顶角画成____,孔口倒角是____;图(b)中,采用简化画法,螺纹深度等于钻孔深度,120°锥顶角要从螺纹小径的____(粗、细)实线处画出						

续表

任务编号	任务6-2	任务名称	识读螺纹及螺纹连接图、键、销连接图、齿轮及啮合图	完成形式	学生在教师指导下完成	时间	180分钟
课堂训练							

(4)表6-6 螺纹连接图(a)中，内、外螺纹的大径是____mm，内、外螺纹旋合部分的长度是____mm，主视图是____剖视图，旋合部分按____(外螺纹、内螺纹)画法绘制，表示内、外螺纹的牙顶、牙底的粗、细线必须____；图(b)中，外螺纹长度是____mm，螺纹孔的深度是____mm，内、外螺纹旋合长度是____mm，主视图是全剖视图，带外螺纹的螺杆不是实心杆，按____(剖视、不剖)绘制，两零件的剖面线方向____，分别画至螺纹牙顶的____(粗、细)实线处

(5)螺纹标记 M24，该螺纹的种类是____，螺纹牙型是____，公称直径是____，螺距是____，旋向是____；螺纹标记 G1/2，该螺纹的种类是____，螺纹牙型是____，大径是____，螺距是____，旋向是____；螺纹标记 Tr36×12(P6)LH，该螺纹的种类是____，螺纹牙型是____，公称直径是____，螺距是____，线数是____，旋向是____

(6)图 6-38 中螺栓连接一般应用于____，被连接零件上应加工____(螺孔、光孔)，孔径____(等于、大于)螺栓直径；图(b)采用简化画法，省略了____，画剖视图时，剖切面通过螺栓、螺母、垫圈轴线切割，这些零件按____(剖视、不剖)绘制，指出图(b)中相邻两零件哪些是接触表面，哪些是非接触表面，说明其画法

(7)图 6-39 中螺柱连接应用于____，其中较薄零件上加工____(螺孔、光孔)，孔径____(等于、大于)螺柱直径，较厚零件上加工螺孔，螺纹部分的深度应____(等于、大于)螺柱____(旋入、拧螺母)端的螺纹长度；主视图画剖视图，螺柱、螺母、垫圈按____(剖视、不剖)绘制

(8)图 6-41 中用键连接轴与轮，键与轴上键槽的尺寸关系是：键长____(小于、等于、大于)键槽长度，键宽____(小于、等于、大于)键槽宽度，键高____(小于、等于、大于)键槽深度。毂上键槽的长度____(小于、等于、大于)轮毂孔的长度，键槽宽度____(小于、等于、大于)键宽，键槽深度____(小于、等于、大于)键高

(9)图 6-42 中，键的顶面与毂上键槽的顶面是____(接触面、非接触面)，应画____(一条、两条)线；键的底面、侧面与键槽是接触面，画一条线；主视图是____剖视图，实心轴按____(剖视、不剖)绘制，为表示键连接，又在轴上画了____剖视；左视图中，剖切面垂直于实心轴的轴线及键的基本对称面剖切，其断面上应____(画、不画)剖面线

(10)图 6-43 中，销的直径____(小于、等于、大于)销孔直径，剖切面通过销的轴线剖切时，销按____(剖视、不剖)绘制

(11)图 6-46 中，齿轮的齿顶圆、齿顶线画____线；分度圆、分度线画____线；齿根圆、齿根线在视图中画____线，可以省略，在剖视图中画____线，不能省略

(12)图 6-47 中，两齿轮____圆相切。图(a)为全剖视图，啮合区两齿轮的____线重合，虚线是____(大、小)齿轮的____(齿顶、齿根)线；如果齿轮的模数是 m，在啮合区大齿轮的齿顶线至小齿轮的齿根线之间的间隙是____

4. 知识总结

【相关知识】

机器或设备中，除一般零件外，经常会用到如螺栓、螺钉、螺母、键、销、轴承等，这些零件的结构和尺寸均已标准化，称为标准件。还有些零件，如齿轮等，它们的部分结构已标准化。本节主要学习标准件和标准结构的知识。

一、螺纹

(一)螺纹的形成

螺纹是在圆柱(或圆锥)表面上沿着螺旋线形成的具有相同断面形状的连续凸起和沟槽。下面主要讨论在圆柱面上形成的螺纹。加工在圆柱外表面上的螺纹称为外螺纹，加工在圆柱内表面上的螺纹称为内螺纹。内外螺纹成对旋合使用，可以起到连接或传动的功用。

加工螺纹的方法有许多种。如图 6-32(a) 所示为在车床上加工内、外螺纹的方法，夹在三爪卡盘上的工件做匀速旋转运动，车刀沿工件轴向做等速直线运动，其合成运动的轨迹是螺旋线，刀尖在工件表面上切出的螺旋线沟槽就是螺纹。

用板牙或丝锥加工直径较小的螺纹，俗称套扣或攻螺纹，如图 6-32(b)、(c) 所示。

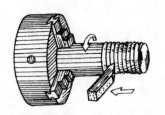 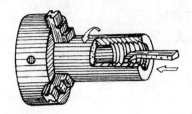

(a) 在车床上加工螺纹

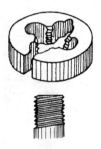 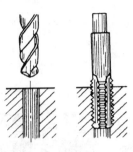

(b) 套扣外螺纹　　　　　　(c) 攻内螺纹

图 6-32　螺纹的加工

（二）螺纹要素

螺纹的结构和尺寸是由牙型、直径、旋向、线数、螺距和导程等要素决定的。

1. 牙型

在通过螺纹轴线的断面上，螺纹牙齿的轮廓形状称为牙型。牙型上向外凸起的尖端称为牙顶，向里凹进的槽底称为牙底，如图 6-33 所示。常见的螺纹牙型有三角形、矩形、梯形和锯齿形等。

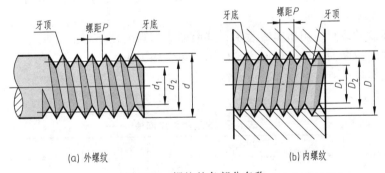

(a) 外螺纹　　　　　　(b) 内螺纹

图 6-33　螺纹的各部分名称

2. 直径

螺纹的直径有大径（d、D）、中径（d_2、D_2）和小径（d_1、D_1），如图 6-33 所示。螺纹的公称直径一般指螺纹大径的基本尺寸。

3. 线数

螺纹线数有单线和多线之分。沿一条螺旋线形成的螺纹为单线螺纹；沿两条或两条以上且在轴向等距分布的螺旋线形成的螺纹为多线螺纹。

4. 螺距与导程

同一条螺旋线上相邻两牙在中径线上对应两点间的轴向距离称为导程（S）；相邻两牙在中径线上对应两点间的轴向距离称为螺距（P）。导程（S）和螺距（P）的关系是：对于单线螺纹，$S=P$；对于多线螺纹（线数为 n），$S=nP$，如图 6-34 所示。

5. 旋向

螺纹的旋向分左旋和右旋。顺时针旋转时旋入的螺纹为右旋，逆时针旋转时旋入的螺纹为左旋。将外螺纹轴线垂直放置，右旋螺纹的可见螺旋线具有左低右高的特征，而左旋螺纹则有左高右低的特征，如图 6-35 所示。

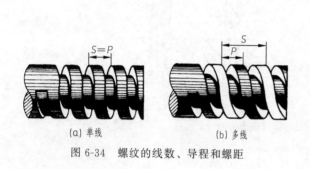

图 6-34 螺纹的线数、导程和螺距

图 6-35 螺纹的旋向

只有当外螺纹和内螺纹的上述五个结构要素完全相同时，内外螺纹才能旋合在一起。

（三）螺纹的规定画法

由于螺纹的形状较复杂，其真实投影不易画出。国家标准 GB/T 4459.1—1995 对螺纹的画法作了统一规定。

① 可见螺纹的牙顶线和牙顶圆用粗实线表示。可见螺纹的牙底线和牙底圆用细实线表示，其中牙底圆只画 3/4 圈。

② 可见螺纹的终止线用粗实线表示，其两端应画到大径处为止。

③ 在剖视图或断面图中，剖面线都应画到粗实线为止。

④ 不可见螺纹的所有图线都画成虚线。

螺纹的画法见表 6-6。

表 6-6 螺纹的规定画法

分类	图例	说明
外螺纹	(a) (b)	(1) 外螺纹大径画粗实线，小径画细实线 (2) 小径通常按大径的 0.85 绘制 (3) 牙底线在倒角（或倒圆）部分也应画出；在垂直于螺纹轴线的投影面的视图中画出牙底圆时，倒角的投影省略不画 (4) 螺尾部分一般不必画出，当需要表示螺尾时，该部分用与轴线成 30°的细实线画出

续表

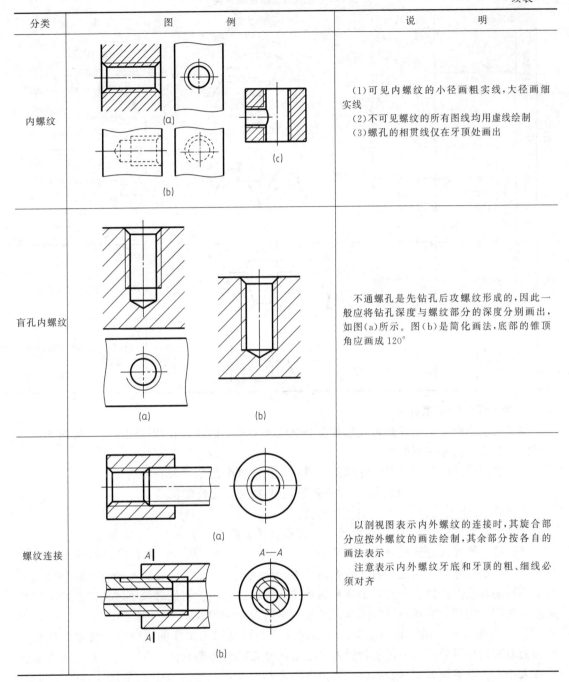

分类	图 例	说 明
内螺纹	(a)(b)(c)	(1)可见内螺纹的小径画粗实线,大径画细实线 (2)不可见螺纹的所有图线均用虚线绘制 (3)螺孔的相贯线仅在牙顶处画出
盲孔内螺纹	(a)(b)	不通螺孔是先钻孔后攻螺纹形成的,因此一般应将钻孔深度与螺纹部分的深度分别画出,如图(a)所示。图(b)是简化画法,底部的锥顶角应画成120°
螺纹连接	(a)(b)	以剖视图表示内外螺纹的连接时,其旋合部分应按外螺纹的画法绘制,其余部分按各自的画法表示 注意表示内外螺纹牙底和牙顶的粗、细线必须对齐

(四) 螺纹的种类及标注

1. 螺纹的种类

螺纹的种类很多,国家标准对各种螺纹的牙型、直径和螺距作了统一规定。凡是这三项要素符合国家标准的称为标准螺纹;牙型符合标准,而直径或螺距不符合标准的,称为特殊螺纹;牙型不符合标准的,如方牙(矩形牙型)螺纹,称为非标准螺纹。标准螺纹按用途分为连接螺纹和传动螺纹。常见标准螺纹的种类见表6-7。

表 6-7 常见标准螺纹的种类

螺纹种类			特征代号	牙型放大图	用　途
连接螺纹	普通螺纹	粗牙	M	60°	最常用的连接螺纹
		细牙			用于细小的精密或薄壁零件
	管螺纹	非螺纹密封	G	55°	广泛用于管道连接
		用螺纹密封 圆锥外螺纹	R		用于高温、高压系统和润滑系统的管子、管接头、阀门等螺纹连接附件
		圆锥内螺纹	Rc		
		圆柱内螺纹	Rp		
传动螺纹	梯形螺纹		Tr	30°	用于传递动力,如各种机床的丝杠
	锯齿形螺纹		B	3° 30°	只能传递单方向的动力,如螺旋千斤顶

2. 标准螺纹的规定标注

螺纹的规定画法不能反映螺纹的种类和螺纹各要素,因此,在螺纹图样上应按照国家标准规定的格式和代号进行标注。

（1）普通螺纹的标注　普通螺纹的完整标记由三部分组成,其格式为:

　　　　　螺纹代号-螺纹公差带代号-螺纹旋合长度代号

① 螺纹代号

　　　　　螺纹特征代号　公称直径×螺距　旋向

普通螺纹的螺纹特征代号为 M。公称直径指螺纹大径。某一公称直径的粗牙普通螺纹只有一个确定的螺距,因此,粗牙普通螺纹不标注螺距;而某一公称直径的细牙普通螺纹有几个不同的螺距供选择,因此,细牙普通螺纹必须标注螺距。右旋螺纹不注旋向;左旋螺纹应注出旋向"LH"。普通螺纹的基本尺寸见本书附录中的附表 1。

② 公差带代号　螺纹的公差带代号是用来说明螺纹加工精度的,由中径公差带代号和顶径公差带代号组成,当中径和顶径的公差带代号相同时,则只注一次。公差带是由表示公差带大小的公差等级数字和表示公差带位置的字母组成的。外螺纹公差带代号为小写字母,内螺纹公差带代号为大写字母。

内、外螺纹旋合时,其公差带代号用分数表示,分子为内螺纹公差带代号,分母为外螺纹公差带代号。例如 M20×2-6H/6g。

③ 旋合长度代号　旋合长度是指内、外螺纹旋合在一起的有效长度。普通螺纹的旋合长度分为三组,分别称为短、中等和长旋合长度,代号分别为 S、N、L。相应的长度可根据螺纹公称直径及螺距从标准中查出。中等旋合长度最常用,代号 N 在标记中省略。

普通螺纹标注示例见表 6-8。

表 6-8 普通螺纹标注示例

标记示例	标注示例	标记说明
M20-5g6g-S	M20-5h6g-S	公称直径为 20mm 的粗牙普通螺纹,螺距为 2.5mm,右旋,中径和顶径公差带代号分别为 5g、6g,短旋合长度
M10×1 LH-6H	M10×1LH-6H	公称直径为 10mm 的细牙普通螺纹,螺距为 1mm,左旋,中、顶径公差带代号均为 6H,中等旋合长度

(2) 梯形和锯齿形螺纹的标注　与普通螺纹格式相同。

① 螺纹代号

螺纹特征代号　公称直径×导程（P 螺距）　旋向

梯形螺纹的特征代号为 Tr,锯齿形螺纹的特征代号为 B。公称直径为螺纹大径的基本尺寸。单线螺纹,螺距=导程,只注写一次。左旋螺纹应标注"LH",右旋螺纹不注旋向。

② 公差带代号　只标注螺纹中径的公差带代号。

③ 旋合长度代号　旋合长度分为正常组和加长组,其代号分别用 N 和 L 表示。当旋合长度为正常组时,代号 N 省略。

梯形螺纹和锯齿形螺纹标注示例见表 6-9。

表 6-9 梯形螺纹和锯齿形螺纹标注示例

标记示例	标注示例	标记说明
Tr40×14(P7)LH-7H	Tr40×14(P7)LH-7H	梯形螺纹,公称直径 40mm,双线,螺距为 7mm,左旋,中径公差带 7H,中等旋合长度
B40×7LH-8c-L	B40×7LH-8c-L	锯齿形螺纹,公称直为 40mm,单线,螺距为 7mm,左旋,中径公差带 8c,长旋合长度

(3) 管螺纹的标注　管螺纹有用螺纹密封的管螺纹和非螺纹密封的密封管螺纹两种。

① 非螺纹密封的管螺纹的标记

螺纹特征代号　尺寸代号　公差等级代号　旋向

非螺纹密封的管螺纹特征代号为 G,其外螺纹公差等级分 A、B 两级,而内螺纹只有一种等级,故内螺纹不标记公差等级代号。

② 用螺纹密封的管螺纹的标记

第六单元　零件图和装配图

螺纹特征代号　尺寸代号　旋向

用螺纹密封的管螺纹是一种螺纹副本身具有密封性的管螺纹，分为圆锥外螺纹（R）、圆锥内螺纹（Rc）和圆柱内螺纹（Rp）。用螺纹密封的管螺纹，其内、外螺纹只有一种公差带，所以不标注公差等级代号。

管螺纹的标注用指引线由螺纹的大径线引出。其尺寸代号不是指螺纹大径，而是指带外螺纹管子的内孔直径。螺纹的大、小径数值可根据尺寸代号查阅有关标准，见本书附录中的附表2。

管螺纹标注示例见表6-10。

表 6-10　管螺纹标注示例

标记示例	标注示例	标记说明
G1/2A-LH	G1/2A-LH　G1/2-LH	非螺纹密封的管螺纹，尺寸代号为1/2，外螺纹公差等级为A级
Rc1/2	R1/2　Rc1/2	用螺纹密封的圆锥内螺纹，尺寸代号为1/2

二、螺纹紧固件

螺纹紧固件用于几个零件间的可拆连接，常见的螺纹紧固件有螺栓、螺柱、螺钉、螺母和垫圈等，如图6-36所示。

(a) 六角头螺栓　　(b) 双头螺栓　　(c) 六角螺母　　(d) 六角开槽螺母

(e) 内六角圆柱头螺钉　(f) 圆柱头螺钉　(g) 沉头螺钉　(h) 紧定螺钉

(i) 平垫圈　　(j) 弹簧垫圈　　(k) 圆螺母用止动垫圈　　(l) 圆螺母

图 6-36　螺纹紧固件

表 6-11 列出了常用螺纹紧固件的简图及其标记示例。

常见的螺纹紧固件的连接形式有：螺栓连接、双头螺柱连接和螺钉连接（图 6-37）。下面分别介绍它们的画法。

（一）螺栓连接

螺栓连接由螺栓、螺母、垫圈组成，如图 6-38（a）所示。螺栓连接是将螺栓穿入两个被连接件的光孔，套上垫圈，旋紧螺母。垫圈的作用是为了防止零件表面受损。这种连接方式适合于连接两个不太厚并允许钻成通孔的零件。

表 6-11 常用螺纹紧固件的简图及其标记示例

名称及标准编号	简图	规定标记示例
六角头螺栓 GB/T 5782—2016	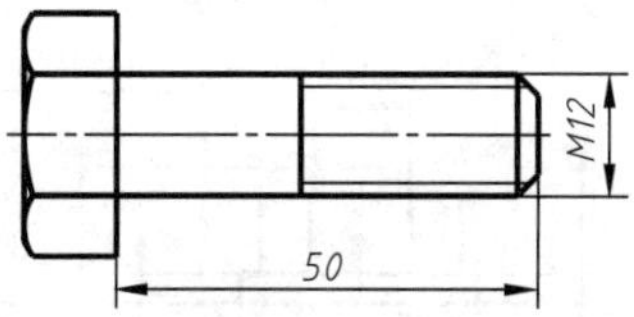	螺栓 GB/T 5782—2016 M12×50 螺纹规格 $d=12$mm、公称长度 $l=80$mm、性能等级为 8.8 级、表面氧化、A 级的六角头螺栓
双头螺柱 GB 897～900—88	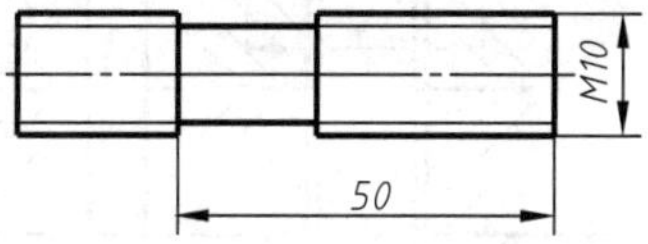	双头螺柱 GB 897—88 M10×50 两端均为粗牙普通螺纹，$d=10$mm、公称长度 $l=50$mm、性能等级为 4.8 级、B 型的双头螺柱
开槽盘头螺钉 GB/T 67—2016	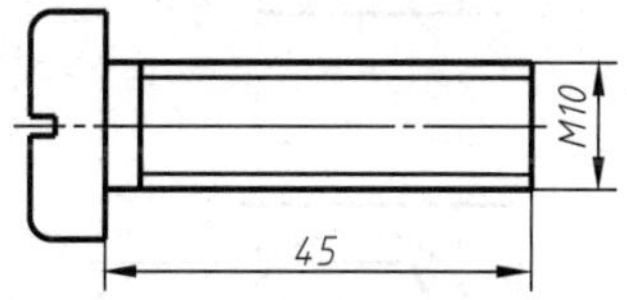	螺钉 GB/T 67—2016 M10×45 螺纹规格 $d=10$mm、公称长度 $l=45$mm、性能等级为 4.8 级、不经表面处理的开槽盘头螺钉
开槽沉头螺钉 GB/T 68—2016	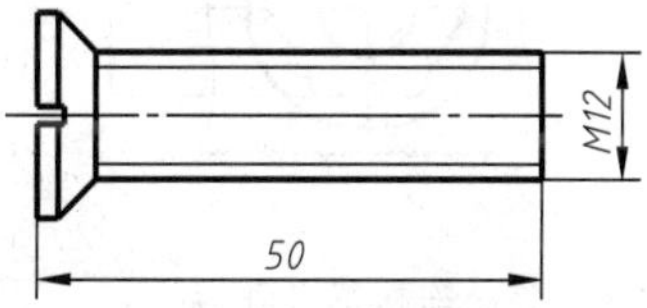	螺钉 GB/T 68—2016 M12×50 螺纹规格 $d=12$mm、公称长度 $l=50$mm、性能等级为 4.8 级、不经表面处理的 A 级开槽沉头螺钉
1 型六角螺母 A 级和 B 级 GB/T 6170—2015	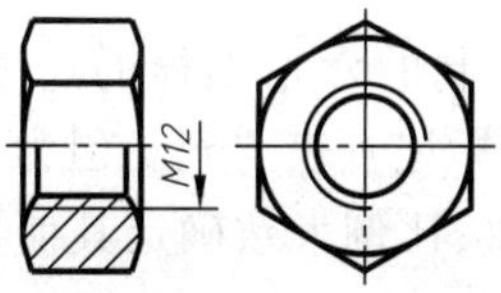	螺母 GB/T 6170—2015 M12 螺纹规格 $d=10$mm、性能等级为 8 级、不经表面处理、A 级的 1 型六角螺母
平垫圈-A 级 GB/T 97.1—2002 平垫圈-倒角型-A 级 GB/T 97.2—2002	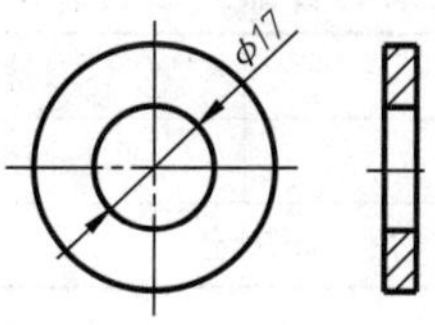	垫圈 GB/T 97.1—2002 16 标准系列、规格 16mm、不经表面处理的平垫圈
弹簧垫圈 GB 93—87	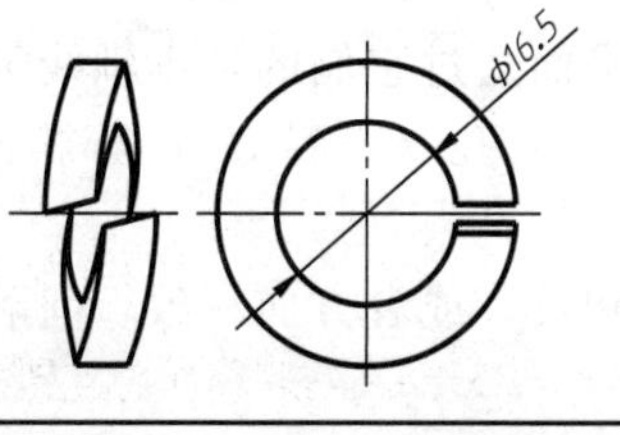	垫圈 GB 93—87 16 规格为 16mm、材料为 65Mn、表面氧化的标准弹簧垫圈

第六单元 零件图和装配图

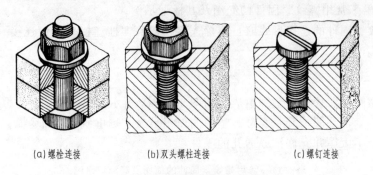

(a)螺栓连接　　　(b)双头螺柱连接　　　(c)螺钉连接

图 6-37　螺纹紧固件连接形式

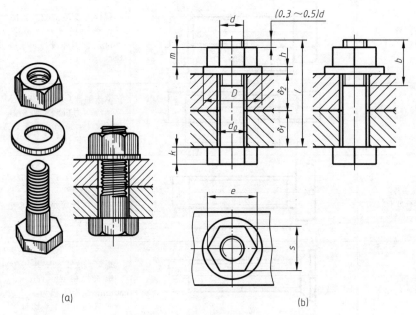

图 6-38　螺栓连接简化画法

如图 6-38(b) 所示是采用简化画法绘制的六角螺栓的连接图，图中省略了各连接件的倒角。画图时，各连接件的尺寸可根据其标记查表得到。但为了提高作图效率，通常采用近似画法，即根据公称尺寸（螺纹大径 d）按比例大致确定其他各尺寸，见表 6-12。

表 6-12　螺栓连接的各部分比例关系式

名称	螺栓	螺母	平垫圈
尺寸关系	$b=2d$　$k=0.7d$	$m=0.8d$	$h=0.15d$ $D=2.2d$
	$e=2d$　s 由作图决定		

画螺栓连接图时，需要注意以下几点。

① 对于螺栓、垫圈和螺母，剖切平面通过它们的基本轴线剖切时，按不剖绘制。

② 被连接件的接触面只画一条线，光孔（直径 d_0）与螺杆为非接触面，应画出间隙（可近似取 $d_0=1.1d$）。

③ 两个被连接件的剖面线方向应相反，或者方向一致、间隔不等。

螺栓长度 l 应按下式估算：

$$l=\delta_1+\delta_2+h+m+a$$

再从相应的螺栓公称长度系列中选取与估算值相近的标准值,见附录中的附表 3 和附表 4。

(二) 双头螺柱连接

双头螺柱连接主要用于被连接件之一较厚,或不允许钻成通孔而难于采用螺栓连接的场合,如图 6-39(a) 所示。双头螺柱两端均制有螺纹,一端直接旋入较厚的被连接件的螺孔内 (称为旋入端,长度 b_m),另一端则穿过较薄零件的光孔,套上垫圈,用螺母旋紧 (称为拧螺母端,长度 b),见附录中的附表 8。

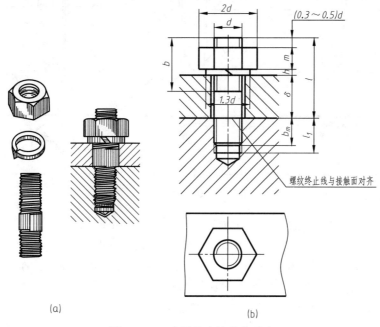

图 6-39 双头螺柱连接简化画法

双头螺柱连接的简化画法如图 6-39(b) 所示。双头螺柱旋入端应全部旋入螺孔,画图时旋入端的螺纹终止线须与两零件的接合面平齐。图中采用了弹簧垫圈,可以起到防松作用,画图时其开口用粗线 (约 $2d$,d 为粗实线宽度) 按自左上到右下与水平成 60°方向绘制。

画螺柱连接时的几个有关尺寸应按下面的关系式确定。

① 双头螺柱的旋入端长度 b_m 与机体的材料有关,国家标准规定了四种规格,查阅相关标准可得。

② 双头螺柱的公称长度由被连接件厚度 (δ)、螺母高 (m)、垫圈厚 (h) 及伸出长度按下式计算后取标准值。

$$l=\delta+h+m+(0.3\sim 0.5)d$$

③ 螺孔深度由双头螺柱旋入端长度 b_m 决定。一般取螺纹深度 $l_1\approx b_m+0.5d$;钻孔深度 $l_2\approx l_1+0.5d$。为简化起见,允许将钻孔深度与螺纹深度画成一致,但必须大于旋入深度。

④ 采用近似比例作图时,双头螺柱拧螺母端的螺纹部分长度约取 $2d$;弹簧垫圈厚度取 $h\approx 0.2d$,外径约为 $1.3d$;螺母与螺栓连接中的画法相同。

（三）螺钉连接

螺钉连接主要用于受力不大并不经常拆卸的地方。在较厚的机件上加工出螺孔，在另一连接件上加工成通孔，用螺钉穿过通孔直接拧入螺孔即可实现连接。

螺钉的种类很多，如圆柱形开槽沉头螺钉、圆锥形开槽沉头螺钉、半圆形开槽螺钉、内六角圆柱头螺钉以及紧定螺钉等。如图 6-40 所示为常用的几种螺钉连接的画法。

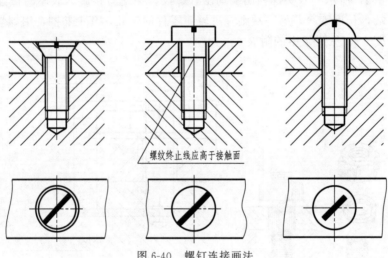

图 6-40 螺钉连接画法

画螺钉连接时，需注意的几个问题如下。

① 螺钉上的螺纹终止线应高于两零件的结合面，以保证连接可靠。

② 螺钉头部的开槽用粗线（线宽约为 $2d$，d 为粗实线线宽）表示；在垂直于螺钉轴线的视图中，一律从左下向右上与水平方向成 45°画出。

③ 被连接件上螺孔的画法与双头螺柱连接相同。

三、键连接和销连接

键连接一般是用来实现轴与轮之间的连接，普通平键最为常见，如图 6-41(a) 所示。键及键槽的尺寸是根据被连接轴的公称直径（d）确定的。对于普通平键，可在附录的附表 9 中查得键和键槽的尺寸。如图 6-41(b)～(d) 所示为平键及键槽的图示及尺寸标注。其中平键省略了倒圆、倒角。

普通平键的两侧面为工作面，与槽侧面接触；键顶面与轮毂上键槽顶面存在间隙，画两条线；沿键长度方向剖切时，键按不剖绘制，如图 6-42 所示。

销主要用于固定零件的相对位置，也可用于轴与毂或其他零件的连接，并传递不大的载荷。常见的有圆柱销和圆锥销，其画法如图 6-43 所示。圆锥销和圆柱销的基本尺寸见附录中的附表 10 和附表 11。

四、齿轮

齿轮是传动零件，通过齿轮传动能将一根轴的动力和旋转运动传递给另一根轴，同时可改变转速和旋转方向。依据两啮合齿轮轴线的相对位置不同，齿轮传动可分为以下三种形式。

圆柱齿轮：用于两轴平行时的传动，如图 6-44(a) 所示。

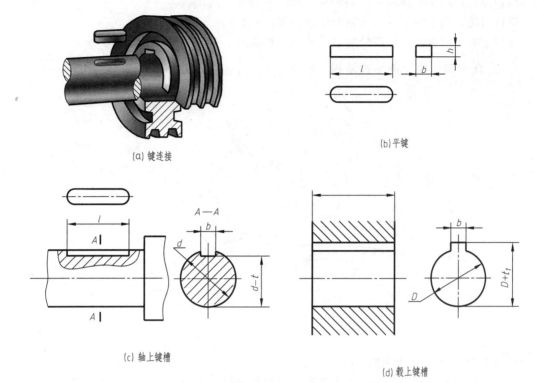

图 6-41 平键及键槽的图示与尺寸标注

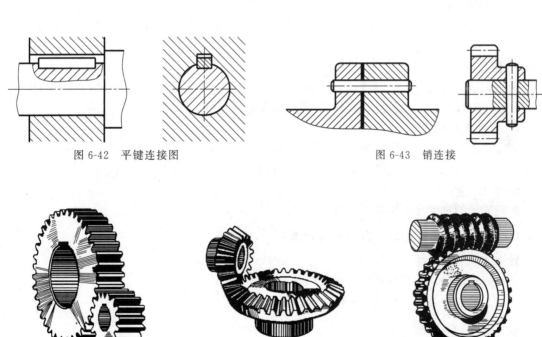

图 6-42 平键连接图　　　图 6-43 销连接

图 6-44 齿轮传动分类

圆锥齿轮：用于两轴相交时的传动，如图 6-44(b) 所示。
蜗杆蜗轮：用于两垂直交叉轴的传动，如图 6-44(c) 所示。
这里主要介绍直齿圆柱齿轮的基本知识与规定画法。

(一) 直齿圆柱齿轮的轮齿结构 (图 6-45)

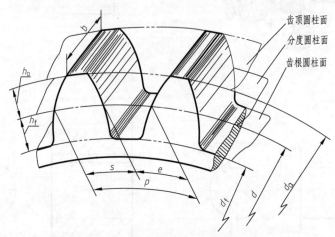

图 6-45　圆柱齿轮各部分的名称

1. 齿顶圆 (d_a) 和齿根圆 (d_f)

通过齿轮各轮齿顶部的圆称为齿顶圆；通过齿轮各轮齿根部的圆称为齿根圆。

2. 分度圆 (d)

是计算齿轮尺寸的基准圆，也是分齿的圆。两个标准齿轮啮合时，两齿轮的分度圆相切。

3. 齿高 (h)

轮齿齿顶圆与齿根圆之间的径向距离。其中，齿顶圆与分度圆之间的径向距离称为齿顶高 (h_a)；齿根圆与分度圆之间的径向距离称为齿根高 (h_f)。显然，$h = h_a + h_f$。

4. 齿距 (p)

分度圆上相邻两齿同侧齿廓间的弧长，包括齿厚 (s) 和槽宽 (e)。齿厚指一个轮齿齿廓在分度圆上的弧长，槽宽指两个轮齿间的齿槽在分度圆上的弧长。显然，$p = s + e$。

5. 齿宽 (b)

齿轮轮齿的宽度（沿齿轮轴线方向度量）。

(二) 直齿圆柱齿轮的模数及尺寸计算

1. 模数 (m)

模数是齿轮的一个基本参数。

设齿轮的齿数为 z，则分度圆周长 $= \pi d = pz$。

据此可得到分度圆直径 $d = \dfrac{p}{\pi} z$。

式中，π 是一个无理数，为了计算方便，取 $m = \dfrac{p}{\pi}$。

定义 m 为模数。

显然，模数大小与齿距成正比，也就与轮齿的大小成正比。模数越大，轮齿就越大。两齿轮啮合，轮齿的大小必须相同，因而模数必须相等。

模数是设计、制造齿轮的一个重要参数。为了统一齿轮的规格，提高标准化、系列化程度，便于加工，国家标准对齿轮的模数已作了统一规定，见表 6-13。

表 6-13　圆柱齿轮的模数（GB/T 1357—2008）

第一系列	1　1.25　2　2.5　3　4　5　6　8　10　12　16　20　25　32　40
第二系列	2.25　2.75　(3.25)　3.5　(3.75)　4.5　5.5　(6.5)　7　9　(11)　14

注：优先选用第一系列，其次是第二系列，括号内的模数尽可能不用。

2. 标准直齿圆柱齿轮的尺寸计算

对于标准齿轮，规定：

$$h_a = m$$

$$h_f = 1.25m$$

于是，可由 m、z 计算齿轮的各部分尺寸：

$$d = mz$$

$$d_a = d + 2h_a = mz + 2m = m(z+2)$$

$$d_f = d - 2h_f = mz - 2.5m = m(z-2.5)$$

两个标准齿轮啮合时，两齿轮的分度圆相切，并且 m 相等。如果两齿轮的分度圆直径分别为 d_1、d_2，齿数分别为 z_1、z_2，则两齿轮的中心距（a）为：

$$a = (d_1 + d_2)/2 = m(z_1 + z_2)/2$$

（三）直齿圆柱齿轮的规定画法

国标标准 GB/T 4459.2—2003 对齿轮的画法作了如下规定。

① 齿顶圆和齿顶线用粗实线绘制。
② 分度圆和分度线用细点画线绘制。
③ 齿根圆和齿根线用细实线绘制，也可省略不画。在剖视图中，当剖切平面通过齿轮轴线时，轮齿一律按不剖绘制，齿根线用粗实线绘制，不能省略。

单个齿轮的画法如图 6-46 所示。

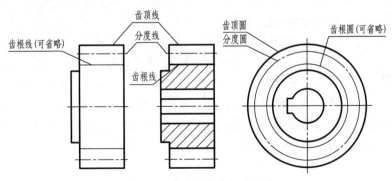

图 6-46　直齿圆柱齿轮的画法

齿轮啮合的画法如图 6-47 所示。两标准齿轮相互啮合时，它们的分度圆相切，分度线重合，此时分度圆又称节圆。啮合部分的规定画法如下。

在平行于齿轮轴线的投影面的视图上，当剖切平面通过两齿轮轴线时，啮合区内将一个齿轮的轮齿用粗实线绘制，另一个齿轮的轮齿被遮部分用虚线绘制，虚线也可省略不画，如图6-47(a)所示。当不采用剖视时，啮合区内的齿顶线和齿根线不需画出，节线用粗实线绘制，如图6-47(c)所示。

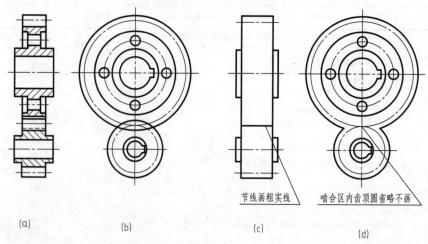

图 6-47　直齿圆柱齿轮啮合的画法

在垂直于圆柱齿轮轴线的投影面的视图上，啮合区内的齿顶圆仍用粗实线画出，如图6-47(b)所示；也可省略不画，如图6-47(d)所示。

五、滚动轴承

滚动轴承是用来支承旋转轴的标准组件。它具有结构紧凑、摩擦力小等优点，因此，在机器中得到了广泛的应用。

（一）滚动轴承的结构、类型和基本代号

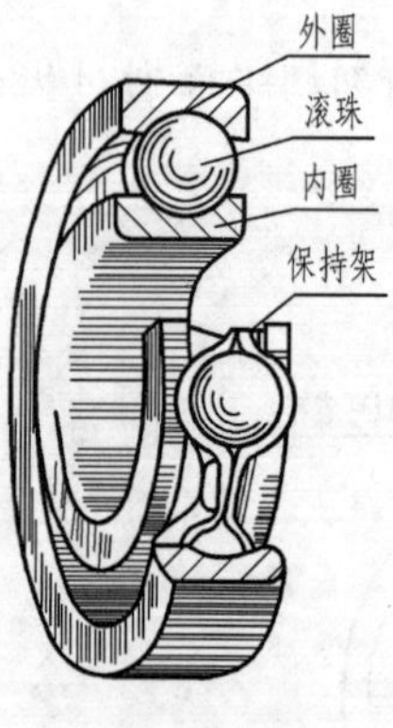

1. 结构

滚动轴承的结构由内圈、外圈、滚动体、保持架组成，如图6-48所示。内圈套在轴上，与轴一起转动，外圈装在机座孔中。滚动体有球形、圆柱形和圆锥形等，装在内、外圈之间的滚道中，保持架用于均匀地隔开滚动体。

2. 类型

滚动轴承种类很多，按可承受载荷的特性分为：径向承载轴承，主要承受径向载荷，如深沟球轴承，如图6-49(a)所示；轴向承载轴承，主要承受轴向载荷，如推力球轴承，如图6-49(b)所示；径向和轴向承载轴承，同时承受径向和轴向的载荷，如圆锥滚子轴承，如图6-49(c)所示。

图 6-48　轴承结构

3. 基本代号

滚动轴承的结构、尺寸、公差等级和技术性能等特征可用代号表示。滚动轴承的基本代号由轴承类型代号、尺寸系列代号和内径代号三部分构成。它表示轴承的基本类型、结构和尺寸大小。

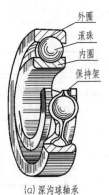 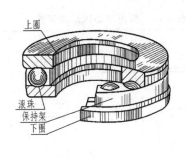 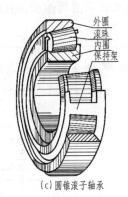

(a)深沟球轴承　　　　(b)推力球轴承　　　　(c)圆锥滚子轴承

图 6-49　轴承的类型

(1) 类型代号　轴承类型代号用数字或字母表示，见表 6-14。

表 6-14　滚动轴承类型代号

轴承类型名称	类型代号	轴承类型名称	类型代号
双列角接触球轴承	0	深沟球轴承	6
调心球轴承	1	角接触球轴承	7
调心滚子轴承 推力调心滚子轴承	2	推力圆柱滚子轴承	8
圆锥滚子轴承	3	外边无挡圈圆柱滚子轴承 双列圆柱滚子轴承	N NN
双列深沟球轴承	4	圆锥孔外球面球轴承	UK
推力球轴承 双向推力球轴承	5	四点接触球轴承	QJ

(2) 尺寸系列代号　尺寸系列代号由轴承的宽（高）度系列代号和直径系列代号组成，用两位阿拉伯数字表示。用来区别内径相同而宽度和外径不同的轴承。

(3) 内径代号　表示轴承内孔的公称尺寸，用两位阿拉伯数字表示。代号为 00、01、02、03 时，轴承内径分别为 10mm、12mm、15mm、17mm；代号数字为 04～96，对应轴承内径值可用代号数乘以 5 计算得到。但轴承内径为 1～9mm 时，直接用公称内径数值（mm）表示；内径值为 22mm、28mm、32mm 以及大于或等于 500mm 时，也用公称内径直接表示，但要用 "/" 与尺寸系列代号分开。

例如：

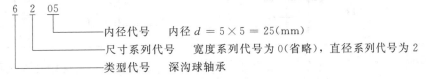

本书附录中的附表 12 摘录了常见的几种滚动轴承标准。根据滚动轴承代号可从标准中查出其有关尺寸。例如，代号为 6205 的滚动轴承，可查得其 $d=25$mm，$D=52$mm，$B=15$mm。

（二）滚动轴承的画法

对于标准滚动轴承，通常不需要确切地表示其结构和形状。国家标准规定了简化画法和规定画法来表示滚动轴承，其中简化画法又分为通用画法和特征画法，见表 6-15。

表 6-15 常用滚动轴承的画法

名称和标准号	规定画法	简化画法	
		特征画法	通用画法
深沟球轴承 GB/T 276—2013	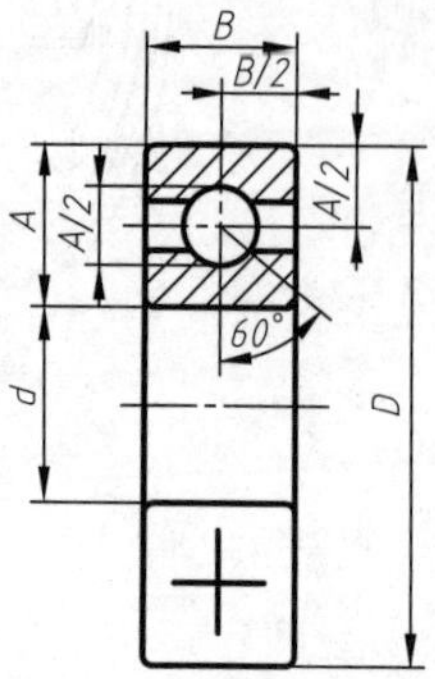	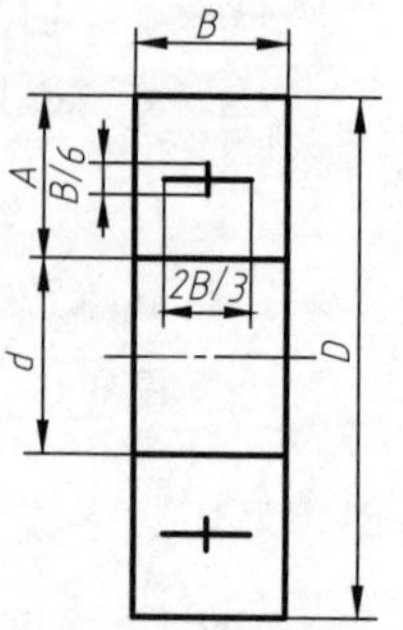	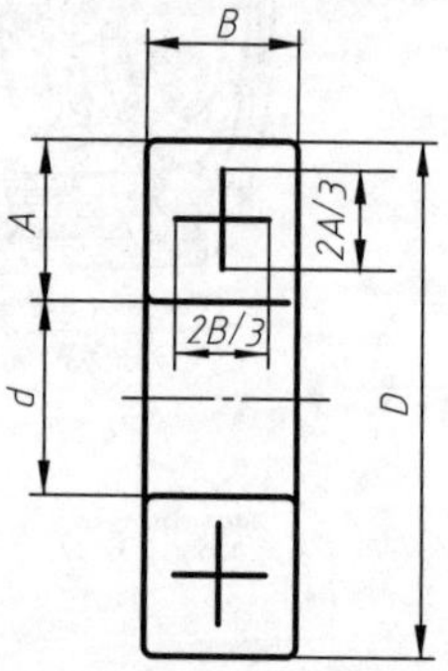
圆锥滚子轴承 GB/T 297—2015	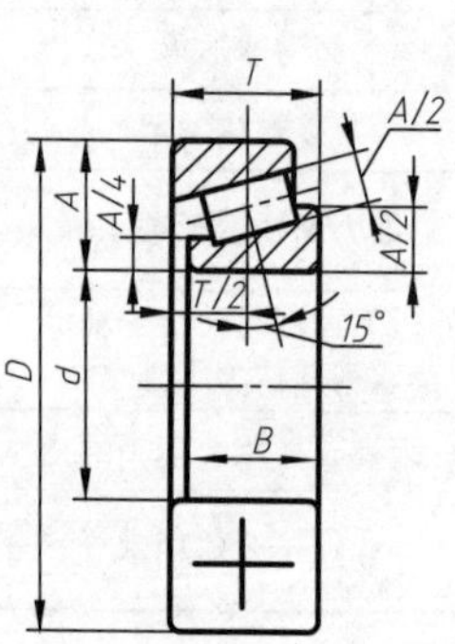	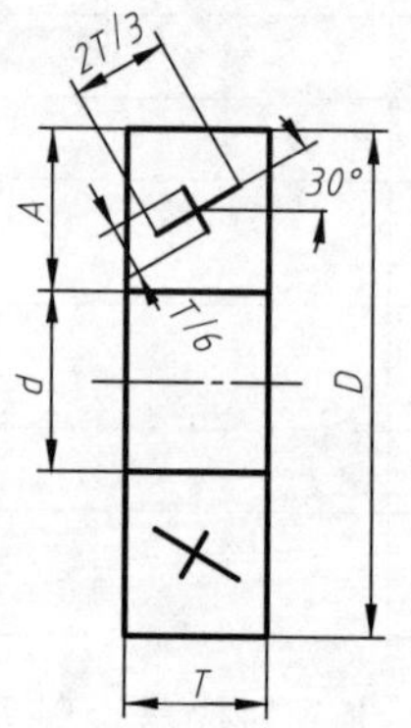	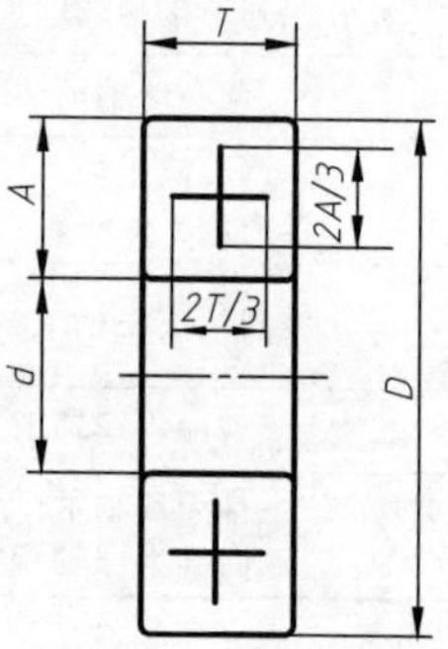
推力球轴承 GB/T 301—2015	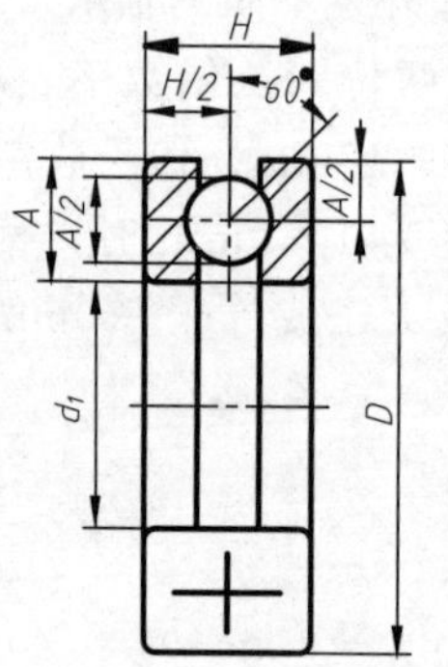	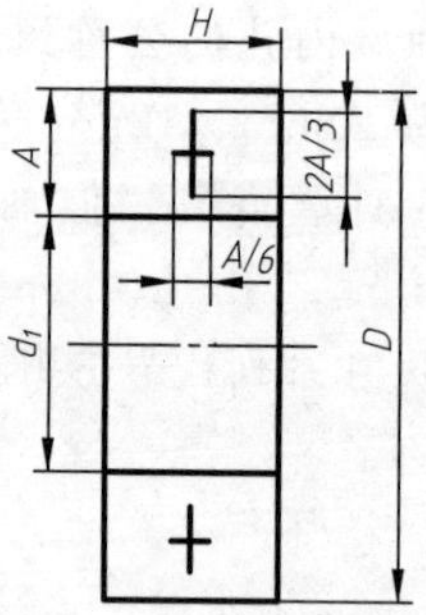	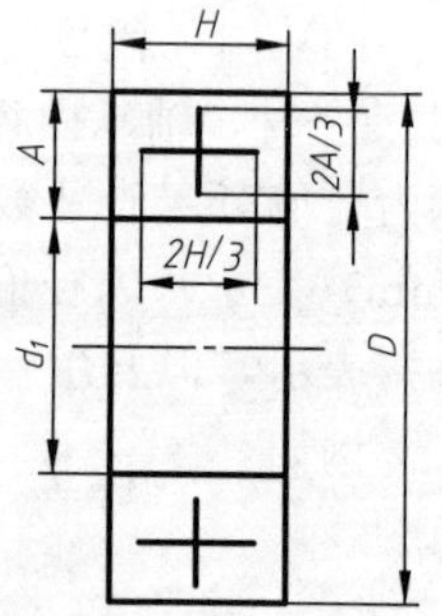

通用画法用矩形线框及十字形符号示意性地表示滚动轴承。特征画法在矩形线框内画出结构要素符号较形象地表示滚动轴承的结构特征和载荷特性。规定画法则比较真实地反映滚动轴承的结构和尺寸。

【归纳总结】

螺纹是零件上常见的标准结构，国家标准规定了螺纹的画法，而螺纹的结构要素、尺寸等要通过螺纹标注来表达。国家标准规定了标准螺纹的标注方法。

常见的螺纹紧固件有螺栓、螺柱、螺钉、螺母、垫圈等，螺纹紧固件的连接有螺栓连接、螺柱连接、螺钉连接，其连接图通常采用简化画法绘制。

键、销也是标准化零件，绘图时其倒角、倒圆常省略。

绘制螺纹紧固件的连接图、键连接图、销连接图时，规定：①两零件接触表面画一条线，不接触表面画两条线；②剖视图中相邻的不同零件的剖面线方向应相反，或者方向一致、间隔不等；③对于连接件、紧固件，若剖切平面通过它们的基本轴线时，则这些零件按不剖绘制。

齿轮是传动零件，齿轮的模数是标准化参数，决定轮齿的大小。绘图时轮齿部分按规定画法绘制，其余部分按实际结构形状绘制。

滚动轴承的类型、尺寸等均已标准化，绘图时常采用简化画法。

【巩固练习】

1. 按已知条件绘制螺纹及螺纹连接图。

(1) 外螺纹 M16，螺纹长度 20mm，完成两视图，如图 6-50(a) 所示。

(2) 螺纹通孔 M16，孔端倒角 C1，完成两视图，如图 6-50(b) 所示。

(3) 将第 (1) 题的外螺纹旋入第 (2) 题的螺纹孔内，旋入长度 15mm，绘制螺纹连接图，如图 6-50(c) 所示。

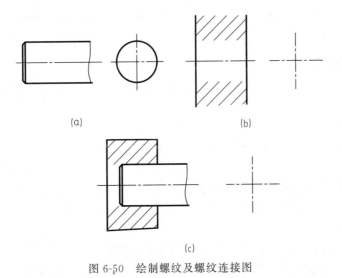

图 6-50　绘制螺纹及螺纹连接图

6.1　图 6-50 练习答案

2. 在图 6-38 (b) 中，$\delta_1=30$mm，$\delta_2=30$mm，螺栓直径 $d=20$mm，长度 $l=90$mm，按 1∶1 的比例，采用简化画法绘制螺栓连接图。

第三节　装　配　图

【任务书 6-3】

任务编号	任务 6-3	任务名称	识读旋塞阀的装配图	完成形式	学生在教师指导下完成	时间	90 分钟
能力目标	1. 能用 AutoCAD 软件绘制简单装配图 2. 能识读一般装配图						

续表

任务编号	任务6-3	任务名称	识读旋塞阀的装配图	完成形式	学生在教师指导下完成	时间	90分钟
相关知识	1. 装配图的作用和内容 2. 装配图常用的表达方法 3. 阅读装配图的方法 4. 画装配图的方法						
参考资料	孙安荣.化工制图与CAD技术.北京：化学工业出版社						
能力训练过程							
课前准备	预习本单元第三节，熟悉以下内容： 1. 装配图包括哪些内容； 2. 装配图中一般应标注哪些尺寸； 3. 编写零件序号的方法； 4. 装配图应遵循哪些规定画法； 5. 装配图常采用哪些特殊表达方法； 6. 识读装配图的方法步骤						
课堂训练	1. 提问、检查课前预习情况 2. 本次课知识点讲解 3. 识图训练：识读旋塞阀装配图 4. 知识总结 5. 提高训练：绘制旋塞阀装配图						

【相关知识】

一、装配图的作用和内容

机器、设备或部件统称为装配体。装配图是表达装配体的工作原理、装配关系及基本结构形状的图样。

装配图的作用有以下几个方面。

① 进行装配体设计时，首先要根据设计要求画出装配图，用以表达机器或部件的结构形状和工作原理。

② 在生产过程中，要根据装配图把零件组装成部件或机器。

③ 使用者要根据装配图，了解机器的性能、结构、传动路线、工作原理、维护、调整和使用方法。

④ 装配图反映设计者的技术思想，因此也是进行技术交流的重要文件。

如图 6-51 所示是旋塞阀的装配图。由图中可以看出一张完整的装配图包括的内容有：一组视图、必要的尺寸、技术要求、零件序号、明细栏和标题栏等。

（一）一组视图

1. 主视图

一般按部件的工作位置放置，当工作位置倾斜时应自然放正。选择反映主要或较多装配关系的方向作为主视图的投射方向。

2. 其他视图

在主视图的基础上，选用一定数量的其他视图把工作原理、装配关系进一步表达完整，并表达清楚主要零件的结构形状。视图的数量根据装配体的复杂程度和装配线的多少而定。

由于装配体通常有一个外壳，以表达工作原理和装配关系为主的视图，通常采用各种剖视。

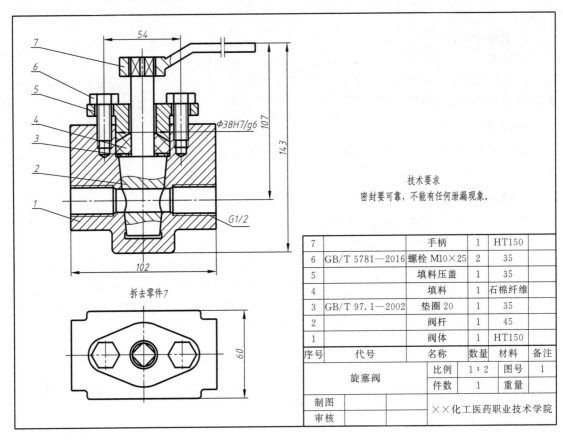

图 6-51 旋塞阀装配图

旋塞阀由阀体、阀杆、垫圈、填料、填料压盖、螺栓和手柄 7 种零件组成，其中螺栓为标准件。该装配图采用了两个基本视图，其中主视图是全剖视图。

（二）必要的尺寸

装配图不是制造零件的依据，因此在装配图中不需注出每个零件的全部尺寸，而只需注出装配体的规格特性及装配、检验、安装时所必需的尺寸，一般包括以下几类。

1. 特性尺寸

也称为规格尺寸，它是表示机器或部件的性能、规格和特征的有关尺寸，这些尺寸在设计时就已确定，也是选用机器或部件的依据。如图 6-51 中所示进、出口尺寸 G1/2，高度尺寸 107mm。

2. 装配尺寸

装配尺寸包括配合尺寸和主要零件间的相对位置尺寸。如图 6-51 中所示装配尺寸为 ϕ38H7/g6、54mm。

3. 安装尺寸

安装尺寸是机器或部件安装到基础或其他位置所需的尺寸。如图 6-51 中所示 G1/2 也表示旋塞阀与管路的安装尺寸。

4. 外形尺寸

外形尺寸是表示机器或部件的外形轮廓尺寸，即总长、总宽和总高。它是机器或部件包装、运输、安装和厂房设计所需要的尺寸。如图 6-51 中所示外形尺寸为 143mm、

102mm、60mm。

5. 其他主要尺寸

在设计中经过计算而确定的尺寸，主要零件的主要尺寸。

以上五类尺寸之间并不是孤立的，同一尺寸可能有几种含义。有时一张装配图并不完全具备上述五类尺寸，因此，对装配图中的尺寸需要具体分析，然后进行标注。

（三）技术要求

说明装配体在装配、检验、调试及使用等方面的要求。一般用文字注写在明细栏上方或图样下方空白处，如图 6-51 所示。

（四）零件序号

为了便于看图，管理图样或编制其他技术文件，在装配图中必须对每个零件进行编号，并填写明细栏，以说明各零件的名称、数量、材料等。序号编写方法如下。

① 序号用带小点的指引线引到视图之外，端部画一条水平线或圆，序号数字要比尺寸数字高度大一号或大两号，如图 6-52（a）所示。也可直接将序号注在指引线附近，序号比尺寸数字大两号，如图 6-52（b）所示。

② 相同的零部件用一个序号，一般只标注一次。

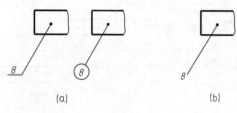

图 6-52 零件序号的标注

③ 对紧固件组或装配关系清楚的零件组，允许采用公共指引线，如图 6-53（a）所示。若指引线所指部分内不便画圆点时（如很薄的零件或涂黑的剖面），可在指引线的末端画出箭头，并指向该部分的轮廓，如图 6-53（b）所示。

④ 序号应水平或垂直排列，按顺时针或逆时针方向依次编写。

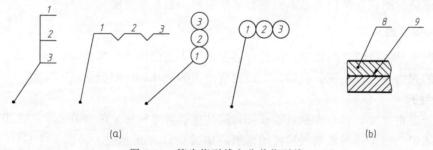

图 6-53 箭头指引线和公共指引线

（五）明细栏和标题栏

装配图中应画出标题栏和明细栏。明细栏一般绘制在标题栏上方，按由下而上的顺序填写，其格数应根据需要而定。当由下而上延伸位置不够时，可紧靠在标题栏的左边自下而上延续。

明细栏的内容一般包括图中所编各零部件的序号、代号、名称、数量、材料和备注等。明细栏中的序号必须与图中所编写的序号一致。对于标准件，在代号一栏要注明标准号，并在名称一栏注出规格尺寸，标准件的材料可不填写。

二、装配图的表达方法

零件图中的各种表达方法，在装配图中也同样适用。但机器或部件是由若干个零件组成的,而装配图不仅要表达结构形状,还要表达工作原理、装配关系,因此国家标准对装配图提出了一些规定画法和特殊表达方法。

(一) 规定画法

装配图中为了清楚地表达零件之间的相互关系,应遵循如下规定画法。

① 相邻两个零件的接触面和配合面只画一条线;非接触或非配合的表面,即便间隙很小,也必须画两条轮廓线。

② 相邻两零件的剖面线方向相反或方向一致而间隔不等,但同一个零件在各剖视图或断面图中,剖面线的方向与间隔一致。

③ 对于紧固件以及轴、连杆、球等实心零件,若剖切平面通过其轴线或对称平面时,则这些零件均按不剖绘制。如果剖切平面垂直于其轴线或对称平面时,则应在断面上画剖面线。

(二) 装配图的特殊表达方法

1. 拆卸画法

当某个或某些零件遮住了需要表达的其他部分时,可将这些零件及其有关的紧固件拆去后绘制。对拆卸画法要在视图上方加注说明"拆去××",图6-51中的俯视图拆去了零件7(手柄)。

2. 沿结合面剖切

装配图的视图中,可以假想沿某两个零件的结合面进行剖切,此时,零件的结合面不画剖面线,但被横向剖切的轴、螺栓或销等要画剖面线。如图6-54所示的滑动轴承俯视图的半剖视图(见后),就是采用上述的表达方法。

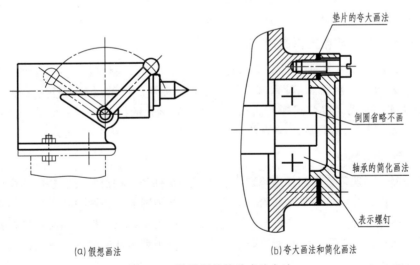

图 6-54 装配图的特殊表达方法

3. 假想画法

用双点画线假想画出装配体中运动零件的极限位置;也可用双点画线表达与该装配体有关联的其他零部件,如图6-54(a)所示。

4. 夸大画法

对于直径或厚度小于2mm的较小零件或较小间隙,如薄垫片、细丝弹簧等,若按它们的尺寸画图难以明显表示时，可不按其比例而采用夸大画法。在剖视图中，细小零件的断面可涂黑表示，如图 6-54(b) 所示。

5. 简化画法

装配图中零件的工艺结构，如圆角、倒角等，允许省略不画；若干个相同零件组、螺栓、螺钉的连接等，可详细地画出一组或几组，其余只用轴线或中心线表示其位置，如图 6-54(b) 所示。

三、读装配图

在机器设备的设计、制造、装配、使用和维修及进行技术交流时，都需要阅读装配图。看装配图的目的是为了了解装配体的性能、用途和工作原理，了解各零件间的装配关系和装拆顺序，了解各零件的基本结构形状及其作用。下面以图 6-51 所示的旋塞阀为例，说明看装配图的方法和步骤。

（一）概括了解

首先看标题栏，了解装配体名称、画图比例等；再看明细栏及零件编号，了解装配体由多少种零部件构成，哪些是标准件；然后粗看视图，大致了解装配体的结构形状及大小。

如图 6-51 所示是旋塞阀的装配图，从序号和明细栏中知道，该旋塞阀共由 7 种零件装配而成，其中螺栓、垫圈是标准件。

（二）分析视图

通过视图分析，了解装配图选用了哪些视图，弄清各视图之间的投影关系、视图的剖切方法以及表达的主要内容等。

旋塞阀选用了两个基本视图。主视图按工作位置放置并采用了全剖视图，表达了内部结构的连接关系，俯视图则补充表达了外部形状。

（三）分析装配关系和工作原理

阀杆 2 装入阀体 1 并通过锥面定位，放上垫圈 3，装入密封填料 4，盖上填料压盖 5，用螺栓 6 连接，最后套上手柄 7，旋塞阀即安装完毕。旋塞阀中的运动零件为手柄与阀杆，转动手柄时带动阀杆转动，改变阀杆上的孔与阀体左右侧孔的位置，调节流量，控制阀门的开启与关闭。如图 6-51 所示是旋塞阀的最大开启位置，当手柄转过 90°时，阀门完全关闭。

（四）分析零件

分析零件时，一般可按零部件序号顺序分析每个零件的结构形状及在装配体中的作用，主要零件要重点分析。分析某一零件形状时，首先要从装配图的各视图中将该零件的投影正确地分离出来。分离零件的方法，一是根据视图之间的投影关系；二是根据剖面线进行判别。对所分析的零件，通过零部件序号和明细栏联系起来，从中了解零件的名称、数量、材料等。

（五）归纳总结

通过以上分析，对装配体的装配关系、工作原理、各零件的结构形状及作用有一个完整、清晰的认识，并想象出整个装配体的形状和结构。旋塞阀的结构如图 6-1 所示。

四、画装配图

（一）零件可见性的处理

装配体由若干零件按一定的位置关系装配而成，绘图时零件相互之间会产生遮挡，为保证清晰，装配图中应省略不必要的虚线。当采用剖视表达装配体时，外层零件进入内层零件轮廓范围内的部分不可见。当采用视图表达装配体时，由看图方向自近向远，远层零件进入近层零件轮廓范围以内的部分不可见。

对于一些标准件和常用件的连接结构，如螺纹连接、键连接、销连接、齿轮啮合等，应遵循本单元第二节所述的规定画法。

（二）用 AutoCAD 拼画装配图

在绘制本单元第一节旋塞阀各零件图的基础上，拼画旋塞阀装配图的步骤如下。

① 选择绘图比例 1∶1，A3 图幅。

② 绘制图框、标题栏、明细栏。

③ 拼画主视图，如图 6-55 所示。

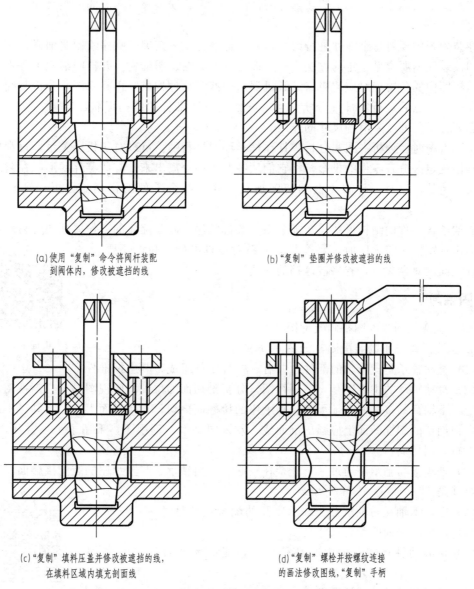

(a) 使用"复制"命令将阀杆装配到阀体内，修改被遮挡的线

(b) "复制"垫圈并修改被遮挡的线

(c) "复制"填料压盖并修改被遮挡的线，在填料区域内填充剖面线

(d) "复制"螺栓并按螺纹连接的画法修改图线，"复制"手柄

图 6-55　拼画主视图

④ 拼画俯视图。
⑤ 标注尺寸，编写零件序号，填写标题栏、明细栏。
⑥ 检查，完成如图 6-51 所示的装配图。

【归纳总结】

装配图的一组视图中，主视图是反映装配体的工作原理、零件间的主要装配关系及主要零件的结构最清楚的那个视图，一般按部件的工作位置放置。

装配图的规定画法有：接触面、接合面（非接触面、非接合面）的画法，剖面线的规定画法，剖视图中对紧固件、实心杆件的规定画法等。装配图常采用的特殊表达方法有：拆卸画法、沿接合面剖切的画法、假想画法、夸大画法、简化画法等。要通过具体的图例分析、理解这些表达方法。能够识读这些表达方法是正确阅读装配图必不可少的。

装配图中只标注出表示机器或部件的性能、装配、安装等所必需的一些尺寸，而不是全部的尺寸。

在装配图中要对每个零件进行编号，并在标题栏上方按编号顺序绘制明细栏。

阅读装配图要遵循一定的方法步骤，即先看标题栏、明细栏，并把明细栏中各零部件按编号与视图中的位置相对应，粗略了解机器由哪些零部件构成；再看视图，分析装配关系及其工作原理；然后进行零部件分析，逐一弄清楚各零部件的结构形状、数量、装配连接关系；还要分析尺寸，弄清各尺寸的作用。

实际看图时，分析视图和分析零件往往是同时进行的。可以对照投影关系，再利用剖面线的画法规定区分各零件的投影，将它们从装配图中分离出来。有些零件的形状在装配图中没有表达清楚，这时，就需要根据装配连接关系，结合零件的作用，分析、设想零件的形状。

弄清了各零件的结构形状、装配关系、装拆顺序，对装配体的工作原理便容易理解了。

由零件图拼画装配图时，要按装配关系对零件准确定位，还要分清零件之间的遮挡关系，省略被遮挡的虚线。

【巩固练习】

1. 由旋塞阀的零件图拼画装配图。

6.2 巩固练习1视频

2. 识读滑动轴承的装配图，如图 6-56 所示。

（1）滑动轴承是支承轴的部件，共有____种零件组成，其中标准件有____。

（2）滑动轴承的主视图是____剖视图，分析剖切面的位置。俯视图是____剖视图，剖切面沿上、下轴瓦的接触面及轴承盖、轴承座的接触面剖切，在接触面上____（画、不画）剖面线，被剖切的螺栓断面上应画出剖面线。左视图是____剖视图，采用了____（几个相交、两个平行）剖切面。

（3）轴承盖与轴承座通过____连接在一起。指出轴承盖与轴承座的装配接触面，两者的配合尺寸是____。

（4）上、下轴瓦与轴承盖、轴承座孔的配合尺寸是____，与轴承盖、轴承座前后侧面的配合尺寸是____。

（5）该滑动轴承轴孔的中心高是____，能支承轴的公称尺寸是____。

（6）说明各零件的装拆顺序。

6.3 巩固练习2答案

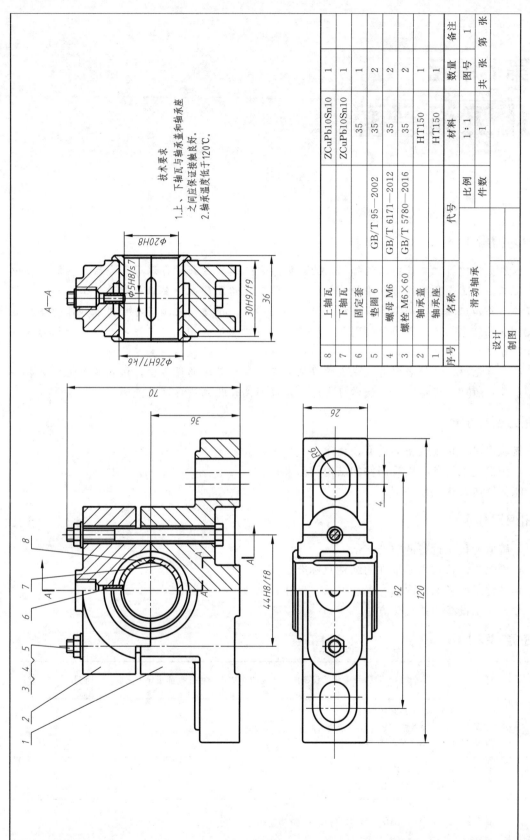

图 6-56 滑动轴承装配图

第七单元
化工设备图

【学习指导】

本单元将学习化工设备图的知识,为后续学习化工、医药设备课程及今后在实际工作中从事化工、医药设备的操作、维护、管理等工作奠定识图基础。要正确识读化工设备图,需要有必要的知识准备,即要了解典型化工设备的类型、用途,化工设备常用零部件的结构类型及标准,熟悉化工设备图的视图表达特点、标注特点等。学习者在预习本单元知识的基础上,还可以通过网络资源拓宽知识面,为快速、准确地识读设备图奠定基础。

在本单元中,学习者要通过完成学习任务 7 识读计量罐的设备图,达到本单元的基本要求。本单元的"巩固练习"将使学习者进一步提高阅读化工设备图的能力。

【能力目标】

能认识典型化工设备的类型、用途;
能认识化工设备常用零部件的结构及标准;
能阅读典型化工设备图。

【知识目标】

了解典型化工设备的类型;
熟悉化工设备常用零部件的结构及标准;
熟悉化工设备图的内容、表达方法、标注;
掌握化工设备图的阅读方法。

【任务书 7】

任务编号	任务 7	任务名称	识读计量罐的设备图	完成形式	学生在教师指导下完成	时间	90 分钟
能力目标	\multicolumn{7}{l	}{1. 能认识典型化工设备的类型、用途 2. 能认识化工设备常用零部件的结构及标准 3. 能阅读典型化工设备图}
相关知识	\multicolumn{7}{l	}{1. 化工设备的类型、化工设备常用零部件 2. 化工设备图的内容、视图表达、标注}
参考资料	\multicolumn{7}{l	}{孙安荣. 化工识图与 CAD 技术. 北京:化学工业出版社}

续表

任务编号	任务7	任务名称	识读计量罐的设备图	完成形式	学生在教师指导下完成	时间	90分钟
能力训练过程							
课前准备	1. 查阅典型化工设备的类型及用途 2. 查阅化工设备常用零部件的种类、结构、标准 3. 预习教材第七单元						
课堂训练	1. 提问、检查课前预习情况 2. 本次课知识点讲解 3. 识图训练:阅读计量罐的设备图,如图7-1所示 (1)说明计量罐的设备图包含哪些内容 (2)计量罐的设备图采用了哪些视图,在视图上如何表达各接管口,焊缝在视图上如何表达 (3)计量罐中共有多少种零部件,分析其结构形状、规格尺寸 (4)筒体的直径、壁厚、高度是多少,封头的直径、壁厚、高度是多少 (5)计量罐共有几个接管口,管法兰有几种规格,说明各接管口的用途、各接管口的装配尺寸 (6)说明计量罐中手孔的规格、装配尺寸,支座的类型、数量 (7)说明设备的工作温度、工作压力、贮存的物料 (8)分析技术要求,说明设备制造、试验、验收的通用技术条件,对设备的焊接要求,对设备整体检验的要求 4. 知识总结						

【相关知识】

一、认识化工设备

(一) 常见化工设备的类型

化工设备是用于化工、医药产品生产过程中各种单元操作（如合成、加热、吸收、蒸馏等）的装置和设备。常见的典型化工设备有容器、反应器、换热器、塔器等，如图7-2所示。

容器——用来贮存物料，以圆柱形容器应用最广。

反应器——通常又称为反应罐或反应釜，主要用来使物料在其中进行化学反应。

换热器——用于冷、热介质的热交换，达到加热或冷却的目的。

塔器——用于吸收、精馏等单元操作，多为细而高的圆柱形立式设备。

(二) 化工设备常用的零部件

化工设备上的零部件大部分已经标准化。如图7-1所示的计量罐，由筒体、封头、人孔、管法兰、支座、液面计、补强圈等零部件组成。这些零部件都已有相应的标准，并在各种化工设备上通用。常见化工设备的类型如图7-2所示。下面简要介绍几种通用的零部件，更深入的了解可参阅相应的标准和专业书籍。

1. 筒体和封头

筒体与封头一起构成设备的壳体。封头和筒体可以直接焊接，形成不可拆卸的连接，也可以采用法兰连接。椭圆形封头最常见，如图7-3(a)所示。筒体一般由钢板卷焊而成，直径较小的（<500mm）或高压设备的筒体一般采用无缝钢管；当筒体由钢板卷制时，筒体及其所对应的封头公称直径等于内径，如图7-3(b)所示。当筒体由无缝钢管制作时，则以外径作为筒体及其所对应的封头的公称直径，如图7-3(c)所示。

图7-1中，计量罐的筒体是公称直径600mm、壁厚4mm、高度800mm的圆筒；封头是椭圆形，直径600mm，壁厚4mm，高度175mm。封头和筒体的壁厚与直径尺寸相差悬殊，采用夸大画法表示壁厚，筒体和封头采用焊接。

标准椭圆形封头的规格和尺寸系列，参见本书附录中的附表17。

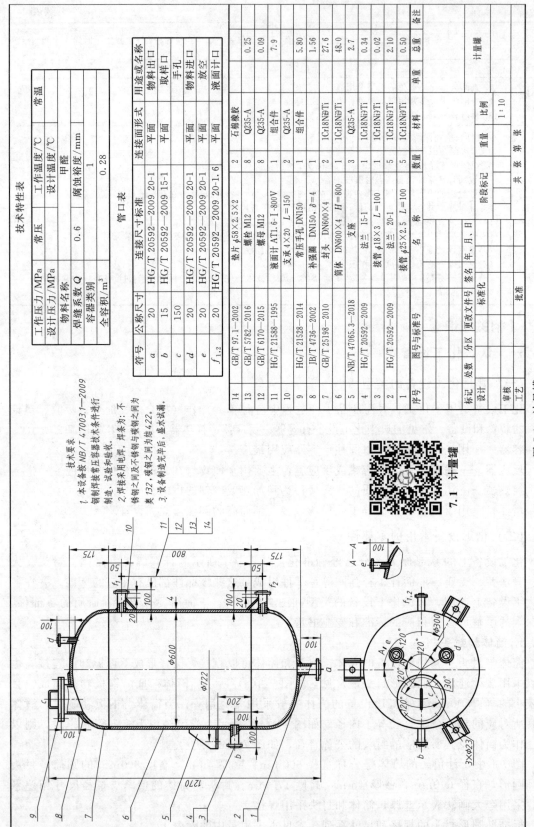

图 7-1 计量罐

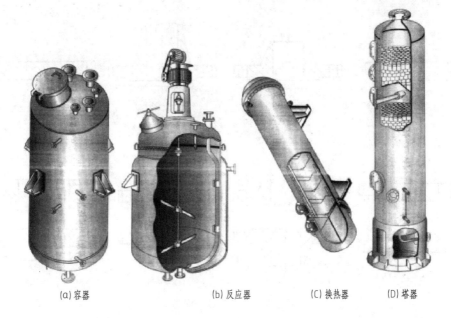

(a) 容器　　　(b) 反应器　　　(C) 换热器　　(D) 塔器

图 7-2　常见化工设备的类型

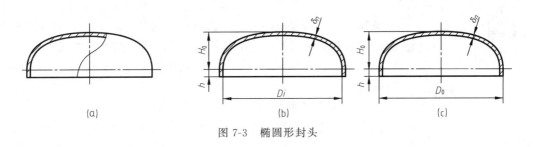

图 7-3　椭圆形封头

2. 法兰

法兰连接是一种可拆连接，在化工设备及管路上应用较为普遍。如图 7-4 所示，法兰与筒体（封头或管子）采用焊接，两节筒体（封头或管子）通过一对法兰，用螺栓连接在一起，两个法兰的接触面之间放有垫片，以使连接处密封不漏。

化工设备用的标准法兰有两种：管法兰和压力容器法兰（又称设备法兰），前者用于管子的连接，后者用于设备筒体（或封头）的连接。

（1）管法兰　管法兰常见的结构型式有：板式平焊法兰、对焊法兰、整体法兰和法兰盖等，如图 7-5 所示。

管法兰密封面型式主要有凸面、凹凸面、榫槽面和全平面四种，如图 7-6 所示。

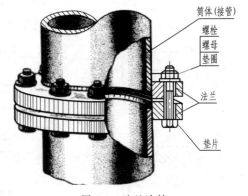

图 7-4　法兰连接

图 7-1 中，HG/T 20592—2009 法兰 20-1 表示凸面板式平焊钢制管法兰，公称直径为 20mm，公称压力 1MPa。其规格和尺寸系列见本书附录中的附表 18。

第七单元　化工设备图

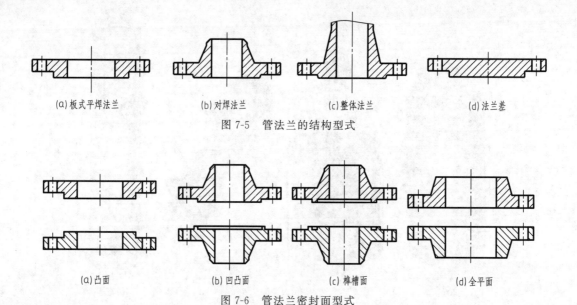

图 7-5 管法兰的结构型式
(a) 板式平焊法兰　(b) 对焊法兰　(c) 整体法兰　(d) 法兰盖

(a) 凸面　(b) 凹凸面　(c) 榫槽面　(d) 全平面

图 7-6 管法兰密封面型式

图 7-7 管法兰与接管的简化画法

管法兰与接管采用焊接，其简化画法如图 7-7 所示。

(2) 压力容器法兰　压力容器法兰的结构型式有三种：甲型平焊法兰、乙型平焊法兰和长颈对焊法兰，压力容器法兰的密封面型式有平密封面、凹凸密封面和榫槽密封面等，如图 7-8 所示。

平密封面的甲型平焊法兰的规格和尺寸系列见本书附录中的附表 19。

3. 人孔和手孔

为了便于安装、检修或清洗设备内部的装置，需要在设备上开设人孔和手孔。人孔和手孔的基本结构类同，如图 7-9(a) 所示。通常是在短筒节上焊一个法兰，盖上人（手）孔盖，用螺栓、螺母连接压紧，两个法兰密封面之间放有垫片，人（手）孔盖上带有手柄。

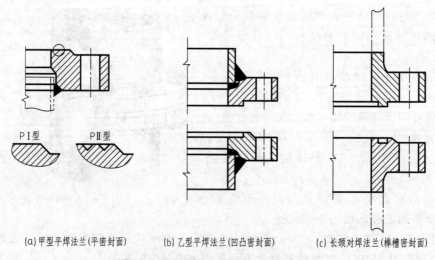

(a) 甲型平焊法兰(平密封面)　(b) 乙型平焊法兰(凹凸密封面)　(c) 长颈对焊法兰(榫槽密封面)

图 7-8 压力容器法兰结构和密封面型式

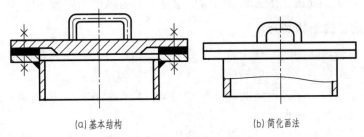

(a) 基本结构　　　　　　　(b) 简化画法

图 7-9　人孔和手孔

图 7-1 中，在计量罐的上封头开有手孔，公称直径 150mm，其规格尺寸见本书附录中的附表 20。

化工设备图中人孔和手孔的简化画法如图 7-9(b) 所示。

4. 支座

设备的支座用来支承设备的重量和固定设备的位置。支座有多种型式，常用的支座有耳式支座和鞍式支座。

耳式支座简称耳座，又称悬挂式支座，用于立式设备，耳座有 A 型（支座号 1~5、支座号 6~8）、B 型（支座号 1~5、支座号 6~8）、C 型（支座号 1~3、支座号 4~8）三种类型。图 7-10(a) 是 A 型（支座号 1~5）的结构。A 型耳座（支座号 1~5、支座号 6~8）的结构和尺寸见附录中的附表 22。A 型耳座（支座号 1~5）由两块肋板、一块底板和一块垫板焊接而成，垫板焊在设备的筒体上，底板上有螺栓孔，以用螺栓将设备固定在楼板或钢梁等基础上。

鞍式支座如图 7-10(b) 所示，是卧式设备中应用最广的一种支座。鞍式支座分为轻型（A 型）和重型（B 型）两种，重型（B 型）鞍座有 BⅠ~BⅤ五种型号。根据安装形式不同，又分为 F 型（固定式）和 S 型（滑动式）两种，且 F 型和 S 型常配对使用。鞍式支座的结构和尺寸见本书附录中的附表 21。

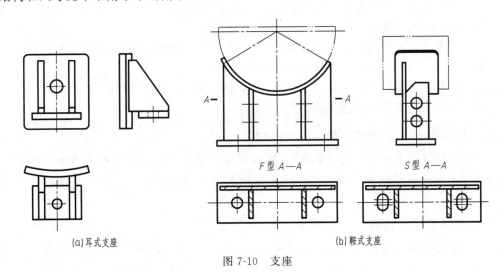

(a) 耳式支座　　　　　　　(b) 鞍式支座

图 7-10　支座

图 7-1 中，计量罐采用三个 B 型、不带垫板的 2 号耳式支座支承。

5. 补强圈

补强圈用于补强壳体开孔过大处的强度。图 7-1 中，计量罐在手孔处焊接有补强圈，公称直径 150mm，厚度 4mm。补强圈的结构尺寸见本书附录中的附表 23。

(三) 化工设备的结构特点

(1) 壳体以回转形体为主　化工设备的壳体主要由筒体和封头两部分组成，筒体以回转体为主，尤以圆柱形居多，封头以椭圆形、球形等回转体最为常见。

(2) 尺寸相差悬殊　化工设备的总体尺寸与某些局部结构尺寸往往相差悬殊。在图 7-1 中，壁厚与直径尺寸相差很大。

(3) 有较多的开孔和管口　设备壳体上往往有较多的开孔和管口，用以安装各种零部件和连接管路。图 7-1 中，在设备上分布有手孔和五个管口。

(4) 大量采用焊接结构　化工设备各部分结构的连接和零部件的安装连接，广泛采用焊接的方法。在图 7-1 中，不仅筒体由钢板卷焊而成，其他结构，如筒体与封头、管口、支座、人孔的连接，也大多采用焊接方法。

(5) 广泛采用标准化、通用化、系列化的零部件　化工设备上一些常用零部件，大多已由有关部门制定了标准或尺寸系列。因此在设计中广泛采用标准零部件和通用零部件。图 7-1 中的人孔、管法兰、封头等均为标准化零部件。

二、化工设备图的作用和内容

化工设备图用来指导设备的制造、装配、安装、检验及使用和维修等。由图 7-1 计量罐的设备图可见，一张化工设备图应有以下内容。

(1) 一组视图　表达设备的主要结构形状和零部之间的装配连接关系。

(2) 必要的尺寸　表达设备的大小、规格、性能、装配和安装等尺寸数据。

(3) 零部件编号及明细栏　对组成该设备的每一种零部件依次编号，并在明细栏中填写各零部件的名称、规格、材料、数量及有关图号或标准号等内容。

(4) 管口符号和管口表　对设备上所有的管口按拉丁字母顺序编号，在管口表中列出各管口的有关数据和用途等内容。

(5) 技术特性表　用表格形式列出设备的主要工艺特性，如工作压力、工作温度、物料名称、设备容积、容器类别等。

(6) 技术要求　用文字说明设备在制造、检验时应遵循的规范和规定以及对材料表面处理、涂饰、润滑、包装、保管和运输等的特殊要求。

(7) 标题栏　用来填写该设备的名称、主要规格、作图比例、设计单位、图样编号以及设计、制图、校审人员签字等项内容。

三、化工设备图的视图表达

化工设备图按国家标准《技术制图》《机械制图》及化工行业有关标准或规定绘制。化工设备图除采用机械图的表达方法外，还根据化工设备的结构特点，采用一些特殊的表达方法。

(一) 基本视图的选择

化工设备的主体结构较为简单，且以回转体居多，通常选择两个基本视图来表达。立式设备采用主、俯视图，卧式设备采用主、左视图。主视图主要表达设备的装配关系、工作原理和基本结构，通常采用全剖视或局部剖视。俯（左）视图主要表达管口的周向方位及设备的基本形状。

对于形体狭长的设备，两个视图难于在幅面内按投影关系配置时，允许将俯（左）视图配置在图纸的其他处,但须注明视图名称或按向视图进行标注。

如图 7-1 所示计量罐的设备图采用了主视图和俯视图两个基本视图,主视图是局部剖视图。

(二) 多次旋转的表达方法

化工设备多为回转体,设备壳体周围分布着各种管口或零部件,它们的周向方位在俯(左)视图上确定,其结构形状、装配关系和轴向位置则在主视图上采用多次旋转的表达方法。即假想将设备周向分布的一些接管、孔口或其他结构,分别旋转到与主视图所在的投影面平行的位置画出,并且不需标注旋转情况。

在如图 7-1 所示计量罐的设备图中,接管 d 按逆时针方向假想旋转了 60°之后在主视图上画出,支座也采用了旋转的表达方法。

(三) 管口方位的表达方法

化工设备上的管口较多,它们的方位在设备的制造、安装和使用时,都极为重要,必须在图样中表达清楚。

1. 管口的标注

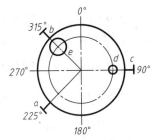

图 7-11 管口方位图

主视图采用了多次旋转画法后,为避免混乱,在不同视图上,同一管口用相同的小写字母 a、b、c 等(称为管口符号)加以编号,如图 7-1 所示。相同管口的管口符号可用不同脚标的相同字母表示,如 f_1、f_2。

2. 管口方位图

化工设备上的管口及附件,可以用管口方位图表达其在设备上的周向方位,即画出设备的外圆轮廓,用中心线表示管口位置,用粗实线示意性地画出设备管口,并标注与主视图上相同的管口符号,如图 7-11 所示。

管口方位图用来对俯(左)视图进行补充或简化代替。当必须画出俯(左)视图,管口方位在该视图上又能表达清楚时,可不必再画管口方位图。

(四) 焊缝的表达方法

如图 7-1 所示计量罐的筒体与封头、接管与壳体、接管与法兰、支座与筒体等均采用焊接,在主视图(剖视)中,焊缝的断面按焊接接头的型式涂黑表示。

焊接是一种不可拆的连接形式,工件经焊接后形成的接缝称为焊缝。国家标准(GB/T 12212—2012)规定了焊缝的表示方法。需在图样中简易地绘制焊缝时,可用视图、剖视图或断面图表示,如图 7-12 所示。

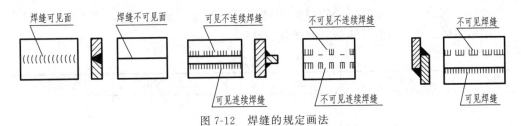

图 7-12 焊缝的规定画法

化工设备图中,一般仅在剖视图或断面图中按焊接接头的型式画出焊缝断面,如图 7-13 所示。对于重要焊缝,须用局部放大图,详细表示焊缝结构的形状和有关尺寸,如

图 7-14 所示。

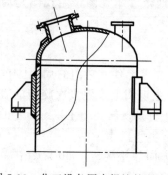

图 7-13 化工设备图中焊缝的画法图

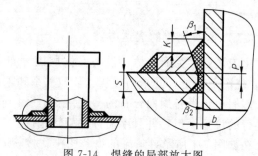

图 7-14 焊缝的局部放大图

为简化图样，不使图样增加过多的注解，有关焊缝的要求通常用焊缝符号来表示，具体规定可参见 GB/T 324—2008 及有关资料。

四、化工设备图的标注

（一）尺寸标注

由图 7-1 可见，化工设备图不要求注出所有零部件的全部尺寸，一般应标注以下几类尺寸。

（1）特性尺寸　反映设备主要性能、规格的尺寸。如设备筒体的内径"$\phi 600mm$"，筒体高度"800mm"等尺寸，以表示该设备的主要规格。

（2）装配尺寸　表示零部件间装配关系和相对位置的尺寸，使每一种零部件在设备图上都有明确的定位。如管口 d 的装配尺寸"$\phi 300mm$"、角度"120°"、伸出长度"100mm"。

（3）安装尺寸　表明设备安装在基础或其他构件上所需的尺寸。如支座上地脚螺栓孔的中心距"$\phi 722mm$"及孔径"$\phi 23mm$"。

（4）外形（总体）尺寸　表示该设备总长、总宽、总高的尺寸。如图 7-1 中的总高尺寸为"1270mm"。

（5）其他尺寸　化工设备图根据需要还应注出：①标准化零部件的规格尺寸；②设计的重要尺寸，如筒体壁厚；③不另行绘图的零件的有关尺寸。

化工设备图的尺寸基准一般有轴向基准和径向基准，常以设备壳体轴线、设备筒体和封头的环焊缝或设备法兰的端面、支座的底面等为基准。

（二）管口表

格式可参阅表 7-1，说明各接管口的用途、规格、连接面形式等，供备料、制造、检验、使用时参阅。从管口表可知物料的来龙去脉。

表 7-1　管口表

符号	公称尺寸	连接尺寸、标准	连接面形式	用途或名称

管口表中的"符号"应和视图中的管口符号相同，自上而下顺序填写。当管口规格、标

准、用途完全相同时，可合并成一项填写，如 $f_{1,2}$。

"公称尺寸"栏按管口的公称直径填写，无公称直径的管口，则按管口实际内径填写。

（三）技术特性表

从技术特性表中可知设备的工作压力、工作温度、物料名称等反映设备特征和生产能力的重要技术指标。

对于不同类型的设备，技术特性表可采用表 7-2 或表 7-3 的格式。

表 7-2　技术特性表（一）

工作压力/MPa		工作温度/℃	
设计压力/MPa		设计温度/℃	
物料名称			
焊缝系数		腐蚀裕度/mm	
容器类别			

表 7-3　技术特性表（二）

项　　目	管　程	壳　程
工作压力/MPa		
工作温度/℃		
设计压力/MPa		
设计温度/℃		
物料名称		
换热系数		
焊缝系数		
腐蚀裕度/mm		
容器类别		

（四）技术要求

技术要求是设备制造、装配、检验等过程中的技术依据，已趋于规范化。技术要求通常包括以下几方面内容。

(1) 通用技术条件　是同类化工设备在制造、装配、检验等诸方面的技术规范，已形成标准，在技术要求中直接引用。

(2) 焊接要求　通常对焊接方法、焊条、焊剂等提出要求。

(3) 设备的检验要求　包括设备整体检验和焊缝质量检验。对检验的项目、方法、指标作出明确要求。

(4) 其他要求　包括设备在防腐、保温、包装、运输等方面的特殊要求。

（五）零部件序号、明细栏和标题栏

零部件序号、明细栏和标题栏的内容、格式及要求与机械装配图相同。

五、阅读化工设备图

（一）阅读化工设备图的基本要求

阅读化工设备图的方法和步骤与阅读机械装配图基本相同，但应注意化工设备图独特的

内容和表达特点。通过化工设备图的阅读，应达到以下基本要求。

① 了解设备的名称、用途、性能和主要技术特性。
② 了解各零部件的材料、结构形状、尺寸以及零部件间的装配关系。
③ 了解设备整体的结构特征和工作原理。
④ 了解设备上的管口数量和方位。
⑤ 了解设备在设计、制造、检验和安装等方面的技术要求。

(二) 阅读化工设备图的方法

1. 初步了解

从标题栏、明细栏中了解设备名称、规格、绘图比例，零部件的数量及主要零部件的选型和规格等，粗看视图并初步了解设备的管口表、技术特性表及技术要求中的基本内容。

2. 详细分析

(1) 分析视图　分析设备图上的视图，哪些是基本视图，还有其他什么视图，各视图采用了哪些表达方法，并分析各视图之间的关系和作用。

(2) 分析零部件　以主视图为中心，结合其他视图，对照明细栏中的序号，将零部件逐一从视图中分离出来，分析其结构形状、尺寸、与主体或其他零部件的装配关系。对标准化零部件，还可根据其标准号和规格查阅相应的标准进行进一步的分析。分析接管时，应根据管口符号把主视图和其他视图结合起来，分别找出其轴向和周向位置，并从管口表中了解其用途。

化工设备的零部件一般较多，要分清主次，一般按先大后小、先主后次、先易后难的步骤，也可按序号顺序逐一地进行分析。

(3) 分析工作原理　结合管口表，分析每一管口的用途及其在设备的轴向和周向位置，从而弄清各种物料在设备内的进出流向，这即是化工设备的主要工作原理。

(4) 分析技术特性和技术要求　通过技术特性表和技术要求，明确该设备的性能、主要技术指标和在制造、检验、安装等过程中的技术要求。

3. 总结概括

在零部件分析的基础上，将各零部件的形状以及在设备中的位置和装配关系，加以综合，并分析设备的整体结构特征，从而想象出设备的整体形象。还需对设备的用途、技术特性、主要零部件的作用、各种物料的进出流向及设备的工作原理和工作过程等进行归纳与总结，最后对该设备获得一个全面的、清晰的认识。

【归纳总结】

典型化工设备有容器、换热器、反应器、塔器等，化工设备的零部件大部分已经标准化，其结构形状、尺寸大小等都有标准系列。在画图时，对相差悬殊的零部件尺寸要夸大画出，如筒体、封头、接管的壁厚等；对于局部较小的结构，可采用局部放大图；有些零部件如法兰、人（手）孔、液面计等通常采用简化画法。

化工设备图通常有两个基本视图（主、俯或主、左视图），主视图通常采用剖视，且按"多次旋转的表达方法"表达壳体上的管口等零部件的轴向位置及装配连接关系；俯（左）视图重点表达管口等零部件的周向方位及设备的基本形状。当设备形状简单，没有必要画俯（左）视图，或设备结构复杂，在俯（左）视图上不能把管口方位表达清楚时，可以用管口方位图表示各接管的周向分布。在主、俯（左）视图及管口方位图上，同一管口要用相同的小写字母编号。

化工设备上的焊接结构较多，在本章中只需了解焊缝在图形上的画法，能识读哪些零部件之间是用焊接连接的。要详细了解焊缝的表示方法可查阅有关标准。

化工设备图与机械装配图的尺寸种类要求相同，但化工设备图的尺寸数量多——所有零部件的装配尺寸都要完整标注，尺寸精度要求低——一般用链式注法，允许注成封闭尺寸链，较大尺寸前用"～"表示近似值。

在化工设备图上要列出管口表和技术特性表，这两种表格都有一定的格式，一般要画在明细栏的上方，也是阅读设备图的重要依据。

阅读化工设备图要遵循一定的方法步骤，即先看标题栏、明细栏，并把明细栏中各零部件按编号与视图中的位置相对应，粗略了解设备由哪些零部件构成；看管口表并按管口编号与视图中的管口位置对照，从而知道接管的数量和用途；从技术特性表中可知设备的操作条件、处理的物料等。再看视图、分析零部件，一般将视图分析、零部件分析、尺寸分析结合起来，逐一弄清楚各零部件的结构形状、数量、装配连接关系等，主要零部件的形状和连接关系往往要通过局部放大图识读。最后得出设备的结构、物料的处理过程等。

【巩固练习】

识读换热器的设备图，如图 7-15 所示（见插页）。

看图提示如下。

① 初看视图，了解换热器的零部件数量，其中哪些是标准件；了解换热器管程的介质、工作温度、工作压力，壳程的介质、工作温度、工作压力；换热器共有多少个接管，其用途、尺寸等。

② 主视图是全剖视图，采用了断开画法省略中间的重复结构；换热器管束采用了简化画法，仅画一根，其余用中心线表示；为能表示出拉杆（件 12）的投影，定距管（件 11）采用断开画法。$A—A$ 剖视图表示了各管口的周向方位，并用交叉细实线和粗折线表示了换热管的排列方式及范围。$B—B$ 剖视图补充表达了鞍座的结构形状和安装等有关尺寸。局部放大图Ⅰ表达管板（件 6）与换热管（件 15），管板（件 6）与拉杆（件 12）、定距管（件 10）的装配连接情况。局部放大图Ⅱ表达了封头（件 1）、法兰（件 4）、管板（件 6）、筒体（件 14）之间的装配连接关系。示意图用来表达折流板在设备轴线方向的排列情况。

③ 换热器的筒体（件 14）和管板（件 6）、封头（件 1）和容器法兰（件 4）的连接都采用焊接，管板（件 6）和法兰（件 4）又通过螺栓（件 2）、螺母（件 3）连接，法兰与管板间有垫片（件 5）形成密封，防止泄漏，具体结构见局部放大图Ⅱ。各接管与壳体的连接，补强圈与筒体、封头的连接也都采用焊接。换热管（件 15）与管板的连接采用胀接，见局部放大图Ⅰ。拉杆（件 12）左端螺纹旋入管板，拉杆上套上定距管用来确定折流板之间的距离，见局部放大图Ⅰ。折流板间距等装配位置的尺寸见折流板排列示意图。管口的轴向位置与周向方位可由主视图和 $A—A$ 剖视图读出。

④ 从管口表可知设备工作时，冷却水自接管 a 进入换热管，由接管 d 流出，冷却水走管程；温度高的物料从接管 b 进入壳体、经折流板转折流动，与管程内的冷却水进行热量交换后，由接管 e 流出，高温物料走壳程。分析技术要求可知该设备制造、试验和验收所依据的技术规范、焊接要求以及设备制造完后的检验要求、防腐要求等。

7.2 换热器

第八单元 化工工艺图

【学习指导】

表达化工生产过程与联系的图样称为化工工艺图。它是化工工艺人员进行工艺设计的主要内容，也是化工厂进行工艺安装和指导生产的重要技术文件。化工工艺图主要包括工艺流程图、设备布置图和管路布置图，本单元将学习化工工艺图的知识。

在本单元中，学习者要完成三个学习任务：任务 8-1 识读软化水处理系统带控制点的工艺流程图、任务 8-2 识读软化水处理系统的设备布置图、任务 8-3 识读软化水处理系统的管路布置图，从中学习化工工艺图的表达方法、标注方法、识读方法等。在此基础上，通过"巩固练习"进一步提高绘图、识图能力。

【能力目标】

能阅读典型化工医药生产过程的工艺流程图、设备布置图、管路布置图；
能用绘图软件绘制工艺流程图、设备布置图、管路布置图。

【知识目标】

掌握带控制点的工艺流程图、设备布置图、管路布置图的阅读方法；
熟悉工艺流程图、设备布置图、管路布置图的表达方法，熟悉管路的图示方法；
了解工艺流程图、设备布置图、管路布置图的作用和内容，了解厂房建筑图的知识。

第一节 化工工艺流程图

【任务书 8-1】

任务编号	任务 8-1	任务名称	识读软化水处理系统带控制点的工艺流程图	完成形式	学生在教师指导下完成	时间	90 分钟
能力目标	\multicolumn{7}{l}{1. 能查阅有关资料，了解锅炉给水软化处理的工艺流程，识读软化水处理的工艺方案流程图 2. 能识读软化水处理系统带控制点的工艺流程图，弄清楚软化水处理使用的设备，主要物料的流程线，其他物料的流程线，管路中有哪些阀门、哪些控制仪表等}						
相关知识	\multicolumn{7}{l}{1. 化工工艺流程图的表达方法和识读方法 2. 锅炉给水软化处理的工艺过程}						

续表

任务编号	任务 8-1	任务名称	识读软化水处理系统带控制点的工艺流程图	完成形式	学生在教师指导下完成	时间	90分钟
参考资料	孙安荣. 化工识图与 CAD 技术. 北京:化学工业出版社 利用网络资源或图书馆资料,查阅对锅炉给水进行软化处理的方法及工艺过程						
能力训练过程							
课前准备	1. 查阅参考资料,了解锅炉给水软化处理的工艺过程 2. 了解工艺流程图的作用、内容 3. 了解工艺流程图中设备的代号、图例以及管路、管件、阀门的代号、图例 4. 了解工艺流程图中设备、管路、阀门、管件、仪表的表示方法						
课堂训练	1. 提问、检查课前预习情况 2. 本次课知识点讲解 3. 识图训练 (1)识读软化水处理系统的工艺方案流程图,如图 8-1 所示 ①方案流程图包括哪些内容 ②描述软化水处理的工艺过程,其处理过程中主要物料是_____,其他物料是_____、_____ ③如何表示方案流程图中的设备、主要物料流程线、其他物料流程线 (2)识读软化水处理系统带控制点的工艺流程图,如图 8-2 所示 ①带控制点的工艺流程图包括哪些内容 ②如何表示带控制点的工艺流程图中的设备、主要物料流程线、其他物料流程线、阀门、控制点等 ③软化水处理系统共有_____台设备,动设备有_____、_____,静设备有_____、_____ ④识读软化过程的工艺流程 ⑤识读反洗过程的工艺流程 ⑥识读还原过程的工艺流程 ⑦识读正洗过程的工艺流程 4. 知识总结						

【相关知识】

一、工艺流程图概述

化工工艺流程图是一种表示化工生产过程的示意性图样,即按照工艺流程的顺序,将生产中采用的设备和管路展开画在同一平面上,并附以必要的标注和说明。它主要表示化工生产中由原料转变为成品或半成品的来龙去脉及采用的设备。根据表达内容的详略,化工工艺流程图分为方案流程图和施工流程图。

方案流程图也称流程简图,是用来表达工厂、车间或工段生产过程概况的图样。

如图 8-1 所示是用钠离子交换法对锅炉给水进行软化处理的工艺方案流程图。钠离子交换器的运行是按软化、反洗、还原、正洗四个步骤工作的,这四个步骤组成了交换器的一个工作循环。软化是钠离子交换器的正常工作,生水进入交换器,软化后送往软水贮槽。若交换剂失效,可接通反洗水管,使水从底部流入交换器,把交换剂翻松,并把污物及破碎的交换剂冲走,为还原创造条件。还原时将含盐溶液送入交换器进行还原反应,废液由顶部排入地沟。还原后再将生水送入交换器上部进行正洗,冲走残留的盐液和反应生成物,使交换器恢复正常工作。

方案流程图中用细实线表示设备的示意图形,并注写设备代号、名称;用粗实线表示主要物料的工艺流程线,用中实线表示其他物料的工艺流程线,并注写物料的来源、去处。

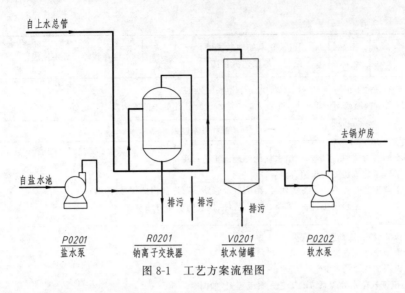

图 8-1 工艺方案流程图

施工流程图通常又称为带控制点工艺流程图，是在方案流程图的基础上绘制的、内容较为详细的一种工艺流程图。它是设备布置和管路布置设计的依据，并可供施工安装和生产操作时参考。如图 8-2 所示为软化水处理系统带控制点工艺流程图。

带控制点工艺流程图一般包括以下内容。

(1) 图形　画出全部设备的示意图和各种物料的流程线，以及阀门、管件、仪表控制点的符号等。

(2) 标注　注写设备位号及名称、管段编号及规格、仪表控制点符号、物料走向及必要的说明等。

(3) 图例　说明阀门、管件、仪表控制点及其他标注符号（如管路编号、物料代号）的意义。

(4) 标题栏　注写图名、图号及签字等。

二、工艺流程图的表达方法

方案流程图和带控制点工艺流程图均属示意性的图样，只需大致按尺寸作图。它们的区别只是内容详略和表达重点的不同，这里着重介绍带控制点工艺流程图的表达方法。

(一) 设备的表示方法

采用示意性的展开画法，即按照主要物料的流程，用细实线、按大致比例画出能够显示设备形状特征的主要轮廓。设备上要画出主要的接管口；各设备之间要留有适当距离，以布置连接管路；设备的相对位置要与设备实际布置相吻合；对相同或备用设备，一般也应画出。常用设备的示意画法，可参见附录中的附表 24。

每台设备都应编写设备位号并注写设备名称，其标注方法如图 8-3 所示。其中设备位号一般包括设备分类代号、车间或工段号、设备序号等，相同设备以尾号加以区别。设备的分类代号见表 8-1。

表 8-1　设备的分类代号（摘自 HG/T 20519.2—2009）

设备类别	容器	塔	泵	压缩机	工业炉	反应器	换热器	火炬烟囱	计量设备	起重设备	其他机械
代号	V	T	P	C	F	R	E	S	W	L	M

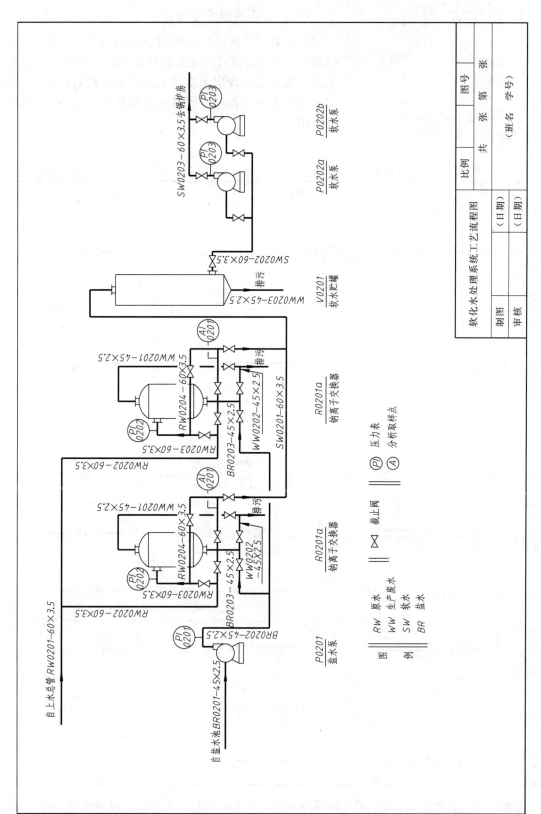

图 8-2 软化水处理系统工艺流程图

（二）管路的表示方法

带控制点工艺流程图中应画出所有管路，即各种物料的流程线。流程线是工艺流程图的主要表达内容。主要物料的流程线用粗实线表示，其他物料的流程线用中实线表示，各种不同型式的图线在工艺流程图中的应用见表 8-2。

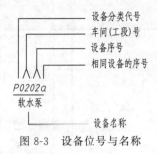

图 8-3 设备位号与名称

表 8-2 工艺流程图上管路、管件、阀门的图例（摘自 HG/T 20519.2—2009）

管道		管件		阀门	
名称	图例	名称	图例	名称	图例
主要物料管路	———	同心异径管	▷—	截止阀	⋈
辅助物料管路	——	偏心异径管	（底平）（顶平）	闸阀	⋈
原有管路	------	管端盲管	—│	节流阀	▶◀
仪表管路	----	管端法兰（盖）	—‖	球阀	⋈
蒸汽伴热管路	≡≡≡	放空管	⌒（帽）⌒（管）	旋塞阀	●⋈
电伴热管路	——⁄⁄——	漏斗	Y（敞口）▽（封闭）	碟阀	●⋈
夹套管	═══	膨胀节	—⟨⟩—	止回阀	⋈
管道隔热层	▨▨▨	喷淋管	⋏⋏⋏⋏	减压阀	◁▷
可拆短管	— —	圆形盲板	○│（正常开启）●│（正常关闭）	角式截止阀	▷
柔性管	∿∿∿	管帽	—⊃	三通截止阀	⋈

流程线应画成水平或垂直，转弯时画成直角，一般不用斜线或圆弧。流程线交叉时，应将其中一条断开。一般同一物料线交错，按流程顺序"先不断、后断"；不同物料线交错时，

主物料线不断，辅助物料线断，即"主不断、辅断"。

每条管线上都应画出箭头指明物料流向，并在来、去处用文字说明物料名称及其来源或去向。对每段管路必须标注管路代号，一般情况下，横向管路标在管路的上方，竖向管路则标注在管路的左方（字头朝左）。管路代号一般包括物料代号、车间或工段号、管段序号、管径、壁厚等内容，如图8-4所示。必要时，还可注明管路压力等级、管路材料、隔热或隔声等代号。

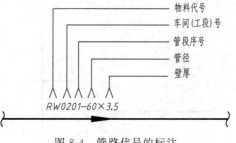

图 8-4 管路代号的标注

物料代号以大写的英文词头来表示，见表8-3。

表 8-3 物料名称及代号（摘自 HG/T 20519.2—2009）

代号	物料名称	代号	物料名称	代号	物料名称	代号	物料名称
A	空气	DW	饮用水	LO	润滑油	R	冷冻剂
AG	气氨	FG	燃料气	LS	低压蒸汽	RO	原料油
AL	液氨	FL	液体燃料	MS	中压蒸汽	RW	原水
AW	氨水	FO	燃料油	NG	天然气	SC	蒸汽冷凝水
BD	排污	FS	固体燃料	N	氮	SL	泥浆
BW	锅炉给水	FV	火炬排放气	O	氧	SLW	盐水
CSW	化学污水	FW	消防水	PA	工艺空气	SO	密封油
CWR	循环冷却水回水	GO	填料油	PG	工艺气体	SW	软水
CWS	循环冷却水上水	H	氢	PL	工艺液体	TS	伴热蒸汽
DNW	脱盐水	HS	高压蒸汽	PS	工艺固体	VE	真空排放气
DR	排液、排水	IA	仪表空气	PW	工艺水	VT	放空气

图 8-2 中，用粗实线画出了主要物料原水（即生水）、软水的工艺流程，而用中实线画出了盐水、生产废水等辅助物料流程线。每一条管线均标注了流向箭头和管路代号。

（三）阀门及管件的表示法

在流程图上，阀门及管件用细实线按规定的符号在相应处画出。由于功能和结构的不同，阀门的种类很多。常用阀门及管件的图形符号见表8-2。

（四）仪表控制点的表示方法

化工生产过程中，须对管路或设备内不同位置、不同时间流经的物料的压力、温度、流量等参数进行测量、显示，或进行取样分析。在带控制点的工艺流程图中，仪表控制点用符号表示，并从其安装位置引出。符号包括图形符号和仪表位号，它们组合起来表达仪表功能、被测变量和检测方法等。

1. 图形符号

控制点的图形符号用一个细实线的圆（直径约10mm）表示，并用细实线连向设备或管路上的测量点，如图8-5所示。图形符号上还可表示仪表不同的安装位置，如图8-6所示。

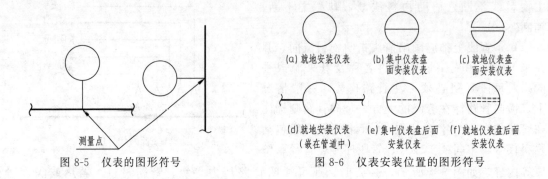

图 8-5　仪表的图形符号　　　　图 8-6　仪表安装位置的图形符号

2. 仪表位号

仪表位号由字母与阿拉伯数字组成：第一位字母表示被测变量，后继字母表示仪表的功能，一般用三位或四位数字表示工段号和仪表序号，如图 8-7 所示。被测变量及仪表功能的字母组合示例，见表 8-4。

在图形符号中，字母填写在圆圈内的上部，数字填写在下部，如图 8-8 所示。

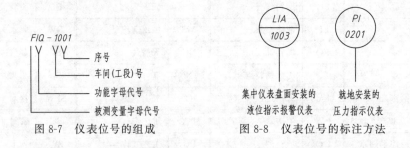

图 8-7　仪表位号的组成　　　　图 8-8　仪表位号的标注方法

表 8-4　被测变量及仪表功能的字母组合示例

仪表功能	被测变量									
	温度	温差	压力或真空	压差	流量	流量比率	物位	分析	密度	黏度
指示	TI	TdI	PI	PdI	FI	FfI	LI	AI	DI	VI
指示、控制	TIC	TdIC	PIC	PdIC	FIC	FfIC	LIC	AIC	DIC	VIC
指示、报警	TIA	TdIA	PIA	PdIA	FIA	FfIA	LIA	AIA	DIA	VIA
指示、开关	TIS	TdIS	PIS	PdIS	FIS	FfIS	LIS	AIS	DIS	VIS
记录	TR	TdR	PR	PdR	FR	FfR	LR	AR	DR	VR
记录、控制	TRC	TdRC	PRC	PdRC	FRC	FfRC	LRC	ARC	DRC	VRC
记录、报警	TRA	TdRA	PRA	PdRA	FRA	FfRA	LRA	ARA	DRA	VRA
记录、开关	TRS	TdRS	PRS	PdRS	FRS	FfRS	LRS	ARS	DRS	VRS
控制	TC	TdC	PC	PdC	FC	FfC	LC	AC	DC	VC
控制、变速	TCT	TdCT	PCT	PdCT	FCT	—	LCT	ACT	DCT	VCT

三、带控制点工艺流程图的阅读

通过阅读带控制点工艺流程图，要了解和掌握物料的工艺流程，设备的种类、数量、名称和位号，管路的编号和规格，阀门、控制点的功能、类型和控制部位等，以便在管路安装和工艺操作过程中做到心中有数。

阅读带控制点工艺流程图的步骤一般为：①了解设备的数量、名称和位号；②分析主要物料的工艺流程；③分析其他物料的工艺流程；④分析阀门及控制点，了解生产过程的控制情况。

阅读图8-2软水处理系统带控制点的工艺流程图如下。

软化水处理系统共有6台设备，其中动设备有1台盐水泵（P0201）和2台软水泵（P0202a、b），静设备有2台离子交换器（R0201 a、b）和1台软水贮罐（V0201）。

钠离子交换器按下列四个步骤运行。

1. 软化

来自上水总管RW0201-60×3.5的原水（生水），沿管路RW0202-60×3.5、RW0203-60×3.5，经截止阀、测压点，进入钠离子交换器；软化后的软水自交换器底部经截止阀、分析取样点，沿管路SW0201-60×3.5送入软水贮槽；再由软水贮槽的下部经截止阀，沿管路SW0202-60×3.5由软水泵加压，送往锅炉房。

2. 反洗

若交换剂失效，则对交换剂反洗。这时原水沿管路RW0202-60×3.5经截止阀自交换器底部进入，把交换剂翻松，并把污物及破碎的交换剂冲走，在交换器顶部经管路WW0201-45×2.5排污。

3. 还原

还原时含盐溶液自盐水池沿管路BR0201-45×2.5进入盐水泵加压后，经截止阀进入交换器底部，通过离子交换层进行还原反应，废液由交换器顶部经管路WW0201-45×2.5排入地沟。

4. 正洗

还原后再将生水经管路RW0202-60×3.5、RW0203-60×3.5送入交换器上部自上而下冲走残留的盐液和反应生成物，废液由交换器底部沿管路WW0202-45×2.5排污，使交换器恢复正常工作。

各段管路上的阀门均为截止阀，分析以上每个步骤中，打开或关闭哪些阀门。

在盐水泵出口、软水泵出口、钠离子交换器进口装有压力指示仪表，在钠离子交换器出口的软水管路上装有分析指示仪表，这些仪表都是就地安装的。

【归纳总结】

工艺流程图中，用细实线绘制设备的示意图，并注写设备名称及位号，用粗实线绘制主要物料的流程线，用中实线绘制辅助物料的流程线。流程线画成水平或垂直，两流程线相交时，要"主不断辅断""先不断后断"。在流程线上要注明流向箭头，标注管路代号。在流程线上要用细实线画出阀门、管件、仪表的图形符号。工艺流程图中的设备示意图、设备位号，管路、管件、阀门、仪表的符号均应遵照化工行业标准（HG/T）的有关规定。

阅读工艺流程图，一般要先了解该流程中有哪些设备，处理的主要物料和辅助物料等。有条件时，可参阅有关工艺设计资料，了解物料的处理过程及操作条件。然后，再对主要物料流程线、辅助物料流程线逐一进行分析。通过阅读施工流程图，对该流程中的设备、管路、阀门、控制点等做到心中有数。

【巩固练习】

用 AutoCAD 绘制软化水处理系统带控制点的工艺流程图。

第二节　设备布置图

【任务书 8-2】

任务编号	任务 8-2	任务名称	识读软化水处理系统的设备布置图	完成形式	学生在教师指导下完成	时间	90分钟
能力目标	\multicolumn{7}{l}{1. 能识读简单的厂房建筑图 2. 能识读软化水处理系统的设备布置图,弄清楚软化水处理所用设备的布置情况}
相关知识	\multicolumn{7}{l}{1. 厂房建筑图的视图、标注 2. 设备布置图的内容、表达方法、识读方法}
参考资料	\multicolumn{7}{l}{孙安荣.化工识图与CAD技术.北京:化学工业出版社}
\multicolumn{8}{c}{能力训练过程}
课前准备	\multicolumn{7}{l}{1. 熟悉软化水处理系统使用的设备 2. 了解厂房建筑图的表达方法、标注要求 3. 了解设备布置图的内容,了解设备布置图的表达方法、标注要求 4. 了解设备布置图的识读方法}
课堂训练任务	\multicolumn{7}{l}{1. 提问、检查课前预习情况 2. 本次课知识点讲解 3. 识图训练:识读软化水处理系统的设备布置图,如图 8-9 所示 (1)设备布置图的视图有_____图、_____图;用_____线绘制设备的示意图,用_____线绘制厂房建筑、设备基础;用_____线画出厂房的墙、柱等承重构件的轴线,并注写带圆圈的编号 (2)平面图中标注尺寸的单位是_____,尺寸线终端通常不画箭头,画_____;剖面图中用_____符号标注高度尺寸,数字的单位是_____,小数点后取_____位 (3)厂房的东西向长是_____mm,南北向宽是_____mm;安装在厂房内的设备有_____、_____、_____,安装在厂房外的设备有_____;2台钠离子交换器距厂房北墙_____mm,2台软水泵之间的距离是_____mm,软水贮罐距厂房东墙_____mm;软水泵基础的长、宽是_____mm、_____mm,基础标高是_____m;钠离子交换器的原水(生水)进口标高是_____m;软水贮罐的进口标高是_____m,出口标高是_____m;厂房高度是_____m 4. 知识总结}

【相关知识】

一、设备布置图的作用和内容

工艺流程设计所确定的全部设备,必须根据生产工艺的要求,在厂房建筑的内外合理布置安装。表达设备在厂房内外安装位置的图样,称为设备布置图,用于指导设备的安装施工,并且作为管路布置设计、绘制管路布置图的重要依据。

如图 8-9 所示为软化水处理系统的设备布置图。可以看出,设备布置图包括以下内容。

(1)一组视图　主要包括设备布置平面图和剖面图,表示厂房建筑的基本结构和设备在厂房内外的布置情况。必要时还应画出设备的管口方位图。

(2)必要的标注　设备布置图中应标注出建筑物的主要尺寸,建筑物与设备之间、设备与设备之间的定位尺寸,厂房建筑定位轴线的编号、设备的名称和位号,以及注写必要的说明等。

（3）安装方位标 安装方位标也叫设计北向标志，是确定设备安装方位的基准，一般将其画在图样的右上方或平面图的右上方，如图8-9所示。

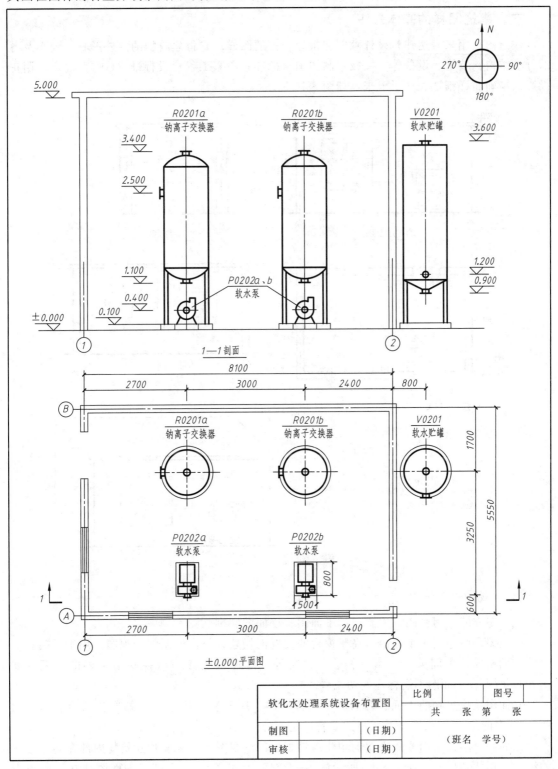

图8-9 软化水处理系统设备布置图

(4) 标题栏 注写图名、图号、比例及签字等。

设备布置图是在厂房建筑图的基础上绘制的,因此首先学习建筑图的有关知识。

二、建筑图样的基本知识

建筑图是用来表达建筑设计意图和指导施工的图样。它将建筑物的内外形状、大小及各部分的结构、装饰、设备等,按技术制图国家标准和国家工程建设标准(GBJ)规定,用正投影法准确而详细地表达了出来,如图 8-10 所示。

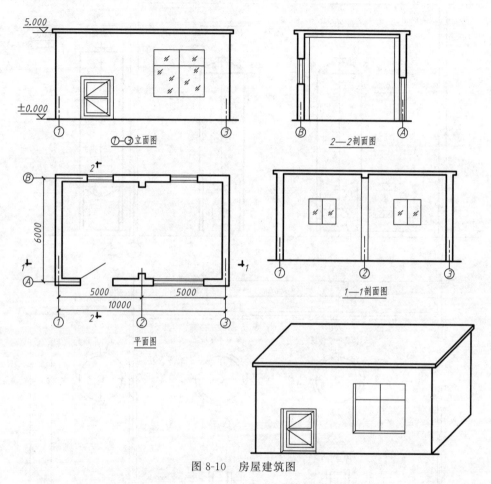

图 8-10 房屋建筑图

(一)视图

建筑图样的一组视图,主要包括平面图、立面图和剖面图。

平面图是假想用水平面沿略高于窗台的位置剖切建筑物而绘制的剖视图,用于反映建筑物的平面格局、房间大小和墙、柱、门、窗等,是建筑图样一组视图中主要的视图。如图 8-10 所示,平面图不需标注剖切位置。

立面图是建筑物的正面、背面和侧面投影图,用于表达建筑物的外形和墙面装饰,如图 8-10 中的①-③立面图表达了该建筑物的正面外形及门窗布局。

剖面图是用正平面或侧平面剖切建筑物画出的剖视图,用来表达建筑物内部在高度方向的结构、形状和尺寸,如图 8-10 所示的 1—1 剖面图和 2—2 剖面图。剖面图须在平面图上标注出剖切符号。建筑图中,剖面符号常常省略或以涂色代替。

建筑图样的每个视图一般在图形下方标注出视图名称。

(二) 定位轴线

建筑图中对建筑物的墙、柱等主要承重构件，用细点画线画出轴线确定其位置，并注写带圆圈的编号。长度方向用阿拉伯数字从左向右注写，宽度方向用大写拉丁字母从下向上注写，如图 8-10 所示。

(三) 尺寸

厂房建筑应标注定位轴线间的尺寸和各层地面的高度。建筑物的高度尺寸采用标高符号标注在剖面图或立面图上，如图 8-10 所示在立面图中标注出地面及屋顶的标高。一般以底层室内地面为基准标高，标记为±0.000，高于基准时标高为正，低于基准时标高为负；标高数值以 m 为单位，小数点后取三位，单位省略不注。

其他尺寸以 mm 为单位，其尺寸线终端通常采用斜线形式，并往往注成封闭的尺寸链，如图 8-10 所示的平面图。

(四) 建筑构配件图例

由于建筑构件、配件和材料种类较多，且许多内容没必要或不可能以真实尺寸严格按投影作图。为作图简便起见，国家工程建设标准规定了一系列的图形符号（即图例），来表示建筑构件、配件、建筑材料等，见表 8-5。

表 8-5 建筑构件、配件图例（摘自 HG/T 20519.3—2009）

建筑材料		建筑构造及配件			
名称	图例	名称	图例	名称	图例
自然土壤		楼梯	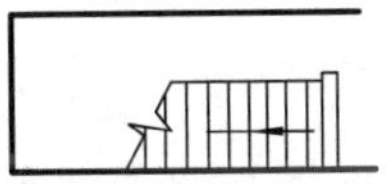	单扇门	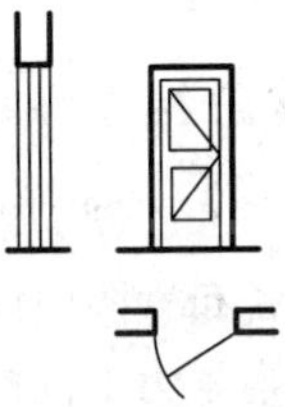
夯实土壤	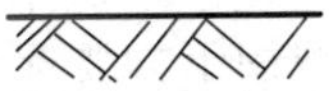				
普通砖	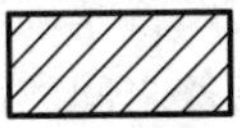	空洞	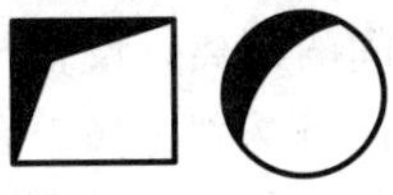		
混凝土	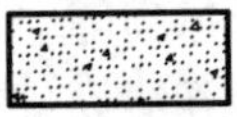			单层外开平开窗	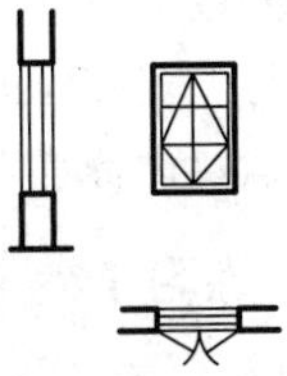
钢筋混凝土	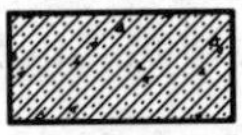	坑槽			
金属	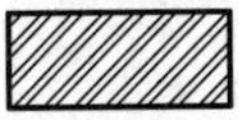				

三、设备布置图的表达方法

设备布置图实际上是在简化了的厂房建筑图的基础上增加了设备布置的内容。由于设备布置图的表达重点是设备的布置情况，所以用粗实线表示设备，而厂房建筑的所有内容均用细实线表示。

(一) 设备布置平面图

设备布置平面图用来表示设备在水平面内的布置情况。当厂房为多层建筑时，应按楼层分别绘制平面图。设备布置平面图通常要表达出如下内容。

① 厂房建筑物的具体方位、基本结构、内部分隔情况，定位轴线编号和尺寸。

② 画出所有设备的水平投影或示意图，反映设备在厂房建筑内外的布置位置，并标注出位号和名称。

③ 各设备的定位尺寸以及设备基础的定形和定位尺寸。

（二）设备布置剖面图

设备布置剖面图是在厂房建筑的适当位置纵向剖切绘出的剖视图，用来表达设备沿高度方向的布置安装情况。剖面图一般应反映如下的内容。

① 厂房建筑高度方向上的结构，如楼层分隔情况、楼板的厚度及开孔等，以及设备基础的立面形状。

② 画出有关设备的立面投影或示意图反映其高度方向上的安装情况。

③ 标注厂房建筑各楼层标高、设备和设备基础的标高。

四、设备布置图的阅读

通过对设备布置图的阅读主要了解设备与建筑物、设备与设备之间的相对位置。识读图 8-9 设备布置图的方法步骤如下。

(1) 初步了解　从标题栏可知，该图为软化水处理系统的设备布置图，采用的视图有平面图和 1—1 剖面图。

(2) 分析设备布置情况　从平面图看出，厂房的横向定位轴线间距为 8100mm，纵向定位轴线间距 5550mm；在厂房内安装有 2 台钠离子交换器和 2 台软水泵，软水贮罐安装在厂房外面；根据平面图的尺寸分析各设备在厂房内外的安装位置。

1—1 剖面图表示了设备在高度方向的布置情况，从剖面图中分析设备的基础高度、设备上各接管口的高度、厂房的标高等。

【归纳总结】

设备布置图一般包括设备布置平面图和设备布置剖面图，在各视图下方要标注视图的名称。设备布置图中用粗实线绘制设备示意图，用细实线绘制厂房建筑、设备基础等。在平面图中要以毫米为单位标注厂房定位轴线间的距离，设备与厂房、设备与设备之间的距离；在剖面图中，要以米为单位标注厂房标高、设备基础标高、设备主要接管口的标高等。设备布置图中要标注与工艺流程图相同的设备位号与名称。通过阅读设备布置图，要弄清设备在厂房内外的平面布置及设备基础、主要接管口的高度等，弄清设备与设备、设备与建筑物的相对位置。

【巩固练习】

用 AutoCAD 绘制软化水处理系统的设备布置图。

第三节　管路布置图

【任务书 8-3】

任务编号	任务 8-3	任务名称	识读软化水处理系统的管路布置图	完成形式	学生在教师指导下完成	时间	90 分钟
能力目标	1. 能识读和绘制管路的投影图 2. 能识读软化水处理系统的管路布置图						

续表

任务编号	任务8-3	任务名称	识读软化水处理系统的管路布置图	完成形式	学生在教师指导下完成	时间	90分钟
相关知识	1. 管路的图示方法 2. 管路布置图的内容、表达方法、阅读方法							
参考资料	孙安荣.化工识图与CAD技术.北京：化学工业出版社						
能力训练过程							
课前准备工作	1. 熟悉软化水处理系统的工艺流程及设备布置 2. 了解管路布置图的内容，了解管路交叉、管路重叠、管路转折的画法 3. 了解管路布置图的表达方法、标注要求 4. 了解管路布置图的识读方法						
课堂训练任务	1. 提问、检查课前预习情况 2. 本次课知识点讲解 3. 课堂训练 (1)管路图示方法练习 ①在例8-3-1中，改变管路高度，绘制正立面图、左侧立面图 ②在例8-3-2中，画右侧立面图 ③在例8-3-3中，画左侧立面图 (2)识读软化水处理系统（钠离子交换器部分）的管路布置图，如图8-11所示 ①管路布置图的视图有_____图、_____图；用_____线绘制厂房建筑、设备示意图、阀门、管件、控制点等，用_____线绘制管路 ②平面图以_____为单位标注管路的定位尺寸，剖面图中用_____符号标注管路、管件、设备主要接管口的高度尺寸，数字的单位是_____，小数点后取_____位 ③分析原水（生水）管路自上水总管至钠离子交换器进口的走向、编号、规格尺寸、阀门位置、仪表控制点等 ④分析软水管路自钠离子交换器下部接管口至软水贮罐的走向、编号、规格尺寸、阀门位置、仪表控制点等 ⑤分析盐水管路自盐水泵至钠离子交换器下部接管口的走向、编号、规格尺寸、阀门位置等 ⑥分析排污管路的走向、编号、规格尺寸、阀门位置等 ⑦按软化水处理的四个步骤，分析软化、反洗、还原、正洗各过程中，物料的走向，应打开或关闭哪些阀门等 4. 知识总结						

【相关知识】

一、管路布置图的作用和内容

管路布置图是在设备布置图的基础上画出管路、阀门及控制点，表示厂房建筑内外各设备之间管路的连接走向和位置以及阀门、仪表控制点的安装位置的图样。管路布置图又称为管路安装图或配管图，用于指导管路的安装施工。

如图8-11所示为软化水处理系统（钠离子交换器部分）管路布置图。从中可看出，管路布置图一般包括以下内容。

(1) 一组视图　表达车间（岗位）的设备、建筑物的简单轮廓以及管路、管件、阀门、仪表控制点等的布置安装情况。和设备布置图类似，管路布置图的一组视图主要包括管路布置平面图和剖面图。

(2) 标注　包括建筑物定位轴线编号、设备位号、管路代号、控制点代号；建筑物和设备的主要尺寸；管路、阀门、控制点的平面位置尺寸和标高以及必要的说明等。

(3) 方位标　表示管路安装的方位基准。

(4) 标题栏　注写图名、图号、比例及签字等。

本节主要介绍管路布置图的表达方法和阅读。

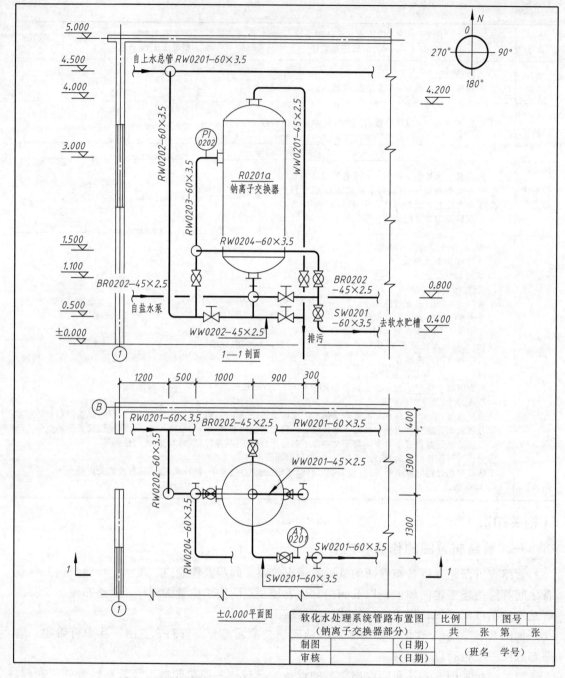

图 8-11 软化水处理系统管路布置图

二、管路的图示方法

(一) 管路的画法规定

管路布置图中,管路是图样表达的主要内容,因此用粗实线(或中实线)表示。为了画图简便,通常将管路画成单线(粗实线),如图 8-12(a) 所示。对于大直径(DN≥250)或重要管路(DN≥50,受压在 12MPa 以上的高压管),则将管路画成双线(中实线),如图 8-12(b) 所示。在管路的断开处应画出断裂符号,单线及双线管路的断裂符号参见图 8-12。

管路交叉时，一般将下方（或后方）的管路断开，如图 8-13(a) 所示；若被遮管子为主要管道时，也可将上面（或前面）的管路断开，但应画上断裂符号，如图 8-13(b) 所示。

管路的投影重叠而又需表示出不可见的管段时，可将上面（或前面）管路的投影断开，并画上断裂符号，如图 8-14(a) 所示；当多根管路的投影重叠时，最上一根管路画双重断裂符号，并可在管路断开处注上 a、b 等字母，以便辨认，如图 8-14(b) 所示；管道转折后投影重合时，下面（或后面）的管道画至重影处并留出间隙，如图 8-14(c) 所示。

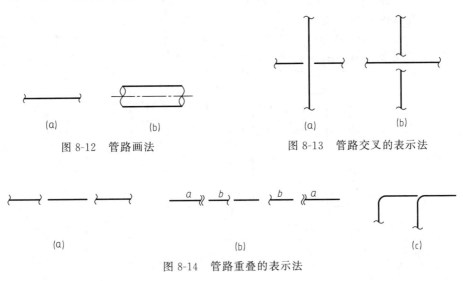

图 8-12　管路画法　　　　　　　图 8-13　管路交叉的表示法

图 8-14　管路重叠的表示法

（二）管路转折

管路大都通过 90°弯头实现转折。在反映转折的投影中，转折处用圆弧表示。在其他投影图中，转折处画一个细实线小圆表示，如图 8-15(a) 所示。为了反映转折方向，规定当转折方向与投射方向一致时，管线画入小圆至圆心处，如图 8-15(a) 所示的左侧立面图；当转折方向与投射方向相反时，管线不画入小圆内，而在小圆内画一圆点，如图 8-15(a) 所示的右侧立面图。用双线画出的管路的转折画法如图 8-15(b) 所示。

如图 8-16 和图 8-17 所示为多次转折的实例。

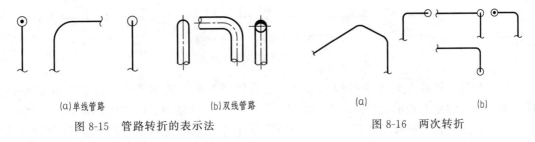

图 8-15　管路转折的表示法　　　　　　图 8-16　两次转折

例 8-3-1　已知某一管路的平面图如图 8-18(a) 所示，试分析管路走向，并画出正立面图和左侧立面图（高度尺寸自定）。

分析：由平面图可知，该管路的空间走向为：自左向右→向下→向后→向上→向右。

根据上述分析，可画出该管路的正立面图和左侧立面图。在正立面图中有两段管路重叠，将前面管路的投影断开，并画断裂符号，如图 8-18(b) 所示。

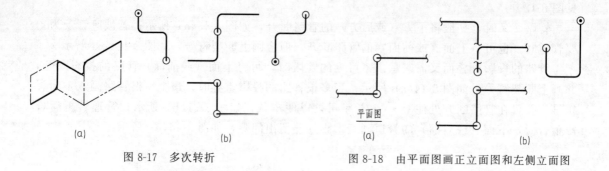

图 8-17 多次转折　　　　　　　图 8-18 由平面图画正立面图和左侧立面图

例 8-3-2　已知某一管路的平面图和正立面图，如图 8-19(a) 所示，试画出左立面图。

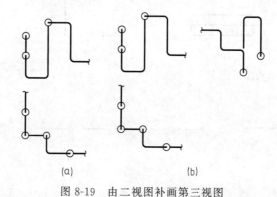

图 8-19 由二视图补画第三视图

分析：由平面图可知，该管路的空间走向为：自后向前→向下→向前→向下→向右→向上→向前→向右→向下→向右。

根据以上分析，可画出该管路的左立面图。其中有两段管路重叠，将右侧管路断开，留出间隙，如图 8-19(b) 所示。

（三）管路连接与管路附件的表示

(1) **管路连接**　两段直管相连接通常有法兰连接、承插连接、螺纹连接和焊接四种形式，其连接画法如图 8-20 所示。

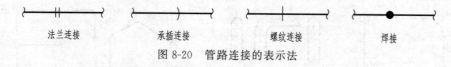

图 8-20 管路连接的表示法

(2) **阀门**　管路布置图中的阀门，与工艺流程图类似，仍用图形符号表示（表 8-2）。但一般在阀门符号上表示出控制方式、安装方位、阀门与管路的连接方式，如图 8-21 所示。

(3) **管件**　管路一般用弯头、三通、四通、管接头等管件连接，常用管件的图形符号如图 8-22 所示。

(4) **管架**　管路常用各种型式的管架安装、固定在地面或建筑物上，图中一般用图形符号表示管架的类型和位置，如图 8-23 所示。

例 8-3-3　已知一段管路（装有阀门）的轴测图，如图 8-24(a) 所示，试画出其平面图和正立面图。

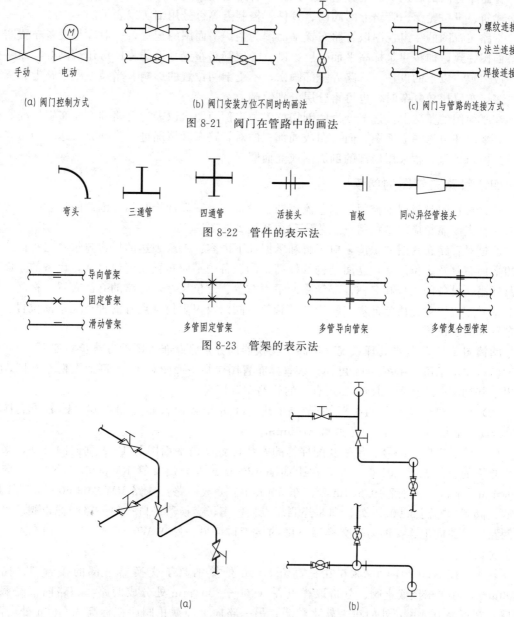

图 8-21 阀门在管路中的画法

图 8-22 管件的表示法

图 8-23 管架的表示法

图 8-24 根据轴测图画平面图和立面图

分析：该段管路由两部分组成，其中一段的走向为：自下向上→向后→向左→向上→向后；另一段是向左的支管。管路上有四个截止阀，其中上部两个阀的手轮朝上（阀门与管路为法兰连接），中间一个阀的手轮朝右（阀门与管路为螺纹连接），下部一个阀的手轮朝前（阀门与管路为法兰连接）。

管路的平面图和立面图如图 8-24(b) 所示。

三、管路布置图的表达方法

管路布置图应表示出厂房建筑的主要轮廓和设备的布置情况，即在设备布置图的基础上再清楚地表示出管路、阀门及管件、仪表控制点等。

管路布置图的表达重点是管路，因此图中管路用粗实线表示（双线管路用中实线表示）。厂房建筑、设备轮廓、管路上的阀门、管件、控制点等符号用细实线表示。

管路布置图的一组视图以管路布置平面图为主。平面图的配置，一般应与设备布置图中的平面图一致，即按建筑标高平面分层绘制。各层管路布置平面图将厂房建筑剖开，而将楼板（或屋顶）以下的设备、管路等全部画出，不受剖切位置的影响。当某一层管路上、下重叠过多，布置比较复杂时，也可再分层分别绘制。

在平面图的基础上，选择恰当的剖切位置画出剖面图，以表达管路的立面布置情况和标高。必要时还可选择立面图、向视图或局部视图对管路布置情况进一步补充表达。为使表达简单且突出重点，常采用局部的剖面图或立面图。

四、管路布置图的阅读

管路布置图是根据带控制点工艺流程图、设备布置图设计绘制的，因此阅读管路布置图之前应首先读懂相应的带控制点工艺流程图和设备布置图。

通过对管路布置图的识读，应了解和掌握如下内容：①所表达的厂房建筑各层楼面或平台的平面布置及定位尺寸，立面结构及标高；②设备的平面布置及定位尺寸，设备的立面布置及标高，设备的编号和名称；③管路的平面布置、定位尺寸，管路的立面布置、标高，管路的编号、规格和介质流向等；④管件、管架、阀门及仪表控制点等的种类及平面位置、立面布置和高度位置。

阅读图 8-11 软化水处理系统（钠离子交换器部分）管路布置图的方法步骤如下。

(1) 初步了解　由图 8-11 可知，该管路布置图包括平面图和 1—1 剖面图两个视图，仅画出了和钠离子交换器（R0201a）有关的管路布置情况。

(2) 厂房建筑及设备的布置情况　由图 8-11 并结合设备布置图可知，钠离子交换器（R0201a）距北墙 1700mm，距西墙 2700mm。

(3) 管道走向、编号、规格及配件等的安装位置　由平面图和 1—1 剖面图可知，来自上水总管的管路 RW0201-60×3.5 在距西墙 1200mm 处分出支管 RW0202-60×3.5，向南 1300mm 再向下，在标高 0.500m 处向东 500mm，分成两路：一路 RW0203-60×3.5 向上，经截止阀到达标高 3.000m 处，向东经测压点接钠离子交换器进口；另一路经截止阀后再分成两路，一路向上连接钠离子交换器下部的接管口，另一路 WW0202-45×2.5 向东经截止阀接排污管。

软水管路 SW0201-60×3.5 在标高 0.800m 处接钠离子交换器下部的接管口，向南 1300mm，再向东经截止阀、分析取样点在（900+300）mm 处分成两路：一路向下经截止阀后，在标高 0.400m 处向东去软水贮罐；另一路向上经截止阀后在标高 1.500m 处向西、再向北与 RW0203-60×3.5 连接。

盐水管路 BR0202-45×2.5 在标高 0.800m 处自西向东，在距西墙（1200+500+1000）mm 处向南分出支路，经截止阀后与钠离子交换器下部的接管口相连。

排污管路 WW0201-45×2.5 接钠离子交换器上部管口，向上，在标高 4.000m 处向东 900mm，向下，经截止阀后接排污管道。

(4) 综合归纳　所有管路分析完毕后，进行综合归纳，从而建立起一个完整的空间概念。软化水处理系统（钠离子交换器部分）的管路布置轴测图如图 8-25 所示。

【归纳总结】

管路布置图是在设备布置图的基础上，再表示出管路、阀门、管件、仪表控制点等，主

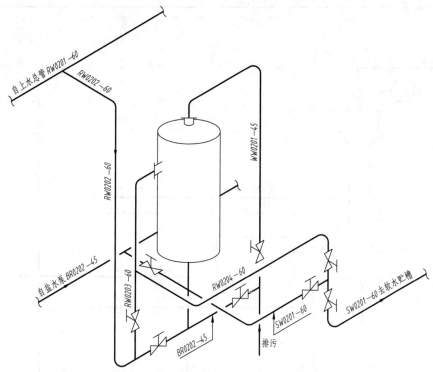

图 8-25 软化水处理系统（钠离子交换器部分）管路布置轴测图

要包括管路布置平面图和剖面图。管路布置图中用粗实线表示管路，用细实线表示厂房建筑、设备示意图、管件、阀门、控制点等，要标注管路的编号、规格、介质流向等；还要在平面图中标注管路的定位尺寸，在剖面图中标注管路、阀门的标高等。

要熟悉管路图示方法，熟悉管路交叉、管路重叠、管路转折在投影图上的规定画法。

阅读管路布置图时，首先按物料的流程找到该管路连接的起点设备和终点设备，再以平面图为主，结合剖面图，按管路编号逐条辨明走向、转弯和分支情况。在看懂管路走向的基础上，分析管路的水平定位尺寸、安装高度、管件、阀门、控制点的位置等。

【巩固练习】

1. 用 AutoCAD 绘制软化水处理系统的管路布置图。
2. 识读碱液配制岗位的工艺流程图、设备布置图、管路布置图。

看图提示如下。

碱液配制岗位为间断操作，其操作过程分为两个阶段：①来自外管的碱液被间断送入碱液罐，自流进入配碱罐内，与流进配碱罐的原水（新鲜水）混合后，自流到稀碱液罐，再经配碱泵加压后，回流至配碱罐起搅拌作用；②经取样阀取样检验，稀碱液的浓度均匀后，一部分稀碱液被送入碱液中间罐内供使用，另一部分经配碱泵送入尾气碱洗塔。配碱泵为 2 台并联，工作时有一台备用。由图 8-26 分析碱液的流程线，原水、排污、放空的流程线；在两个操作阶段，应打开或关闭哪些阀门。

碱液配制岗位的设备共 6 台，布置在三层厂房内，由图 8-27 分析每层有哪些设备，各设备的定位尺寸等。

图 8-28 仅画出了和两台配碱泵有关的管路布置情况，从图中分析厂房建筑及设备的布置情况，管道走向、编号、规格及配件等的安装位置等。

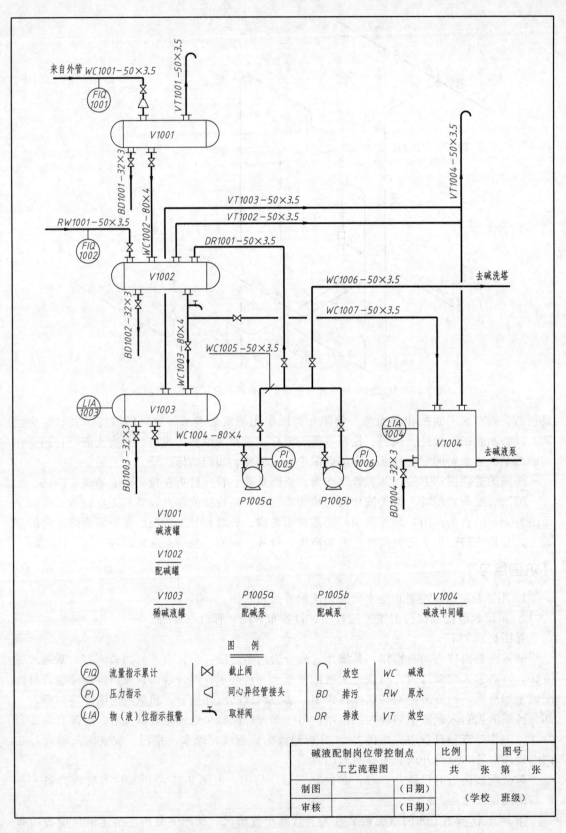

图 8-26 碱液配制岗位带控制点工艺流程图

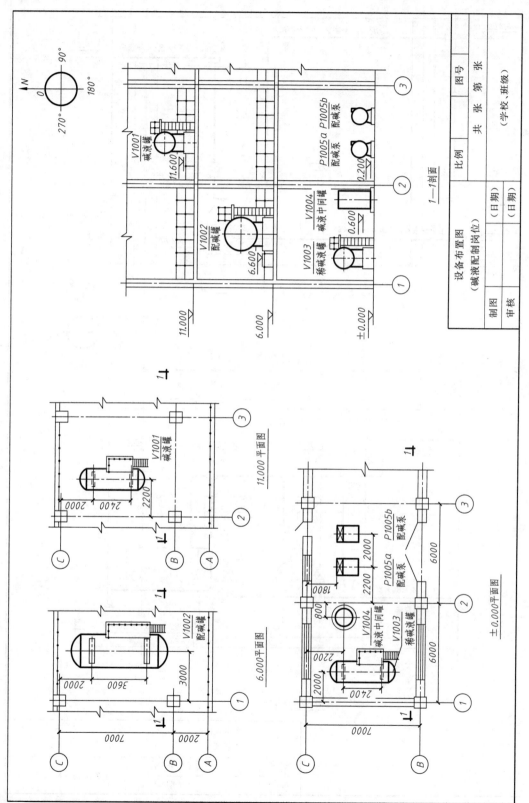

图 8-27 设备布置图（碱液配制岗位）

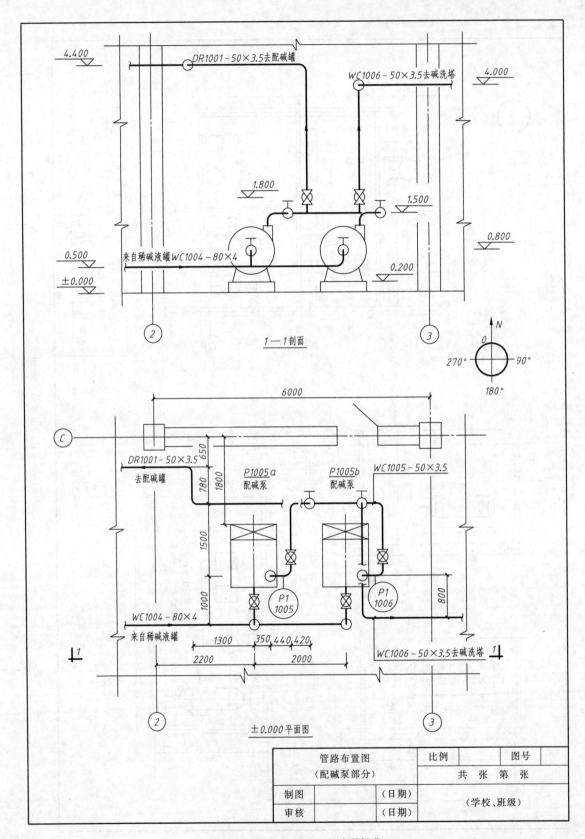

图 8-28 管路布置图（配碱泵部分）

附 录

一、螺纹

附表 1　普通螺纹（摘自 GB/T 193—2003）

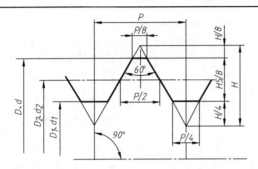

d——外螺纹大径；
D——内螺纹大径；
d_1——外螺纹小径；
D_1——内螺纹小径；
d_2——外螺纹中径；
D_2——内螺纹中径；
P——螺距；
H——原始三角形高度

标记示例：

M12-5g(粗牙普通外螺纹，公称直径 $d=12$mm，右旋，中径及大径公差带均为 5g，中等旋合长度)

M12×1.5LH-6H(普通细牙内螺纹，公称直径 $D=12$mm，螺距 $P=1$mm，左旋，中径及小径公差带均为 6H，中等旋合长度)

单位：mm

公称直径 D、d			螺距 P		粗牙螺纹小径 D_1、d_1
第一系列	第二系列	第三系列	粗牙	细牙	
4			0.7	0.5	3.242
5			0.8		4.134
6			1	0.75、(0.5)	4.917
		7	1	0.75、(0.5)	5.917
8			1.25	1、0.75、(0.5)	6.647
10			1.5	1.25、1、0.75、(0.5)	8.376
12			1.75	1.5、1.25、1、(0.75)、(0.5)	10.106
	14		2		11.835
		15		1.5、(1)	13.376
16			2	1.5、1、(0.75)、(0.5)	13.835
	18				15.294
20			2.5	2、1.5、1、(0.75)、(0.5)	17.294
	22				19.294
24			3	2、1.5、1、(0.75)	20.752
		25		2、1.5、(1)	22.835
	27		3	2、1.5、(1)、(0.75)	23.752
30			3.5	(3)、2、1.5、(1)、(0.75)	26.211
	33				29.211
		35		1.5	33.376
36			4	3、2、1.5、(1)	31.670
	39				34.670
		40		(3)、(2)、1.5	36.752
42			4.5	(4)、3、2、1.5、(1)	37.129
	45				40.129
48			5		42.587

注：1. 优先选用第一系列，其次是第二系列，第三系列尽可能不选用。

2. M14×1.25 仅用于火花塞；M35×1.5 仅用于滚动轴承锁紧螺钉。

3. 括号内螺距尽可能不选用。

附表2 管螺纹

用螺纹密封的管螺纹(摘自 GB/T 7306—2000)   非螺纹密封的管螺纹(摘自 GB/T 7307—2001)

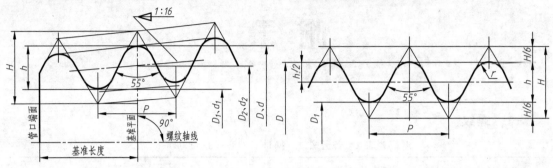

标记示例：
R½(圆锥外螺纹，右旋，尺寸代号为½)
Rc½(圆锥内螺纹，右旋，尺寸代号为½)
Rp½-LH(圆柱内螺纹，左旋，尺寸代号为½)

标记示例：
G½A-LH(外螺纹，左旋，A级，尺寸代号为½)
G½B(外螺纹，右旋，B级，尺寸代号为½)
G½(内螺纹，右旋，尺寸代号为½)

尺寸代号	基面上的直径(GB/T 7306) 基本直径(GB/T 7307)			螺距 P /mm	牙高 h /mm	圆弧半径 r /mm	每25.4mm 内的牙数 n	有效螺纹长度 (GB/T 7306) /mm	基准的基本长度 (GB/T 7306) /mm
	大径 $d=D$ /mm	中径 $d_2=D_2$ /mm	小径 $d_1=D_1$ /mm						
1/16	7.723	7.142	76.561	0.907	0.581	0.125	28	6.5	4.0
1/8	9.728	9.147	8.566						
1/4	13.157	12.301	11.445	1.337	0.856	0.184	19	9.7	6.0
3/8	16.662	15.806	14.950					10.1	6.4
1/2	20.955	19.793	18.631	1.814	1.162	0.249	14	13.2	8.2
3/4	26.441	25.279	24.117					14.5	9.5
1	33.249	31.770	30.291					16.8	10.4
1¼	41.910	40.431	38.952					19.1	12.7
1½	47.803	46.324	44.845						
2	59.614	58.135	56.656					23.4	15.9
2½	75.184	73.705	72.226	2.309	1.479	0.317	11	26.7	17.5
3	87.884	86.405	84.926					29.8	20.6
4	113.030	111.551	136.951					35.8	25.4
5	138.430	136.951	135.472						
6	163.830	162.351	160.872					40.1	28.6

二、常用标准件

附表3 六角头螺栓（一）

六角头螺栓-A级和B级(摘自 GB/T 5782—2016)
六角头螺栓-细牙-A级和B级(摘自 GB/T 5785—2016)

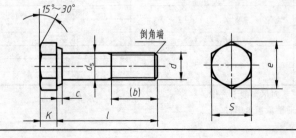

标记示例：
螺栓 GB/T 5782—2016 M16×90
螺纹规格 $d=16mm$，$l=90mm$，性能等级为8.8级、表面氧化、A级的六角头螺栓
螺栓 GB/T 5785—2016 M30×2×100
螺纹规格 $d=30mm×2$，$l=100mm$，性能等级为8.8级、表面氧化、B级的细牙六角头螺栓

续表

六角头螺栓-全螺纹-A级和B级(摘自GB/T 5783—2016)
六角头螺栓-细牙-全螺纹-A级和B级(摘自GB/T 5786—2016)

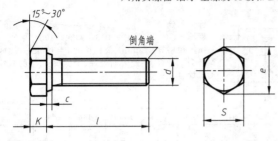

标记示例：
螺栓 GB/T 5783—2016 M8×90
螺纹规格 $d=8$mm, $l=90$mm、性能等级为8.8级、表面氧化、全螺纹、A级的六角头螺栓
螺栓 GB/T 5785—2016 M24×2×100
螺纹规格 $d=24$mm×2, $l=100$mm、性能等级为8.8级、表面氧化、全螺纹、B级的细牙六角头螺栓

单位：mm

螺纹规格	d	M4	M5	M6	M8	M10	M12	M16	M20	M24	M30	M36	M42	M48
	$d×p$	—	—	—	M8×1	M10×1	M12×1.5	M16×1.5	M20×2	M24×2	M30×2	M36×3	M42×1	M48×3
b 参考	$l≤125$	14	16	18	22	26	30	38	46	54	66	78	—	—
	$125<l≤200$				28	32	36	44	52	60	72	84	96	108
	$l>200$							57	65	73	85	97	109	121
c_{max}		0.4	0.5	0.5	0.6	0.6	0.6	0.8	0.8	0.8	0.8	0.8	1	1
K 公称		2.8	3.5	4	5.3	6.4	7.5	10	12.5	15	18.7	22.5	26	30
d_{samx}		4	5	6	8	10	12	16	20	24	30	36	42	48
S_{max}=公称		7	8	10	13	16	18	24	30	36	46	55	65	75
e_{min}	等级A	7.66	8.79	11.05	14.38	17.77	20.03	26.75	33.53	39.98	—	—	—	—
	等级B	—	8.63	10.89	14.2	17.59	19.85	26.17	32.95	39.55	50.85	60.79	72.02	82.6
d_{min}	等级A	5.9	6.9	8.9	11.6	14.6	16.6	22.5	28.2	33.6	—	—	—	—
	等级B	—	6.7	8.7	11.4	14.4	16.4	22	27.7	33.2	42.7	51.1	60.6	69.4
l 范围	GB/T 5782 GB/T 5785	25~40	25~50	30~60	35~80	40~100	45~120	55~160	65~200	80~240	90~300	110~360 110~300	130~400	140~400
	GB/T 5783	8~40	10~50	12~60	16~80	20~100	25~100	35~100	40~100	40~100	40~100	40~100	80~500	100~500
	GB/T 5786	—	—	—	80	100	25~100	35~160	40~200	40~200	40~200	40~200	90~400	100~500
l 系列	GB/T 5782 GB/T 5785	20~65(5进位)、70~160(10进位)、180~400(20进位)												
	GB/T 5783 GB/T 5786	6、8、10、12、16、18、20~65(5进位)、70~160(10进位)、180~400(20进位)												

注：1. 螺纹公差为6g、力学性能等级为8.8。
2. 产品等级A用于 $d≤24$mm 和 $l≤10d$ 或 $l≤150$mm（按较小值）的螺栓。
3. 产品等级B用于 $d>24$mm 和 $l>10d$ 或 $l>150$mm（按较小值）的螺栓。

附表4 六角头螺栓（二）

六角头螺栓-C级(摘自GB/T 5780—2016)

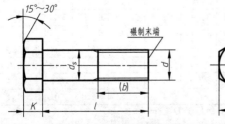

标记示例：
螺栓 GB/T 5780—2016 M16×90
螺纹规格 $d=16$mm、公称长度 $l=90$mm、性能等级为4.8级、不经表面处理、杆身半螺纹、C级的六角头螺栓

续表

六角头螺栓-全螺纹-C级（摘自 GB/T 5781—2016）

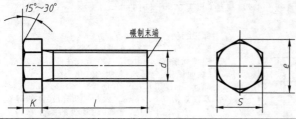

标记示例：
螺栓 GB/T 5781—2016 M20×100
螺纹规格 $d=20$mm、公称长度 $l=100$mm、性能等级为4.8级、不经表面处理、全螺纹、C级的六角头螺栓

单位：mm

螺纹规格 d		M5	M6	M8	M10	M12	M16	M20	M24	M30	M36	M42	M48
b 参考	$l\leqslant125$	16	18	22	26	30	38	46	54	66	78	—	—
	$125<l\leqslant200$	—	—	28	32	36	44	52	60	72	84	96	108
	$l>200$	—	—	—	—	—	57	65	73	85	97	109	121
K		3.5	4	5.3	6.4	7.5	10	12.5	15	18.7	22.5	26	30
S_{max}		8	10	13	16	18	24	30	36	46	55	65	75
e_{min}		8.63	10.89	14.20	17.59	19.85	26.17	32.95	30.55	50.85	60.79	72.02	82.6
d_{smax}		5.84	6.48	8.58	10.58	12.7	16.7	20.8	24.84	30.84	37	43	49
l 范围	GB/T 5780	25~50	30~60	35~80	40~100	45~120	55~160	65~200	80~240	90~300	110~300	160~420	180~480
	GB/T 5781	10~40	12~50	16~65	20~80	25~100	35~100	40~100	50~100	60~100	70~100	80~420	90~480
l 系列		10,12,16,18,20~50（5进位）、(55)、60、(65)、70~160（10进位）、180、220~500（20进位）											

注：1. 括号内的规格尽可能不用，末端按 GB/T 2—2016 的规定。
2. 螺纹公差为 8g（GB/T 5780—2016）、6g（GB/T 5781—2016）；力学性能等级为 4.6、4.8。

附表5 螺母

1型六角螺母-A级和B级（摘自 GB/T 6170—2015）
1型六角螺母-细牙-A级和B级（摘自 GB/T 6171—2016）
1型六角螺母-C级（摘自 GB/T 41—2016）

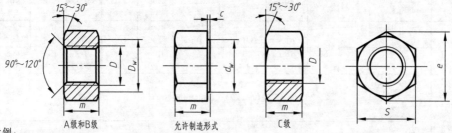

标记示例：
螺母 GB/T 6171—2016 M20×2
螺纹规格 $D=24$mm、螺距 $P=2$mm、性能等级为10级、不经表面处理的B级1型细牙六角螺母
螺母 GB/T 41—2016 M16
螺纹规格 $D=16$mm、性能等级为5级、不经表面处理的C级1型六角螺母

单位：mm

螺纹规格	D	M4	M5	M6	M8	M10	M12	M16	M20	M24	M30	M36	M42	M48
	$D\times P$	—	—	—	M8×1	M10×1	M12×1.5	M16×1.5	M20×2	M24×2	M30×2	M36×3	M42×3	M48×3
c		0.4	0.5		0.6				0.8				1	
S_{max}		7	8	10	13	16	18	24	30	36	46	55	65	75
e_{max}	A,B	7.66	8.79	11.05	14.38	17.77	20.03	26.75	32.95	39.55	50.85	60.79	72.02	82.6
	C	—	8.63	10.89	14.2	17.59	19.85	26.17	32.95	39.55	50.85	60.79	72.07	82.6
m_{max}	A,B	3.2	4.7	5.2	6.8	8.4	10.8	14.8	18	21.5	25.6	31	34	38
	C	—	5.6	6.1	7.9	9.5	12.2	15.9	19	22.3	26.4	31.5	34.9	38.9
d_{wmin}	A,B	5.9	6.9	8.9	11.6	14.6	16.6	22.5	27.7	33.2	42.7	51.1	60.6	69.4
	C	—	6.9	8.9	11.6	14.6	16.6	22.5	27.7	33.2	42.7	51.1	60.6	69.4

注：1. A级用于 $D\leqslant16$mm 的螺母；B级用于 $D>16$mm 的螺母；C级用于 $D\geqslant5$mm 的螺母。
2. 螺纹公差：A、B级为6H，C级为7H。机械性能等级：A、B级为6、8、10级；C级为4、5级。

附表6 垫圈

平垫圈-A级(摘自 GB/T 97.1—2002) 平垫圈倒角型-A级(摘自 GB/T 97.2—2002)
小垫圈-A级(摘自 GB/T 848—2002) 平垫圈-C级(摘自 GB/T 95—2002) 大垫圈-A和C级(摘自 GB/T 96—2002)

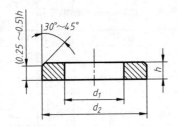
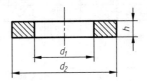

标记示例：
垫圈 GB/T 95—2002 10-100HV
标准系列、公称尺寸 $d=10$mm、性能等级为100HV级、不经表面处理的平垫圈
垫圈 GB/T 97.2—2002 10-A140
标准系列、公称尺寸 $d=10$mm、性能等级为A140HV级、倒角型、不经表面处理的平垫圈

单位：mm

公称直径 d (螺纹规格)		4	5	6	8	10	12	14	16	20	24	30	36	42	48
GB/T 848—2002 (A级)	d_1	4.3	5.3	6.4	8.4	10.5	13	15	17	21	25	31	37	—	—
	d_2	8	9	11	15	18	20	24	28	34	39	50	60	—	—
	h	0.5	1	1.6	1.6	1.6	2	2.5	2.5	3	4	4	5	—	—
GB/T 97.1—2002 (A级)	d_1	4.3	5.3	6.4	8.4	10.5	13	15	17	21	25	31	37	—	—
	d_2	9	10	12	16	20	24	28	30	37	44	56	66	—	—
	h	0.8	1	1.6	1.6	2	2.5	2.5	3	3	4	4	5	—	—
GB/T 97.2—2002 (A级)	d_1	—	5.3	6.4	8.4	10.5	13	15	17	21	25	31	37	—	—
	d_2	—	10	12	16	20	24	28	30	37	44	56	66	—	—
	h	—	1	1.6	1.6	2	2.5	2.5	3	3	4	4	5	—	—
GB/T 95—2002 (C级)	d_1	—	5.5	6.6	9	11	13.5	15.5	17.5	22	26	33	39	45	52
	d_2	—	10	12	16	20	24	28	30	37	44	56	66	78	92
	h	—	1	1.6	1.6	2	2.5	2.5	3	3	4	4	5	8	8
GB/T 96—2002 (A级和C级)	d_1	4.3	5.6	6.4	8.4	10.5	13	15	17	22	26	33	39	45	52
	d_2	12	15	18	24	30	37	44	50	60	72	92	110	125	145
	h	1	1.2	1.6	2	2.5	3	3	3	4	5	6	8	10	10

注：A级适用于精装配系列，C级适用于中等装配系列。

附表7 螺钉(摘自 GB/T 67～69—2016)

开槽盘头螺钉(GB/T 67—2016) 开槽沉头螺钉(GB/T 68—2016) 开槽半沉头螺钉(GB/T 69—2016)

标记示例：
螺钉 GB/T 69—2016 M6×25
螺纹规格 $d=6$mm、公称长度 $l=25$mm、性能等级为4.8级、不经表面处理的开槽半沉头螺钉

单位：mm

续表

螺纹规格 d	P	b_{min}	n	f	r_f	K_{max}		d_{kmax}		t_{max}			l 范围		全螺纹时最大长度	
				GB/T 69	GB/T 69	GB/T 67	GB/T 68 GB/T 69	GB/T 67	GB/T 68 GB/T 69	GB/T 67	GB/T 68	GB/T 69	GB/T 67	GB/T 68 GB/T 69	GB/T 67	GB/T 68
M2	0.4	25	0.5	0.5	4	1.3	1.2	4.0	3.8	0.5	0.4	0.8	2.5~20	3~20	30	30
M3	0.5	25	0.8	0.7	6	1.8	1.65	5.6	5.5	0.7	0.6	1.2	4~30	5~30		
M4	0.7	38	1.2	1	9.5	2.4	2.7	8.0	8.4	1	1	1.6	5~40	6~40		
M5	0.8	38	1.2	1.2	9.5	3.0	2.7	9.5	9.3	1.2	1.1	2	6~50	8~50		
M6	1	38	1.6	1.4	12	3.6	3.3	12	11.3	1.4	1.2	2.4	8~60	8~60	40	45
M8	1.25	38	2	2	16.5	4.8	4.65	16	15.8	1.9	1.8	3.2	10~80	10~80		
M10	1.5	38	2.5	2.3	19.5	6	5	20	18.3	2.4	2	3.8	12~80	12~80		
l 系列	2、2.5、3、4、5、6、8、10、12、(14)、16、20~50(5进位)、(55)、60、(65)、70、(75)、80															

注：螺纹公差为6g；机械性能等级为4.8、5.8；产品等级为A。

附表 8 双头螺柱（摘自 GB 897~900—88）

$b_m=d$（GB 897—88）　　$b_m=1.25d$（GB 898—88）　　$b_m=1.5d$（GB 899—88）　　$b_m=2d$（GB 900—88）

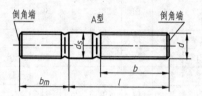 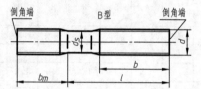

标记示例：
螺柱　GB 899—88　M12×60
两端均为粗牙普通螺纹、$d=12mm$、$l=60mm$、性能等级为4.8级、不经表面处理、B型、$b_m=1.5d$ 的双头螺柱
螺柱　GB 900—88　AM16—M16×1×70
旋入机体一端为粗牙普通螺纹、旋螺母端为细牙普通螺纹、螺距 $P=1mm$、$d=16mm$、$l=70mm$、性能等级为4.8级、不经表面处理、A型、$b_m=2d$ 的双头螺柱

单位：mm

螺纹规格 d	b_m				l/b
	GB 897	GB 898	GB 899	GB 900	
M4	—	—	6	8	(16~22)/8 (25~40)/14
M5	5	6	8	10	(16~22)/10、(25~50)/16
M6	6	8	10	12	(20~22)/10、(25~30)/14、(32~75)/18
M8	8	10	12	16	(20~22)/12、(25~30)/16、(32~90)/22
M10	10	12	15	20	(25~28)/14、(30~38)/16、(40~120)/26、130/32
M12	12	15	18	24	(25~30)/16、(32~40)/20、(45~120)/30、(130~180)/36
M16	16	20	24	32	(30~38)/20、(40~55)/30、(60~120)/38、(130~200)/44
M20	20	25	30	40	(35~40)/25、(45~65)/35、(70~120)/46、(130~200)/52
(M24)	24	30	36	48	(45~50)/20、(55~75)/45、(80~120)/54、(132~200)/60、
(M30)	30	38	45	60	(60~65)/40、(70~90)/50、(95~120)/66、(130~200)/72、(210~250)/85、
M36	36	45	54	72	(65~75)/45、(80~110)/60、120/78、(130~200)/84、(210~300)/97、
M42	42	52	63	84	(70~80)/50、(85~110)/70、120/90、(130~200)/96、(210~300)/109、
M48	48	60	72	96	(80~90)/60、(95~110)/80、120/102、(130~200)/1080、(210~300)/121、
l 系列	12、(14)、16、(18)、20、(22)、25、(28)、30、(32)、35、(38)、40、45、50、55、60、(65)、70、75、80、(85)、90、(95)、100~260(10进位)、280、300				

注：1. 尽可能不采用括号内的规格，末端按 GB/T 2—2016 的规定。
2. b_m 的值与材料有关。$b_m=d$ 用于钢对钢，$b_m=(1.25~1.5)d$ 用于铸铁，$b_m=1.5d$ 用于铸铁或铝合金，$b_m=2d$ 用于铝合金。

附表9　平键及键槽各部分尺寸（GB/T 1095、1096—2003）

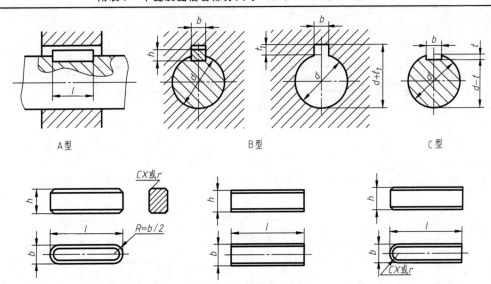

A型　　　　B型　　　　C型

标记示例：
键 GB/T 1096—2003 12×60（圆头普通平键，$b=12mm$、$h=8mm$、$l=60mm$）
键 GB/T 1096—2003 B12×60（平头普通平键，$b=12mm$、$h=8mm$、$l=60mm$）
键 GB/T 1096—2003 C12×60（单圆头普通平键，$b=12mm$、$h=8mm$、$l=60mm$）

单位：mm

公称直径 d	键		键槽									
	公称尺寸 $b×h$	长度 l	宽度 b					深度				半径 r
			公称尺寸 b	极限偏差				轴 t		毂 t_1		
				较松键连接		一般键连接		较紧键连接				
				轴 H9	毂 D10	轴 N9	毂 JS9	轴和毂 P9	公称	偏差	公称	偏差	最大	最小
10~12	4×4	8~45	4	+0.030 +0.000	+0.078 +0.030	−0.000 −0.030	±0.015	−0.012 −0.042	2.5	+0.10	1.8	+0.10	0.08	0.16
12~17	5×5	10~56	5						3.0		2.3			
17~22	6×6	14~70	6						3.5		2.8		0.16	0.25
22~30	8×7	18~90	8	+0.036 +0.000	+0.098 +0.040	−0.000 −0.036	±0.018	−0.015 −0.051	4.0		3.3			
30~38	10×8	22~110	10						5.0		3.3			
38~44	12×8	28~140	12	+0.043 +0.003	+0.120 +0.050	−0.003 −0.043	±0.0215	−0.018 −0.061	5.0	+0.20	3.3	+0.20	0.25	0.40
44~50	14×9	36~160	14						5.5		3.8			
50~58	16×10	45~180	16						6.0		4.3			
58~65	18×11	50~200	18						7.0		4.4			
65~75	20×12	56~220	20	+0.052 +0.002	+0.149 +0.065	−0.052 −0.052	±0.062	−0.002 −0.074	7.5		4.9			
75~85	22×14	63~250	22						9.0		5.4		0.40	0.60
85~95	25×14	70~280	25						9.0		5.4			
95~110	28×16	80~320	28						10.0		6.4			

注：1. 键 b 的极限偏差为h9，键 h 的极限偏差为h11，键长 l 的极限偏差为h14。
2. $d-t$ 和 $d+t_1$ 两组组合尺寸的极限偏差按相应的 t 和 t_1 的极限偏差选取，但 $d-t$ 的极限偏差应取负号（−）。
3. l 系列：6~22mm（2进位）、25mm、28mm、32mm、36mm、40mm、45mm、50mm、56mm、63mm、70mm、80mm、90mm、100mm、110mm、125mm、140mm、160mm、180mm、200mm、220mm、250mm、280mm、320mm、360mm、400mm、450mm、500mm。

附表 10　圆锥销（GB/T 117—2000）

A型　　　B型

标记示例：
销　GB/T 117—2000　B10×50
公称直径 $d=10$mm、长度 $l=50$mm、材料为 35 钢、热处理硬度 28～38HRC、表面氧化处理的 B 型圆锥销

单位：mm

d（公称）	0.6	0.8	1	1.2	1.5	2	2.5	3	4	5
$a\approx$	0.08	0.1	0.12	0.16	0.2	0.25	0.3	0.4	0.5	0.63
l 范围	4～8	5～12	6～16	6～20	8～24	10～35	10～35	12～45	14～55	18～60
d（公称）	6	8	10	12	16	20	25	30	40	50
$a\approx$	0.8	1	1.2	1.6	2	2.5	3	4	5	6.3
l 范围	22～90	22～120	26～160	32～180	40～200	45～200	50～200	55～200	60～200	65～200
l 系列	2、3、4、5、6～32（5 进位）、35～100（5 进位）、120～200（20 进位）									

附表 11　普通圆柱销（GB/T 119—2000）

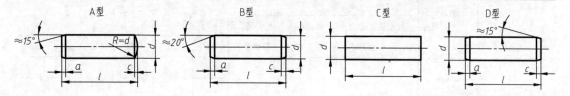

标记示例：
销　GB/T 119—2000　A10×80
公称直径 $d=10$mm、长度 $l=80$mm、材料为 35 钢、热处理硬度为 28～38HRC、表面氧化处理的 A 型圆柱销
销　GB/T 119—2000　10×80
公称直径 $d=10$mm、长度 $l=80$mm、材料为 35 钢、热处理硬度为 28～38HRC、表面氧化处理的 B 型圆柱销

单位：mm

d（公称）	0.6	0.8	1	1.2	1.5	2	2.5	3	4	5
$a\approx$	0.08	0.10	0.12	0.16	0.20	0.25	0.30	0.40	0.50	0.63
$c\approx$	0.12	0.16	0.20	0.25	0.30	0.35	0.40	0.50	0.63	0.80
l 范围	2～6	2～8	4～10	4～12	4～16	6～20	6～24	8～30	8～40	10～50
d（公称）	6	8	10	12	16	20	25	30	40	50
$a\approx$	0.80	1.0	1.2	1.6	2.0	2.5	3.0	4.0	5.0	6.3
$c\approx$	1.2	1.6	2.0	2.5	3.0	3.5	4.0	5.0	6.3	8.0
l 范围	12～60	14～80	18～95	22～140	26～180	35～200	50～200	60～200	80～200	95～200
l 系列	2、3、4、5、6～32（5 进位）、35～100（5 进位）、120～200（20 进位）									

附表 12 滚动轴承

深沟球轴承 (GB/T 276—2013)	圆锥滚子轴承 (GB/T 297—2015)	推力球轴承 (GB/T 301—2015)
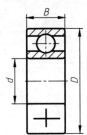	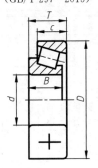	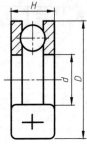
标记示例: 滚动轴承 6212 GB/T 276—2013	标记示例: 滚动轴承 30213 GB/T 297—2015	标记示例: 滚动轴承 51304 GB/T 301—2015

轴承型号	尺寸/mm			轴承型号	尺寸/mm					轴承型号	尺寸/mm			
	d	D	B		d	D	B	c	T		d	D	H	$d_{1\min}$
尺寸系列(02)				尺寸系列(02)						尺寸系列(12)				
6202	15	35	11	30203	17	40	12	11	13.25	51202	15	32	12	17
6203	17	40	12	30204	20	47	14	12	15.25	51203	17	35	12	19
6204	20	47	14	30205	25	52	15	13	16.25	51204	20	40	14	22
6205	25	52	15	30206	30	62	16	14	17.25	51205	25	47	15	27
6206	30	62	16	30207	35	72	17	15	18.25	51206	30	52	16	32
6207	35	72	17	30208	40	80	18	16	19.75	51207	35	62	18	37
6208	40	80	18	30209	45	85	19	16	20.75	51208	40	68	19	42
6209	45	85	19	30210	50	90	20	17	21.75	51209	45	73	20	47
6210	50	90	20	30211	55	100	21	18	22.75	51210	50	78	22	52
6211	55	100	21	30212	60	110	22	19	23.75	51211	55	90	25	57
6212	60	110	22	30213	65	120	23	20	24.75	51212	60	95	26	62
尺寸(03)				尺寸系列(03)						尺寸系列(13)				
6302	15	42	13	30302	15	42	13	11	14.25	51304	20	47	18	22
6303	17	47	14	30303	17	47	14	12	15.25	51305	25	52	18	27
6304	20	52	15	30304	20	52	15	13	16.25	51306	30	60	21	32
6305	25	62	17	30305	25	62	17	15	18.25	51307	35	68	24	37
6306	30	72	19	30306	30	72	19	16	20.75	51308	40	78	26	42
6307	35	80	21	70307	35	80	21	18	22.75	51309	45	85	28	47
6308	40	90	23	30308	40	90	23	20	25.25	51310	50	95	31	52
6309	45	100	25	30309	45	100	25	22	27.25	51311	55	105	35	57
6310	50	110	27	30310	50	110	27	23	29.25	51312	60	110	35	62
6311	55	120	29	30311	55	120	29	25	31.5	51313	65	115	36	67
6312	60	130	31	30312	60	130	31	26	33.5	51314	70	125	40	72

三、极限与配合

附表 13　优先及常用孔的极限偏差

代号 基本尺寸/mm		A	B	C	D	E	F	G	H 公差				
大于	至	11	11	*11	*9	8	*8	*7	6	*7	*8	*9	10	*11
—	3	+330 +270	+200 +140	+120 +60	+45 +20	+28 +14	+20 +6	+12 +2	+6 0	+10 0	+14 0	+25 0	+40 0	+60 0
3	6	+345 +270	+215 +140	+145 +70	+60 +30	+38 +20	+28 +10	+16 +4	+8 0	+12 0	+18 0	+30 0	+48 0	+75 0
6	10	+370 +280	+240 +150	+170 +80	+76 +40	+47 +25	+35 +13	+20 +5	+9 0	+15 0	+22 0	+36 0	+58 0	+90 0
10	14	+400 +290	+260 +150	+205 +95	+93 +50	+59 +32	+43 +16	+24 +6	+11 0	+18 0	+27 0	+43 0	+70 0	+110 0
14	18													
18	24	+430 +300	+290 +160	+240 +110	+117 +65	+73 +40	+53 +20	+28 +7	+13 0	+21 0	+33 0	+52 0	+84 0	+130 0
24	30													
30	40	+470 +310	+330 +170	+280 +120	+142 +80	+89 +50	+64 +25	+34 +9	+16 0	+25 0	+39 0	+62 0	+100 0	+160 0
40	50	+480 +320	+340 +180	+290 +130										
50	65	+530 +340	+380 +190	+330 +140	+174 +100	+106 +60	+76 +30	+40 +10	+19 0	+30 0	+46 0	+74 0	+120 0	+190 0
65	80	+550 +360	+390 +200	+340 +150										
80	100	+600 +380	+440 +220	+390 +170	+207 +120	+126 +72	+90 +36	+47 +12	+22 0	+35 0	+54 0	+87 0	+140 0	+220 0
100	120	+630 +410	+460 +240	+400 +180										
120	140	+710 +460	+510 +260	+450 +200	+245 +145	+148 +85	+106 +43	+54 +14	+25 0	+40 0	+63 0	+100 0	+160 0	+250 0
140	160	+770 +520	+530 +280	+460 +210										
160	180	+830 +580	+560 +310	+480 +230										
180	200	+950 +660	+630 +340	+530 +240	+285 +170	+172 +100	+122 +50	+61 +15	+29 0	+46 0	+72 0	+115 0	+185 0	+290 0
200	225	+1030 +740	+670 +380	+550 +260										
225	250	+1110 +820	+710 +420	+570 +280										
250	280	+1240 +920	+800 +480	+620 +300	+320 +190	+191 +110	+137 +56	+69 +17	+32 0	+52 0	+81 0	+130 0	+210 0	+320 0
280	315	+1370 +1050	+860 +540	+650 +330										
315	355	+1560 +1200	+960 +600	+720 +360	+350 +210	+214 +125	+151 +62	+75 +18	+36 0	+57 0	+89 0	+140 0	+230 0	+360 0
355	400	+1710 +1350	+1040 +680	+760 +400										
400	450	+1900 +1500	+1160 +760	+840 +440	+385 +230	+232 +135	+165 +68	+83 +20	+40 0	+63 0	+97 0	+155 0	+250 0	+400 0
450	500	+2050 +1650	+1240 +840	+880 +480										

注：带"*"者为优先选用的，其他为常用的。

表 (摘自 GB/T 1800.2—2020) 单位：μm

等级	JS			K			M	N		P		R	S	T	U
	12	6	7	6	*7	8	7	6	7	6	*7	7	*7	7	*7
+100 0	±3	±5	0 -6	0 -10	0 -14	-2 -12	-4 -10	-4 -14	-6 -12	-6 -16	-10 -20	-14 -24	—	-18 -28
+120 0	±4	±6	+2 -6	+3 -9	+5 -13	0 -12	-5 -13	-4 -16	-9 -17	-8 -20	-11 -23	-15 -27	—	-19 -31
+150 0	±4.5	±7	+2 -7	+5 -10	+6 -16	0 -15	-7 -16	-4 -19	-12 -21	-9 -24	-13 -28	-17 -32	—	-22 -37
+180 0	±5.5	±9	+2 -9	+6 -12	+8 -19	0 -18	-9 -20	-5 -23	-15 -26	-11 -29	-16 -34	-21 -39	—	-26 -44
+210 0	±6.5	±10	+2 -11	+6 -15	+10 -23	0 -21	-11 -24	-7 -28	-18 -31	-14 -35	-20 -41	-27 -48	-33 -54	-33 -54 / -40 -61
+250 0	±8	±12	+3 -13	+7 -18	+12 -27	0 -25	-12 -28	-8 -33	-21 -37	-17 -42	-25 -50	-34 -59	-39 -64 / -45 -70	-51 -76 / -61 -86
+300 0	±9.5	±15	+4 -15	+9 -21	+14 -32	0 -30	-14 -33	-9 -39	-26 -45	-21 -51	-30 -60 / -32 -62	-42 -72 / -48 -78	-55 -85 / -64 -94	-76 -106 / -91 -121
+350 0	±11	±17	+4 -18	+10 -25	+16 -38	0 -35	-16 -38	-10 -45	-30 -52	-24 -59	-38 -73 / -41 -76	-58 -93 / -66 -101	-78 -113 / -91 -126	-111 -146 / -131 -166
+400 0	±12.5	±20	+4 -21	+12 -28	+20 -43	0 -40	-20 -45	-12 -52	-36 -61	-28 -68	-48 -88 / -50 -90 / -53 -93	-77 -117 / -85 -125 / -93 -133	-107 -147 / -119 -159 / -131 -171	-155 -195 / -175 -215 / -195 -235
+460 0	±14.5	±23	+5 -24	+13 -33	+22 -50	0 -46	-22 -51	-14 -60	-41 -70	-33 -79	-60 -106 / -63 -109 / -67 -113	-105 -151 / -113 -159 / -123 -169	-149 -195 / -163 -209 / -179 -225	-219 -265 / -241 -287 / -267 -313
+520 0	±16	±26	+5 -27	+16 -36	+25 -56	0 -52	-25 -57	-14 -66	-47 -79	-36 -88	-74 -126 / -78 -130	-138 -190 / -150 -202	-198 -250 / -220 -272	-295 -347 / -330 -382
+570 0	±18	±28	+7 -29	+17 -40	+28 -61	0 -57	-26 -62	-16 -73	-51 -87	-41 -98	-87 -144 / -93 -150	-169 -226 / -187 -244	-247 -304 / -273 -330	-369 -426 / -414 -471
+630 0	±20	±31	+8 -32	+18 -45	+29 -68	0 -63	-27 -67	-17 -80	-55 -95	-45 -108	-103 -166 / -109 -172	-209 -272 / -229 -292	-307 -370 / -337 -400	-467 -530 / -517 -580

附表 14　优先及常用轴的极限偏差

代号		a	b	c	d	e	f	g				h	
基本尺寸/mm									公　差				
大于	至	11	11	*11	*9	8	*7	*6	5	*6	*7	8	*9	10
—	3	−270 −330	−140 −200	−60 −120	−20 −45	−14 −28	−6 −16	−2 −8	0 −4	0 −6	0 −10	0 −14	0 −25	0 −40
3	6	−270 −345	−140 −215	−70 −145	−30 −60	−20 −38	−10 −22	−4 −12	0 −5	0 −8	0 −12	0 −18	0 −30	0 −48
6	10	−280 −338	−150 −240	−80 −170	−40 −76	−25 −47	−13 −28	−5 −14	0 −6	0 −9	0 −15	0 −22	0 −36	0 −58
10	14	−290 −400	−150 −260	−95 −205	−50 −93	−32 −59	−16 −34	−6 −17	0 −8	0 −11	0 −18	0 −27	0 −43	0 −70
14	18													
18	24	−300 −430	−160 −290	−110 −240	−65 −117	−40 −73	−20 −41	−7 −20	0 −9	0 −13	0 −21	0 −33	0 −52	0 −84
24	30													
30	40	−310 −470	−170 −330	−120 −280	−80 −142	−50 −89	−25 −50	−9 −25	0 −11	0 −16	0 −25	0 −39	0 −62	0 −100
40	50	−320 −480	−180 −340	−130 −290										
50	65	−340 −530	−190 −380	−140 −330	−100 −174	−60 −106	−30 −60	−10 −29	0 −13	0 −19	0 −30	0 −46	0 −74	0 −120
65	80	−360 −550	−200 −390	−150 −340										
80	100	−380 −600	−220 −440	−170 −390	−120 −207	−72 −126	−36 −71	−12 −34	0 −15	0 −22	0 −35	0 −54	0 −87	0 −140
100	120	−410 −630	−240 −460	−180 −400										
120	140	−460 −710	−260 −510	−200 −450	−145 −245	−85 −148	−43 −83	−14 −39	0 −18	0 −25	0 −40	0 −63	0 −100	0 −160
140	160	−520 −770	−280 −530	−210 −460										
160	180	−580 −830	−310 −560	−230 −480										
180	200	−660 −950	−340 −630	−240 −530	−170 −285	−100 −172	−50 −96	−15 −44	0 −20	0 −29	0 −46	0 −72	0 −115	0 −185
200	225	−740 −1030	−380 −670	−260 −550										
225	250	−820 −1110	−420 −710	−280 −570										
250	280	−920 −1240	−480 −800	−300 −620	−190 −320	−110 −191	−56 −108	−17 −49	0 −23	0 −32	0 −52	0 −81	0 −130	0 −210
280	315	−1050 −1370	−540 −860	−330 −650										
315	355	−1200 −1560	−600 −960	−360 −720	−210 −350	−125 −214	−62 −119	−18 −54	0 −25	0 −36	0 −57	0 −89	0 −140	0 −230
355	400	−1350 −1710	−680 −1040	−400 −760										
400	450	−1500 −1900	−760 −1160	−440 −840	−230 −385	−135 −232	−68 −131	−20 −60	0 −27	0 −40	0 −63	0 −97	0 −155	0 −250
450	500	−1650 −2050	−840 −1240	−480 −880										

注：带"*"者为优先选用的，其他为常用的。

表（摘自 GB/T 1800.2—2020） 单位：μm

等级		js	k	m	n	p	r	s	t	u	v	x	y	z
*11	12	6	*6	6	*6	*6	6	*6	6	*6	6	6	6	6
0 −60	0 −100	±3	+6 0	+8 +2	+10 +4	+12 +6	+16 +10	+20 +14	—	+24 +18	—	+26 +20	—	+32 +26
0 −75	0 −120	±4	+9 +1	+12 +4	+16 +8	+20 +12	+23 +15	+27 +19	—	+31 +23	—	+36 +28	—	+43 +35
0 −90	0 −150	±4.5	+10 +1	+15 +6	+19 +10	+24 +15	+28 +19	+32 +23	—	+37 +28	—	+43 +34	—	+51 +42
0 −110	0 −180	±5.5	+12 +1	+18 +7	+23 +12	+29 +18	+34 +23	+39 +28	—	+44 +33	+50 +39	+51 +40 +56 +45	—	+61 +50 +71 +60
0 −130	0 −210	±6.5	+15 +2	+21 +8	+28 +15	+35 +22	+41 +28	+48 +35	+54 +41	+54 +41 +61 +48	+60 +47 +68 +55	+67 +54 +77 +64	+76 +63 +88 +75	+86 +73 +101 +88
0 −160	0 −250	±8	+18 +2	+25 +9	+33 +17	+42 +26	+50 +34	+59 +43	+64 +48 +70 +54	+76 +60 +86 +70	+84 +68 +97 +81	+96 +80 +113 +97	+110 +94 +130 +114	+128 +112 +152 +136
0 −190	0 −300	±9.5	+21 +2	+30 +11	+39 +20	+51 +32	+60 +41 +62 +43	+72 +53 +78 +59	+85 +66 +94 +75	+106 +87 +121 +102	+121 +102 +139 +120	+141 +122 +165 +146	+163 +144 +193 +174	+191 +172 +229 +210
0 −220	0 −350	±11	+25 +3	+35 +13	+45 +23	+59 +37	+73 +51 +76 +54	+93 +71 +101 +79	+113 +91 +126 +104	+146 +124 +166 +144	+168 +146 +194 +172	+200 +178 +232 +210	+236 +214 +276 +254	+280 +258 +332 +310
0 −250	0 −400	±12.5	+28 +3	+40 +15	+52 +27	+68 +43	+88 +63 +90 +65 +93 +68	+117 +92 +125 +100 +133 +108	+147 +122 +159 +134 +171 +146	+195 +170 +215 +190 +235 +210	+227 +202 +253 +228 +277 +252	+273 +248 +305 +280 +335 +310	+325 +300 +365 +340 +405 +380	+390 +365 +440 +415 +490 +465
0 −290	0 −460	±14.5	+33 +4	+46 +17	+60 +31	+79 +50	+106 +77 +109 +80 +113 +84	+151 +122 +159 +130 +169 +140	+195 +166 +209 +180 +225 +196	+265 +236 +287 +258 +313 +284	+313 +284 +339 +310 +369 +340	+379 +350 +414 +385 +454 +425	+454 +425 +499 +470 +549 +520	+549 +520 +604 +575 +669 +640
0 −320	0 −520	±16	+36 +4	+52 +20	+66 +34	+88 +56	+126 +94 +130 +98	+190 +158 +202 +170	+250 +218 +272 +240	+347 +315 +382 +350	+417 +385 +457 +425	+507 +475 +557 +525	+612 +580 +682 +650	+742 +710 +822 +790
0 −360	0 −570	±18	+40 +4	+57 +21	+73 +37	+98 +62	+144 +108 +150 +114	+226 +190 +244 +208	+304 +268 +330 +294	+426 +390 +471 +435	+511 +475 +566 +530	+626 +590 +696 +660	+766 +730 +856 +820	+936 +900 +1036 +1000
0 −400	0 −630	±20	+45 +5	+63 +23	+80 +40	+108 +68	+166 +126 +172 +132	+272 +232 +292 +252	+370 +330 +400 +360	+530 +490 +580 +540	+635 +595 +700 +660	+780 +740 +860 +820	+960 +920 +1040 +1000	+1140 +1100 +1290 +1250

四、常用材料及热处理

附表 15　常用的金属材料和非金属材料

	名　称	编　号	说　明	应用举例
黑色金属	灰铸铁 (GB 9439)	HT150	HT——"灰铁"代号 150——抗拉强度，MPa	用于制造端盖、带轮、轴承座、阀壳、管子及管子附件、机床底座、工作台等
		HT200		用于较重要铸件，如气缸、齿轮、机架、飞轮、床身、阀壳、衬筒等
	球墨铸铁 (GB 1348)	QT450-10 QT500-7	QT——"球铁"代号 450——抗拉强度，MPa 10——伸长率，%	具有较高强度和塑性。广泛用于机械制造业中受磨损和受冲击的零件，如曲轴、气缸套、活塞环、摩擦片、中低压阀门、千斤顶座等
	铸钢 (GB 11352)	ZG200-400 ZG270-500	ZG——"铸钢"代号 200——屈服强度，MPa 400——抗拉强度，MPa	用于各种形状的零件，如机座、变速箱座、飞轮、重负荷机座、水压机工作缸等
	碳素结构钢 (GB 700)	Q215-A Q235-A	Q——"屈"字代号 215——屈服点数值，MPa A——质量等级	有较高的强度和硬度，易焊接，是一般机械上的主要材料。用于制造垫圈、铆钉、轻载齿轮、键、拉杆、螺栓、螺母、轮轴等
	优质碳素结构钢 (GB 699)	15	15——平均含碳量(万分之几)	塑性、韧性、焊接性和冷充性能均良好，但强度较低，用于制造螺钉、螺母、法兰盘及化工贮器等
		35		用于强度要求高的零件，如汽轮机叶轮、压缩机、机床主轴、花键轴等
		15Mn	15——平均含碳量(万分之几) Mn——含锰量较高	其性能与 15 钢相似，但其塑性、强度比 15 钢高
		65Mn		强度高，适宜制作大尺寸各种扁弹簧和圆弹簧
	低合金结构钢 (GB 1591)	15MnV	15——平均含碳量(万分之几) Mn——含锰量较高 V——合金元素钒	用于制作高中压石油化工容器、桥梁、船舶、起重机等
		16Mn		用于制作车辆、管道、大型容器、低温压力容器、重型机械等
有色金属	普通黄铜 (GB 5232)	H96	H——"黄"铜的代号 96——基体元素铜的含量	用于导管、冷凝管、散热器件、散热片等
		H59		用于一般机器零件、焊接件、热冲及热轧零件等
	铸造锡青铜 (GB 1176)	ZCuSn10Zn2	Z——"铸"造代号 Cu——基体金属铜元素符号 Sn10——锡元素符号及名义含量，%	在中等及较高载荷下工作的重要管件以及阀、旋塞、泵体、齿轮、叶轮等
	铸造铝合金 (GB 1173)	ZAlSi5Cu1Mg	Z——"铸"造代号 Al——基体元素铝元素符号 Si5——锡元素符号及名义含量，%	用于水冷发动机的气缸体、气缸头、气缸盖，空冷发动机头和发动机曲轴箱等
非金属	耐油橡胶板 (GB 5574)	3707 3807	37,38——顺序号 07——扯断强度，kPa	硬度较高，可在温度为 −30～100℃ 的机油、变压器油、汽油等介质中工作，适于冲制各种形状的垫圈
	耐热橡胶板 (GB 5574)	4708 4808	47,48——顺序号 08——扯断强度，kPa	硬度较高，具有耐热性能，可在温度为 −30～100℃ 且压力不大的条件下于蒸汽、热空气等介质中工作，用于冲制各种垫圈和垫板
	油浸石棉盘根 (JC 68)	YS350 YS250	YS——"油石"代号 350——适用的最高温度	用于回转轴、活塞或阀门杆上做密封材料，介质为蒸汽、空气、工业用水、重质石油等

续表

名　称	编　号	说　明	应用举例
非金属 橡胶石棉盘根（JC 67）	XS550 XS350	XS——"橡石"代号 550——适用的最高温度	用于蒸汽机、往复泵的活塞和阀门杆上做密封材料
聚四氟乙烯（PTFE）			主要用于耐腐蚀、耐高温的密封元件,如填料、衬垫、胀圈、阀座,也用作输送腐蚀介质的高温管路、耐腐蚀衬里、容器的密封圈等

附表 16　常用热处理及表面处理

名　称	代号	说　明	应　用
退火	Th	将钢件加热到临界温度以上,保温一段时间,然后缓慢地冷却下来(一般用炉冷)	用来消除铸、锻件的内应力和组织不均匀及精粒粗大等现象,消除冷轧坯件的冷硬现象和内应力,降低硬度,以便切削
正火	Z	将钢件加热到临界温度以上 30～50℃,保温一段时间,然后在空气中冷却下来,冷却速率比退火快	用来处理低碳和中碳结构钢件和渗碳机件,使其组织细化,增加强度与韧性,减少内应力,改善切削性能
淬火	C	将钢件加热到临界温度以上,保温一段时间,然后在水、盐水或油中急速冷却下来(个别材料在空气中),使其得到高硬度	用来提高钢的硬度和强度极限,但淬火时会引起内应力并使钢变脆,所以淬火后必须回火
回火		将淬硬的钢件加热到临界温度以下的某一温度,保温一段时间,然后在空气中或油中冷却下来	用来消除淬火后产生的脆性和内应力,提高钢的塑性和冲击韧性
调质	T	淬火后在 450～650℃ 进行高温回火称为调质	用来使钢获得高的韧性和足够的强度,很多重要零件淬火后都需要经过调质处理
表面淬火	H	用火焰或高频电流将零件表面迅速加热至临界温度以上,急速冷却	使零件表层得到高的硬度和耐磨性,而心部保持较高的强度和韧性。常用于处理齿轮,使其既耐磨又能承受冲击
高频淬火	G		
渗碳淬火	S	在渗碳剂中将钢件加热至 900～950℃,停留一段时间,将碳渗入钢件表面,深度 0.5～2mm,再淬火后回火	增加钢件的耐磨性能、表面硬度、抗拉强度和疲劳极限。适用于低碳、中碳结构钢的中小型零件
渗氮	D	在 500～600℃ 通入氨的炉内,向钢件表面渗入氮原子,渗氮层 0.025～0.8mm,渗氮时间需 40～50h	增加钢件的耐磨性能、表面硬度、疲劳极限和抗蚀能力。适用于合金钢、碳结构和铸铁零件
氰化	Q	在 820～860℃ 的炉内通入二氧化碳和氨,保温 1～2h,使钢件表面同时渗入碳、氮原子,可得到 0.2～0.5mm 的氰化层	增加表面硬度、耐磨性、疲劳强度和耐蚀性。适用于要求硬度高、耐磨的中小型或薄片零件及刀具
时效处理		低温回火后,精加工之前,将机件加热到 100～180℃,保持 10～40h 铸件常在露天放一年以上,称为天然时效	使铸件或淬火后的钢件慢慢消除内应力,稳定形状和尺寸
发黑发蓝		将零件置于氧化剂中,在 135～145℃ 的温度下进行氧化,表面形成一层呈蓝黑色的氧化层	防腐、美观
镀铬、镀镍		用电解的方法,在钢件表面镀一层铬或镍	

五、化工设备的常用标准化零部件

附表17 椭圆形封头（摘自 GB/T 25198—2010）

以内径为基准的椭圆形封头（EHA）　　　　　以外径为基准的椭圆形封头（EHB）

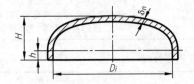
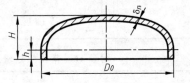

单位：mm

以内径为基准的椭圆形封头（EHA），$D_i/2(H-h)=2$，$DN=D_i$

序号	公称直径 DN	总深度 H	名义厚度 δ_n	序号	公称直径 DN	总深度 H	名义厚度 δ_n
1	300	100	2～14	27	2200	590	4～32
2	350	113	2～16	28	2300	615	4～32
3	400	125	2～16	29	2400	640	5～32
4	450	138	2～16	30	2500	665	5～32
5	500	150	2～16	31	2600	690	6～32
6	550	163	2～16	32	2700	715	6～32
7	600	175	2～16	33	2800	740	6～32
8	650	188	2～22	34	2900	765	6～32
9	700	200	2～22	35	3000	790	6～32
10	750	213	2～22	36	3100	815	8～32
11	800	225	2～28	37	3200	840	8～32
12	850	238	3～28	38	3300	865	8～32
13	900	250	3～28	39	3400	890	8～32
14	950	263	3～28	40	3500	915	8～32
15	1000	275	3～32	41	3600	940	8～32
16	1100	300	3～32	42	3700	965	10～32
17	1200	325	3～32	43	3800	990	10～32
18	1300	350	3～32	44	3900	1015	10～32
19	1400	375	3～32	45	4000	1040	10～32
20	1500	400	3～32	46	4100	1065	10～32
21	1600	425	3～32	47	4200	1090	10～32
22	1700	450	3～32	48	4300	1115	12～32
23	1800	475	3～32	49	4400	1140	12～32
24	1900	500	4～32	50	4500	1165	12～32
25	2000	525	4～32	51	4600	1190	12～32
26	2100	565	4～32	52	4700	1215	12～32

续表

以内径为基准的椭圆形封头(EHA),$D_i/2(H-h)=2$,$DN=D_i$							
序号	公称直径 DN	总深度 H	名义厚度 δ_n	序号	公称直径 DN	总深度 H	名义厚度 δ_n
53	4800	1240	12～32	60	5500	1415	12～32
54	4900	1265	12～32	61	5600	1440	12～32
55	5000	1290	12～32	62	5700	1465	12～32
56	5100	1315	12～32	63	5800	1490	12～32
57	5200	1340	12～32	64	5900	1515	12～32
58	5300	1365	12～32	65	6000	1540	12～32
59	5400	1390	12～32	—	—	—	—
以外径为基准的椭圆形封头(EHB),$D_o/2(H-h)=2$,$DN=D_o$							
1	159	65	4～8	4	325	105	6～12
2	219	80	5～8	5	377	119	8～14
3	273	93	6～12	6	426	132	8～14

注：名义厚度 δ_n 系列：2、3、4、5、6、8、10、12、14、16、18、20、22、24、26、28、30、32。

附表18 管法兰及垫片

突面板式平焊钢制管法兰
（摘自 HG/T 20529—2009）

突面法兰用 RF 和 RF-E 型垫片
（摘自 HG/T 20606—2009）

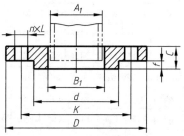

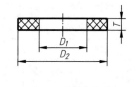

单位：mm

突面板式平焊钢制管法兰/mm															
公称压力 /MPa	公称直径 DN	10	15	20	25	32	40	50	65	80	100	125	150	200	250	300
	直径														
2.5 6 10 16	管子外径 A_1	14	18	25	32	38	45	57	73	89	108	133	159	219	273	325
	法兰内径 B_1	15	19	26	33	39	46	59	75	91	110	135	161	222	276	328
	密封面厚度 f	2	2	2	2	2	2	2	2	2	2	2	2	2	2	2
2.5 6	法兰外径 D	75	80	90	100	120	130	140	160	190	210	240	265	320	375	440
	螺栓中心直径 K	50	55	65	75	90	100	110	130	150	170	200	225	280	335	395
	密封面直径 d	32	40	50	60	70	80	90	110	128	148	178	202	258	312	365
10	法兰外径 D	90	95	105	115	140	150	165	185	200	220	250	285	340	395	445
	螺栓中心直径 K	60	65	75	85	100	110	125	145	160	180	210	240	295	350	400
	密封面直径 d	40	45	55	65	78	88	102	122	138	158	188	212	268	320	370

续表

突面板式平焊钢制管法兰/mm

公称压力/MPa	公称直径 DN	10	15	20	25	32	40	50	65	80	100	125	150	200	250	300
	直径															
16	法兰外径 D	90	95	105	115	140	150	165	185	200	220	250	285	340	405	460
	螺栓中心直径 K	60	65	75	85	100	110	125	145	160	180	210	240	295	355	410
	密封面直径 d	40	45	55	65	78	88	102	122	138	158	188	212	268	320	370
	厚度															
2.5		10	10	12	12	12	12	14	12	14	14	14	16	18	22	22
6	法兰厚度 C	12	12	14	14	16	16	16	16	18	20	20	22	24	24	
10		14	14	16	16	18	18	19	20	20	22	24	24	24	26	28
16		14	14	16	16	18	19	20	20	20	22	22	24	26	29	32
	螺栓															
2.5,6		4	4	4	4	4	4	4	4	4	8	8	8	12	12	
10	螺栓数量 n	4	4	4	4	4	4	4	8	8	8	8	8	12	12	
16		4	4	4	4	4	4	4	8	8	8	8	12	12	12	
2.5 6	螺栓孔直径 L	12	12	12	12	14	14	14	14	18	18	18	18	18	18	23
	螺栓规格	M10	M10	M10	M10	M12	M12	M12	M12	M16	M16	M16	M16	M16	M16	M20
10	螺栓孔直径 L	14	14	14	14	18	18	18	18	18	18	18	22	22	22	22
	螺栓规格	M12	M12	M12	M12	M16	M16	M16	M16	M16	M16	M16	M20	M20	M20	M20
16	螺栓孔直径 L	14	14	14	14	18	18	18	18	18	18	18	22	22	26	26
	螺栓规格	M12	M12	M12	M12	M16	M16	M16	M16	M16	M16	M16	M20	M20	M24	M24
	突面法兰用 RF 和 RF-E 型垫片															
2.5,6		39	44	54	64	76	86	96	116	132	152	182	207	262	317	373
10	垫片外径 D_2	46	51	61	71	82	92	107	127	142	162	192	218	273	328	378
16		46	51	61	71	82	92	107	127	142	162	192	218	273	329	384
	垫片内径 D_1	18	22	27	34	43	49	61	77	89	115	141	169	220	273	324
	垫片厚度 T						1.5									

附表 19　设备法兰及垫片

甲型平焊法兰（平密封面）（摘自 NB/T 47021—2012）　　　　　非金属软垫片（摘自 NB/T 47024—2012）

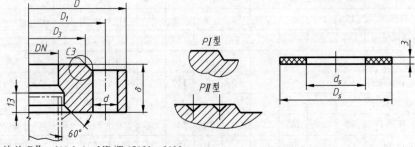

标记示例：法兰-PⅡ 600-1.0 NB/T 47021—2012
压力容器法兰，公称直径 600mm，公称压力 1.0MPa，密封面为 PⅡ 型平密封面的甲型平焊法兰

续表

单位：mm

公称直径 DN	甲型平焊法兰					螺柱		非金属软垫片	
	D	D_1	D_3	δ	d	规格	数量	D_s	d_s

公称压力＝0.25MPa

公称直径 DN	D	D_1	D_3	δ	d	规格	数量	D_s	d_s
700	815	780	740	36	18	M16	28	739	703
800	915	880	840	36	18	M16	32	839	803
900	1015	980	940	40	18	M16	36	939	903
1000	1130	1090	1045	40	23	M20	32	1044	1004
1200	1330	1290	1241	44	23	M20	36	1240	1200
1400	1530	1490	1441	46	23	M20	40	1440	1400
1600	1730	1690	1641	50	23	M20	48	1640	1600
1800	1930	1890	1841	56	23	M20	52	1840	1800
2000	2130	2090	2041	60	23	M20	60	2040	2000

公称压力＝0.6MPa

公称直径 DN	D	D_1	D_3	δ	d	规格	数量	D_s	d_s
500	615	580	540	30	18	M16	20	539	503
600	715	680	640	32	18	M16	24	639	603
700	830	790	745	36	23	M20	24	744	704
800	930	890	845	40	23	M20	24	844	804
900	1030	990	945	44	23	M20	32	944	904
1000	1130	1090	1045	48	23	M20	36	1044	1004
1200	1330	1290	1241	60	23	M20	52	1240	1200

公称压力＝1.0MPa

公称直径 DN	D	D_1	D_3	δ	d	规格	数量	D_s	d_s
300	415	380	340	26	18	M16	16	339	303
400	515	480	440	30	18	M16	20	439	403
500	630	590	545	34	23	M20	20	544	504
600	730	690	645	40	23	M20	24	644	604
700	830	790	745	46	23	M20	32	744	704
800	930	890	845	54	23	M20	40	844	804
900	1030	990	945	60	23	M20	48	944	904

续表

单位：mm

公称直径 DN	甲型平焊法兰					螺柱		非金属软垫片	
	D	D_1	D_3	δ	d	规格	数量	D_s	d_s
公称压力=1.6MPa									
300	430	390	345	30	23	M20	16	344	304
400	530	490	445	36			20	444	404
500	630	590	545	44			28	544	504
600	730	690	645	54			40	644	604

附表 20　人孔和手孔

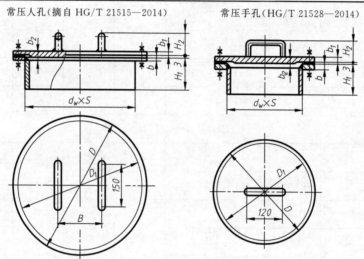

标记示例：人孔(A-XB350) 450 HG/T 21515—2005　公称直径DN450、H_1=160mm，采用石棉橡胶板垫片的常压人孔
标记示例：手孔(A-XB350) 250 HG/T 21528—2005　公称直径DN250、H_1=120mm，采用石棉橡胶板垫片的常压手孔

单位：mm

密封面形式	公称直径	$d_w \times S$	D	D_1	b	b_1	b_2	H_1	H_2	B	螺栓		总质量/kg
											数量	规格	
常 压 人 孔													
全平面	(400)	426×6	515	480	14	10	12	150	90	250	16	M16×50	38
	450	480×6	570	535	14	10	12	160	90	250	20	M16×50	46
	500	530×6	620	585	14	10	12	160	92	300	20	M16×50	52
	600	630×6	720	685	16	12	14	180	92	300	24	M16×50	76
常 压 手 孔													
全平面	150	159×4.5	235	205	10	6	8	100	72	—	8	M16×40	6.7
	250	273×8	350	320	12	8	10	120	74	—	12	M16×45	16.5

注：1. 人（手）孔高度 H_1 是根据容器的直径不小于人（手）孔公称直径的两倍确定的；如有特殊要求，允许改变，但需注明改变后的 H_1 尺寸，并修正人（手）孔总质量。
2. 不锈钢人孔的筒节厚度允许改变（可降至4mm），但需注明改变后的 S 值，并修正人孔总质量。
3. 表中带括号的公称直径尽量不采用。

附表 21 鞍式支座（摘自 NB/T 47065.1—2018）

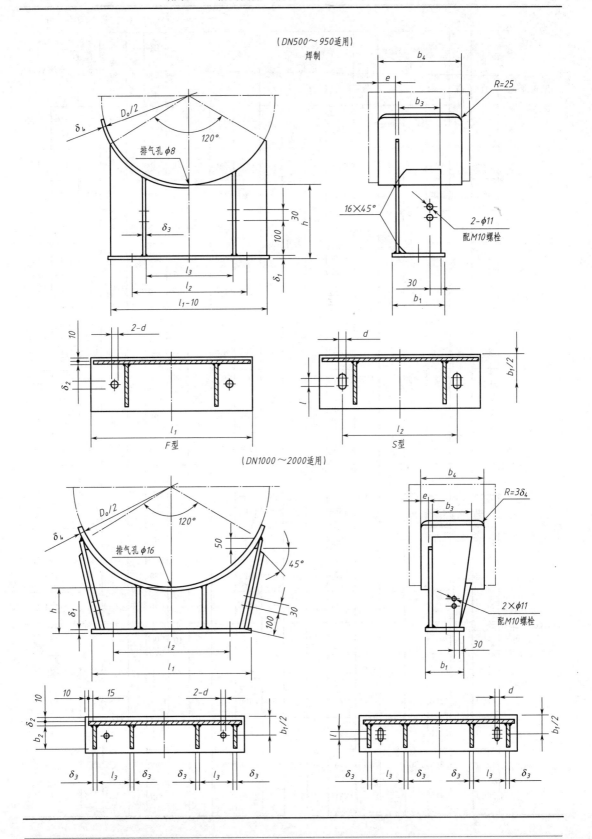

续表

单位：mm

型式特征	公称直径 DN	鞍座高度 h	底板			腹板 δ_2	肋板				垫板				螺栓间距 l_2	螺孔 d	螺纹 M	孔长 l	支座质量/kg	
			l_1	b_1	δ_1		l_3	b_2	b_3	δ_3	弧长	b_4	δ_4	e					带垫板	不带垫板
DN500~950 120°包角 重型带垫板或不带垫板	500	200	460	170	10	8	250	150	—	8	580	230	6	36	330	24	M20	30	23	17
	550		510				280				640	240		41	360				26	19
	600		550				300				700	250		46	400				28	20
	650		590				330				750	260		51	430				30	21
	700		640				350				810	270		56	460				33	23
	750		680				380				870	280		61	500				36	24
	800		720	200		10	400	170		10	910	290		50	530				44	32
	850		770				430				990	290		55	580				48	34
	900		810				450				1040	300		60	590				51	36
	950		850				470				1100	310		65	630				54	38
DN1000~2000 120°包角 重型带垫板	1000	200	760	170	12	8	170	140	180	8	1180	270	8	40	600	27	M24	40	77	
	1100		820				185				1290				660				85	
	1200		880				200				1410				720				94	
	1300		940			10	215				1520				780				103	
	1400		1000				230				1640				840				111	
	1500		1060				242				1760				900				169	
	1600	250	1120	200		12	257	170	230	12	1870	320	10		960	35	M30	45	180	
	1700		1200		16		277				1990				1040				193	
	1800		1280				296				2100				1120				215	
	1900		1360	220	14		316	190	260		2220	350			1200				230	
	2000		1420				331				2330				1260				242	

附表 22 耳式支座（摘自 NB/T 47065.3—2018）

A型支座(1～5号)

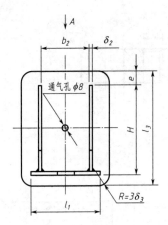 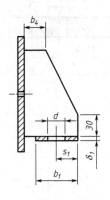 

A型支座(6～8号)

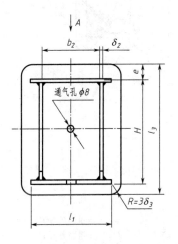 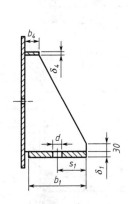 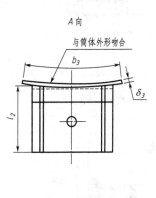

单位：mm

支座号	支座本体允许载荷$[Q]$/kN			适用容器公称直径DN	高度 H	底板				筋板				垫板				盖板		地脚螺栓	支座质量/kg
	I	II	III			l_1	b_1	δ_1	s_1	l_2	b_2	δ_2		l_3	b_3	δ_3	e	b_4	δ_4	d 规格	
1	12	11	14	300～600	125	100	60	6	30	80	70	4		160	125	6	20	30	—	24 M20	1.7
2	21	19	24	500～1000	160	125	80	8	40	100	90	5		200	160	6	24	30	—	24 M20	3.0
3	37	33	43	700～1400	200	160	105	10	50	125	110	6		250	200	8	30	30	—	30 M24	6.0
4	75	67	86	1000～2000	250	200	140	14	70	160	140	8		315	250	8	40	30	—	30 M24	11.1
5	95	85	109	1300～2600	320	250	180	16	90	200	180	10		400	320	10	48	30	—	30 M24	21.6
6	148	134	171	1500～3000	400	320	230	20	115	250	230	12		500	400	12	60	50	12	36 M30	42.7
7	173	156	199	1700～3400	480	375	280	22	130	300	280	14		600	480	14	70	50	14	36 M30	69.8
8	254	229	292	2000～4000	600	480	360	26	145	380	350	16		720	600	16	72	50	16	36 M30	123.9

注：表中支座质量是以表中的垫板厚度为δ_3计算的，如果δ_3的厚度改变，则支座的质量应相应改变。

附表 23 补强圈（摘自 JB/T 4736—2002）

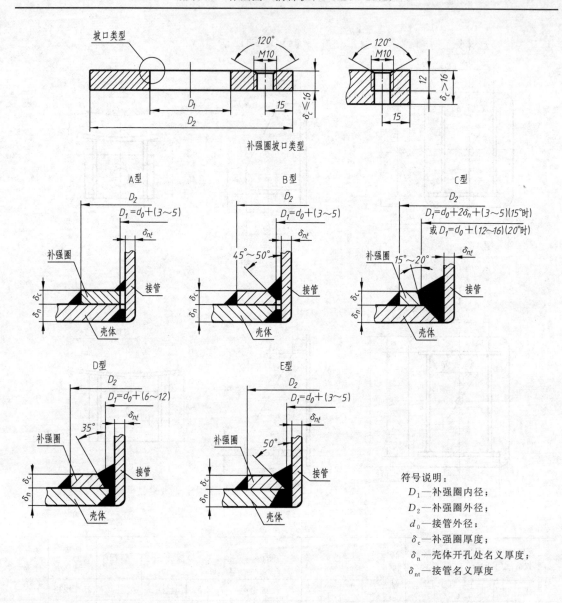

符号说明：
D_1—补强圈内径；
D_2—补强圈外径；
d_0—接管外径；
δ_c—补强圈厚度；
δ_n—壳体开孔处名义厚度；
δ_{nt}—接管名义厚度

标记示例：DN100×8-D-Q235-B JB/T 4736—2002
接管公称直径 100mm、补强圈厚度为 8mm、坡口类型为 D 型、材质为 Q235-B 的补强圈

单位：mm

接管公称直径 DN	50	65	80	100	125	150	175	200	225	250	300	350	400	450	500	600
外径 D_2	130	160	180	200	250	300	350	400	440	480	550	620	680	760	840	980
内径 D_1	按补强圈坡口类型确定															
厚度系列 δ_c	4,6,8,10,12,14,16,18,20,22,24,26,28,30															

六、化工工艺图的代号和图例

附表 24　化工工艺图常见设备的代号和图例（摘自 HG/T 20519.2—2009）

名称	符号	图例	名称	符号	图例
容器	V	立式容器　卧式容器　球罐 平顶容器　锥顶罐　固定床过滤器	压缩机	C	（卧式）（立式）旋转式压缩机 离心式压缩机　往复式压缩机
塔器	T	填料塔　板式塔　喷洒塔	工业炉	F	箱式炉　圆筒炉
换热器	E	固定管板式列管换热器　浮头式列管换热器 U形管式换热器　蛇（盘）管式换热器	泵	P	离心泵　齿轮泵 往复泵　喷射泵
反应器	R	反应釜（带搅拌、夹套）　固定床反应器 列管式反应器　流化床反应器	其他机械	M	转盘式过滤机　有孔壳体离心机　无孔壳体离心机 压滤机　挤压机　混合机

附录

参 考 文 献

[1] 董振珂. 化工制图. 北京：化学工业出版社，2020.
[2] 路大勇. 工程制图. 北京：化学工业出版社，2018.
[3] 孙安荣. 化工制图. 北京：人民卫生出版社，2018.
[4] 熊放明. 化工制图. 北京：高等教育出版社，2018.

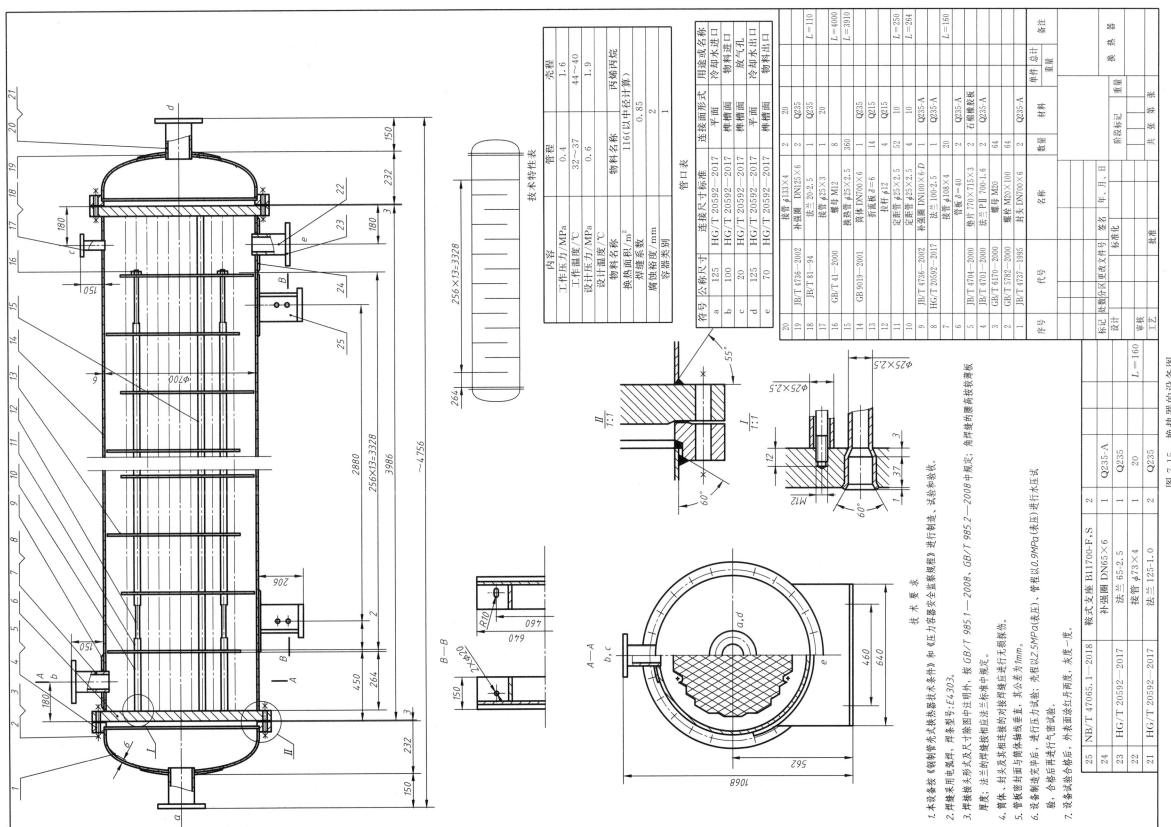

图 7-15 换热器的设备图